建筑环境与能源工程技术标准概论

赵靖　朱能　编著

天津大学出版社
TIANJIN UNIVERSITY PRESS

内 容 简 介

本教材以建筑节能与绿色建筑行业技术标准为主要内容,将建筑工程各相关专业(包括建筑、暖通、给排水、电气等)知识相互融通,并将原先分散在多门专业课程如建筑热工、供热工程、空气调节、制冷技术、通风工程、监测与控制等中的知识以技术标准的形式,融合在一本教材中,充分体现了新工科教育多学科交叉的人才培养理念。本教材主要包括建筑环境与能源通用规范、高性能建筑评价标准、民用建筑节能设计标准三部分内容,可作为高等学校建筑环境与能源应用工程、给水排水工程、电气工程及自动化等专业本科生或研究生的教材或参考书。

图书在版编目(CIP)数据

建筑环境与能源工程技术标准概论 / 赵靖, 朱能编著. — 天津 : 天津大学出版社, 2022.11
ISBN 978-7-5618-7345-8

Ⅰ.①建… Ⅱ.①赵… ②朱… Ⅲ.①建筑工程－环境管理－技术标准－高等学校－教材 ②能源－工程管理－技术标准－高等学校－教材 Ⅳ.①TU-023 ②TK01-65

中国版本图书馆CIP数据核字(2022)第227582号

出版发行		天津大学出版社
地	址	天津市卫津路92号天津大学内(邮编:300072)
电	话	发行部:022-27403647
网	址	www.tjupress.com.cn
印	刷	廊坊市海涛印刷有限公司
经	销	全国各地新华书店
开	本	787mm×1092mm 1/16
印	张	17
字	数	382千
版	次	2022年11月第1版
印	次	2022年11月第1次
定	价	52.00元

前　言
Foreword

在"30·60碳达峰、碳中和"的战略背景下,绿色低碳发展是当前我国社会发展的重要方向,在此形势下,建筑节能和绿色建筑行业实现了跨越式发展,各类工程技术标准日新月异、推陈出新。而工程技术标准是行业内运用技术手段规范建筑产业发展、推动科技进步的重要途径,能够作为产教学融合、科教融合的重要载体。但目前尚缺少建筑能源与环境工程技术标准类教材,使得工程教育教学内容与行业发展要求存在差距。本教材作为"天津大学新工科经典教材",以建筑环境与能源工程技术标准为主要内容,充分体现了多学科交叉的新工科知识体系,获得天津大学2021年新工科新形态教学资源项目的支持。

本书立足新工科复合型人才培养体系,打破单一学科专业课程教材的局限,依托技术标准,实现建筑、土木、暖通、给排水、电气及自动化、智能控制等跨学科内容之间交叉融通,注重学科专业间的相互融合、课程之间的相互衔接、知识模块之间的贯通耦合;同时,突出教材内容与工程实践、产业应用的紧密结合,注重提高学生的综合学科素养,增强学生对专业知识灵活运用的能力,全方位提升学生的理论与工程实践应用能力,使学生全面了解建筑节能与绿色建筑行业发展的现状和趋势,与产业发展方向高度衔接,从内容深度、教学方式及宏观思维等方面提升教学质量。

本书由天津大学赵靖、朱能老师编著,蒙潇、吴婧妤、宁美合、石逸涵等同学参与了部分编写工作。

由于作者水平有限,书中难免存在疏漏和不足之处,恳请广大读者批评指正。

作者

2022年10月

目　　录
Contents

建筑环境与能源工程技术标准概论

第一篇
建筑环境与能源通用规范

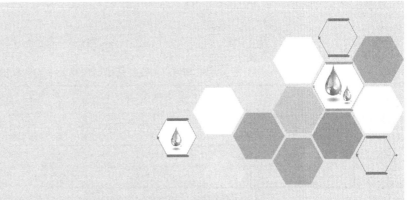

1

第一章
建筑节能与可再生能源利用通用规范

第一节　基本规定

一、新建建筑的节能设计

新建居住建筑和公共建筑平均设计能耗水平应在 2016 年执行的节能设计标准的基础上分别降低 30% 和 20%。不同气候区平均节能率要求不同,严寒和寒冷地区居住建筑平均节能率应为 75%;其他气候区居住建筑平均节能率应为 65%;公共建筑平均节能率应为 72%。

新建居住建筑和公共建筑碳排放强度应在 2016 年执行的节能设计标准的基础上平均降低 40%,即平均降低 7 $kgCO_2/(m^2 \cdot a)$。

新建建筑群及建筑的总体规划应为可再生能源利用创造条件,并应有利于冬季增加日照和降低冷风对建筑的影响,夏季增强自然通风和减轻热岛效应。供冷系统及非供暖房间的供热系统的管道均应进行保温设计。

新建、扩建和改建建筑以及既有建筑节能改造均应进行建筑节能设计。当工程设计变更时,建筑节能性能不得降低。建设项目可行性研究报告、建设方案和初步设计文件应包含建筑能耗、可再生能源利用及建筑碳排放分析报告。施工图设计文件应明确建筑节能措施及可再生能源利用系统运营管理的技术要求。

二、新建建筑的平均能耗指标

标准工况下,各类新建居住建筑供暖与供冷平均能耗指标应符合表 1-1 的规定。

表 1-1 各类新建居住建筑平均能耗指标

热工区划		供暖耗热量 [MJ/(m²·a)]	供暖耗电量 [kW·h/(m²·a)]	供冷耗电量 [kW·h/(m²·a)]
严寒	A 区	223	—	—
	B 区	178	—	—
	C 区	138	—	—
寒冷	A 区	82	—	—
	B 区	67	—	7.1
夏热冬冷	A 区	—	6.9	10.0
	B 区	—	3.3	12.5
夏热冬暖	A 区	—	2.2	14.1
	B 区	—	—	23.0
温和	A 区	—	4.4	—
	B 区	—	—	—

标准工况下,各类新建公共建筑供暖、供冷与照明平均能耗指标应符合表 1-2 的规定。

表 1-2 各类新建公共建筑供暖、供冷与照明平均能耗指标   单位:kW·h/(m²·a)

热工区划	建筑面积 <20 000 m² 的 办公建筑	建筑面积 ≥20 000 m² 的 办公建筑	建筑面积 <20 000 m² 的 旅馆建筑	建筑面积 ≥20 000 m² 的 旅馆建筑	商业 建筑	医院 建筑	学校 建筑
严寒 A、B 区	59	59	87	87	118	181	32
严寒 C 区	50	53	81	74	95	164	29
寒冷地区	39	50	75	68	95	158	28
夏热冬冷地区	36	53	78	70	106	142	28
夏热冬暖地区	34	58	95	94	148	146	31
温和地区	25	40	55	60	70	90	25

注:标准工况为按本规范附录 A 规定的运行和计算方法进行模拟计算的工况。

三、建筑分类及参数计算

不同类型的建筑应按建筑分类分别满足相应的性能要求。公共建筑分为甲类公共建筑和乙类公共建筑。单栋建筑面积大于 300 m² 的建筑,或单栋建筑面积小于或等于 300 m² 但总建筑面积大于 1 000 m² 的公共建筑群,为甲类公共建筑。除甲类公共建筑外的公共建筑,为乙类公共建筑。

建筑围护结构热工性能参数计算应符合下式的规定:

$$K_{\mathrm{m}} = K + \frac{\sum \psi_j \times l_j}{A} \tag{1-1}$$

式中　K_{m}——外墙、屋面的传热系数[W/（m²·K）]；

　　　K——外墙、屋面平壁的传热系数[W/（m²·K）]；

　　　ψ_j——外墙、屋面上的第 j 个结构性热桥的线传热系数[W/（m·K）]；

　　　l_j——第 j 个结构性热桥的计算长度（m）；

　　　A——外墙、屋面的面积（m²）。

透光围护结构的传热系数应按下式计算：

$$K = \frac{\sum K_{\mathrm{gc}} A_{\mathrm{g}} + \sum K_{\mathrm{pc}} A_{\mathrm{p}} + \sum K_{\mathrm{f}} A_{\mathrm{f}} + \sum \psi_{\mathrm{g}} l_{\mathrm{g}} + \sum \psi_{\mathrm{p}} l_{\mathrm{p}}}{\sum A_{\mathrm{g}} + \sum A_{\mathrm{p}} + \sum A_{\mathrm{f}}} \tag{1-2}$$

式中　K——幕墙单元、门窗的传热系数[W/（m²·K）]；

　　　K_{gc}——透光面板中心的传热系数[W/（m²·K）]；

　　　A_{g}——透光面板面积（m²）；

　　　K_{pc}——非透光面板中心的传热系数[W/（m²·K）]；

　　　A_{p}——非透光面板面积（m²）；

　　　K_{f}——框的传热系数[W/（m²·K）]；

　　　A_{f}——框面积（m²）；

　　　ψ_{g}——透光面板边缘的线传热系数[W/（m·K）]；

　　　l_{g}——透光面板边缘长度（m）；

　　　ψ_{p}——非透光面板边缘的线传热系数[W/（m·K）]；

　　　l_{p}——非透光面板边缘长度（m）。

透光围护结构太阳得热系数（Solar Heat Gain Coefficient）SHGC 应按以下公式计算：

$$SHGC = SHGC_{\mathrm{c}} \cdot SC_{\mathrm{s}} \tag{1-3}$$

式中　$SHGC_{\mathrm{c}}$——门窗、幕墙自身的太阳得热系数（无量纲）；

　　　SC_{s}——建筑遮阳系数（Shading Coefficient），无建筑遮阳时取 1（无量纲）。

$$SHGC_{\mathrm{c}} = \frac{\sum g \cdot A_{\mathrm{g}} + \sum \rho_{\mathrm{s}} \cdot \dfrac{K}{\alpha_{\mathrm{e}}} \cdot A_{\mathrm{f}}}{A_{\mathrm{w}}} \tag{1-4}$$

式中　g——门窗、幕墙中透光部分的太阳辐射总透射比（无量纲）；

　　　A_{g}——门窗、幕墙中透光部分的面积（m²）；

　　　ρ_{s}——门窗、幕墙中非透光部分的太阳辐射吸收系数（无量纲）；

　　　K——门窗、幕墙中非透光部分的传热系数 [W/（m²·K）]；

　　　α_{e}——外表面对流换热系数[W/（m²·K）]，夏季取 16 W/（m²·K），冬季取 20 W/（m²·K）；

A_f——门窗、幕墙中非透光部分的面积（m²）；

A_w——门窗、幕墙的面积（m²）。

$$SC_s = \frac{E_\tau}{I_0} \qquad (1\text{-}5)$$

式中　E_τ——通过外遮阳系统后的太阳辐射（W/m²）；

　　　I_0——门窗洞口朝向的太阳总辐射（W/m²）。

建筑窗墙面积比的计算应符合下述规定：居住建筑的窗墙面积比按照开间计算；公共建筑的窗墙面积比按照单一立面朝向计算；工业建筑的窗墙面积比按照所有立面计算；凸凹立面的窗墙比应按其所在立面的朝向计算；楼梯间和电梯间的外墙和外窗均应参与计算；外凸窗的顶部、底部和侧墙的面积不应计入外墙面积；凸窗面积应按窗洞口面积计算。

建筑外窗（包括透光幕墙）的有效通风换气面积应为开启扇面积和窗开启后的空气流通界面面积的较小值。

在选取朝向时，严寒、寒冷地区建筑朝向中的"北"应为从北偏东小于 60° 至北偏西小于 60° 的范围，"东、西"应为从东或西偏北小于或等于 30° 至偏南小于 60° 的范围，"南"应为从南偏东小于或等于 30° 至偏西小于或等于 30° 的范围；其他气候区建筑朝向中的"北"应为从北偏东小于 30° 至北偏西小于 30° 的范围，"东、西"应为从东或西偏北小于或等于 60° 至偏南小于 60° 的范围，"南"应为从南偏东小于或等于 30° 至偏西小于或等于 30° 的范围。

第二节　新建建筑节能设计

一、建筑和围护结构

居住建筑体形系数应符合表 1-3 的规定。

表 1-3　居住建筑体形系数限值

热工区划	建筑层数	
	≤3 层	>3 层
严寒地区	≤0.55	≤0.30
寒冷地区	≤0.57	≤0.33
夏热冬冷 A 区	≤0.60	≤0.40
温和 A 区	≤0.60	≤0.45

居住建筑窗墙面积比应符合表 1-4 的规定。其中，每套住宅应允许一个房间在一个朝向上的窗墙面积比不大于 0.6。

表 1-4　居住建筑窗墙面积比限值

朝向	窗墙面积比				
	严寒地区	寒冷地区	夏热冬冷地区	夏热冬暖地区	温和 A 区
北	≤0.25	≤0.30	≤0.40	≤0.40	≤0.40
东、西	≤0.30	≤0.35	≤0.35	≤0.30	≤0.35
南	≤0.45	≤0.50	≤0.45	≤0.40	≤0.50

　　甲类公共建筑的屋面透光部分面积不应大于屋面总面积的 20%。设置供暖、空调系统的工业建筑总窗墙面积比不应大于 0.50,且屋顶透光部分面积不应大于屋顶总面积的 15%。

　　居住建筑非透光围护结构热工性能指标应符合表 1-5 至表 1-15 的规定。

表 1-5　严寒 A 区居住建筑围护结构热工性能参数限值

围护结构部位	传热系数 K [W/(m²·K)]	
	≤3 层	>3 层
屋面	≤0.15	≤0.15
外墙	≤0.25	≤0.35
架空或外挑楼板	≤0.25	≤0.35
阳台门下部芯板	≤1.20	≤1.20
非供暖地下室顶板(上部为供暖房间时)	≤0.35	≤0.35
分隔供暖与非供暖空间的隔墙、楼板	≤1.20	≤1.20
分隔供暖与非供暖空间的户门	≤1.50	≤1.50
分隔供暖设计温度温差大于 5 K 的隔墙、楼板	≤1.50	≤1.50
围护结构部位	保温材料层热阻 R [(m²·K)/W]	
周边地面	≥2.00	≥2.00
地下室外墙(与土壤接触的外墙)	≥2.00	≥2.00

表 1-6　严寒 B 区居住建筑围护结构热工性能参数限值

围护结构部位	传热系数 K [W/(m²·K)]	
	≤3 层	>3 层
屋面	≤0.20	≤0.20
外墙	≤0.25	≤0.35
架空或外挑楼板	≤0.25	≤0.35
阳台门下部芯板	≤1.20	≤1.20
非供暖地下室顶板(上部为供暖房间时)	≤0.40	≤0.40
分隔供暖与非供暖空间的隔墙、楼板	≤1.20	≤1.20
分隔供暖与非供暖空间的户门	≤1.50	≤1.50

围护结构部位	传热系数 K [W/（m²·K）]	
	≤3 层	>3 层
分隔供暖设计温度温差大于 5 K 的隔墙、楼板	≤1.50	≤1.50
围护结构部位	保温材料层热阻 R [（m²·K）/W]	
周边地面	≥1.80	≥1.80
地下室外墙（与土壤接触的外墙）	≥2.00	≥2.00

表 1-7　严寒 C 区居住建筑围护结构热工性能参数限值

围护结构部位	传热系数 K[W/（m²·K）]	
	≤3 层	>3 层
屋面	≤0.20	≤0.20
外墙	≤0.30	≤0.40
架空或外挑楼板	≤0.30	≤0.40
阳台门下部芯板	≤1.20	≤1.20
非供暖地下室顶板（上部为供暖房间时）	≤0.45	≤0.45
分隔供暖与非供暖空间的隔墙、楼板	≤1.50	≤1.50
分隔供暖与非供暖空间的户门	≤1.50	≤1.50
分隔供暖设计温度温差大于 5 K 的隔墙、楼板	≤1.50	≤1.50
围护结构部位	保温材料层热阻 R [（m²·K）/W]	
周边地面	≥1.80	≥1.80
地下室外墙（与土壤接触的外墙）	≥2.00	≥2.00

表 1-8　寒冷 A 区居住建筑围护结构热工性能参数限值

围护结构部位	传热系数 K [W/（m²·K）]	
	≤3 层	>3 层
屋面	≤0.25	≤0.25
外墙	≤0.35	≤0.45
架空或外挑楼板	≤0.35	≤0.45
阳台门下部芯板	≤1.70	≤1.70
非供暖地下室顶板（上部为供暖房间时）	≤0.50	≤0.50
分隔供暖与非供暖空间的隔墙、楼板	≤1.50	≤1.50
分隔供暖与非供暖空间的户门	≤2.00	≤2.00
分隔供暖设计温度温差大于 5 K 的隔墙、楼板	≤1.50	≤1.50
围护结构部位	保温材料层热阻 R [（m²·K）/W]	
周边地面	≥1.60	≥1.60
地下室外墙（与土壤接触的外墙）	≥1.80	≥1.80

表 1-9 寒冷 B 区居住建筑围护结构热工性能参数限值

围护结构部位	传热系数 K [W/(m²·K)]	
	≤3 层	>3 层
屋面	≤0.30	≤0.3
外墙	≤0.35	≤0.45
架空或外挑楼板	≤0.35	≤0.45
阳台门下部芯板	≤1.70	≤1.70
非供暖地下室顶板(上部为供暖房间时)	≤0.50	≤0.50
分隔供暖与非供暖空间的隔墙、楼板	≤1.50	≤1.50
分隔供暖与非供暖空间的户门	≤2.00	≤2.00
分隔供暖设计温度温差大于 5 K 的隔墙、楼板	≤1.50	≤1.50
围护结构部位	保温材料层热阻 R [(m²·K)/W]	
周边地面	≥1.50	≥1.50
地下室外墙(与土壤接触的外墙)	≥1.60	≥1.60

表 1-10 夏热冬冷 A 区居住建筑围护结构热工性能参数限值

围护结构部位	传热系数 K [W/(m²·K)]	
	热惰性指标 D≤2.5	热惰性指标 D>2.5
屋面	≤0.40	≤0.40
外墙	≤0.60	≤1.00
底面接触室外空气的架空或外挑楼板	≤1.00	
分户墙、楼梯间隔墙、外走廊隔墙	≤1.50	
楼板	≤1.80	
户门	≤2.00	

表 1-11 夏热冬冷 B 区居住建筑围护结构热工性能参数限值

围护结构部位	传热系数 K [W/(m²·K)]	
	热惰性指标 D≤2.5	热惰性指标 D>2.5
屋面	≤0.40	≤0.40
外墙	≤0.80	≤1.20
底面接触室外空气的架空或外挑楼板	≤1.20	
分户墙、楼梯间隔墙、外走廊隔墙	≤1.50	
楼板	≤1.80	
户门	≤2.00	

表1-12 夏热冬暖 A 区居住建筑围护结构热工性能参数限值

围护结构部位	传热系数 K [W/(m²·K)]	
	热惰性指标 $D \leqslant 2.5$	热惰性指标 $D > 2.5$
屋面	≤0.40	≤0.40
外墙	≤0.70	≤1.50

表1-13 夏热冬暖 B 区居住建筑围护结构热工性能参数限值

围护结构部位	传热系数 K [W/(m²·K)]	
	热惰性指标 $D \leqslant 2.5$	热惰性指标 $D > 2.5$
屋面	≤0.40	≤0.40
外墙	≤0.70	≤1.50

表1-14 温和 A 区居住建筑围护结构热工性能参数限值

围护结构部位	传热系数 K [W/(m²·K)]	
	热惰性指标 $D \leqslant 2.5$	热惰性指标 $D > 2.5$
屋面	≤0.40	≤0.40
外墙	≤0.60	≤1.00
底面接触室外空气的架空或外挑楼板	≤1.00	
分户墙、楼梯间隔墙、外走廊隔墙	≤1.50	
楼板	≤1.80	
户门	≤2.00	

表1-15 温和 B 区居住建筑围护结构热工性能参数限值

围护结构部位	传热系数 K [W/(m²·K)]
屋面	≤1.00
外墙	≤1.80

居住建筑透光围护结构热工性能指标应符合表 1-16 至表 1-20 的规定。

表 1-16　严寒地区居住建筑透光围护结构热工性能参数限值

外窗		传热系数 K [W/（m²·K）]	
		≤3 层建筑	>3 层建筑
严寒 A 区	窗墙面积比≤0.30	≤1.40	≤1.60
	0.30<窗墙面积比≤0.45	≤1.40	≤1.60
	天窗	≤1.40	≤1.40
严寒 B 区	窗墙面积比≤0.30	≤1.40	≤1.80
	0.30<窗墙面积比≤0.45	≤1.40	≤1.60
	天窗	≤1.40	≤1.40
严寒 C 区	窗墙面积比≤0.30	≤1.60	≤2.00
	0.30<窗墙面积比≤0.45	≤1.40	≤1.80
	天窗	≤1.60	≤1.60

表 1-17　寒冷地区居住建筑透光围护结构热工性能参数限值

外窗		传热系数 K[W/(m²·K)]		太阳得热系数 $SHGC$
		≤3 层建筑	>3 层建筑	
寒冷 A 区	窗墙面积比≤0.30	≤1.80	≤2.20	—
	0.30<窗墙面积比≤0.50	≤1.50	≤2.00	—
	天窗	≤1.80	≤1.80	—
寒冷 B 区	窗墙面积比≤0.30	≤1.80	≤2.20	—
	0.30<窗墙面积比≤0.50	≤1.50	≤2.00	夏季东、西向≤0.55
	天窗	≤1.80	≤1.80	≤0.45

表 1-18　夏热冬冷地区居住建筑透光围护结构热工性能参数限值

外窗		传热系数 K[W/（m²·K）]	太阳得热系数 $SHGC$（东、西向/南向）
夏热冬冷 A 区	窗墙面积比≤0.25	≤2.80	—/—
	0.25<窗墙面积比≤0.40	≤2.50	夏季≤0.40/—
	0.40<窗墙面积比≤0.60	≤2.00	夏季≤0.25/冬季≥0.50
	天窗	≤2.80	夏季≤0.20/—
夏热冬冷 B 区	窗墙面积比≤0.25	≤2.80	—/—
	0.25<窗墙面积比≤0.40	≤2.80	夏季≤0.40/—
	0.40<窗墙面积比≤0.60	≤2.50	夏季≤0.25/冬季≥0.50
	天窗	≤2.80	夏季≤0.20/—

表 1-19　夏热冬暖区居住建筑透光围护结构热工性能参数限值

外窗		传热系数 $K[\text{W}/(\text{m}^2 \cdot \text{K})]$	夏季太阳得热系数 SHGC（西向/东、南向/北向）
夏热冬暖A区	窗墙面积比≤0.25	≤3.00	≤0.35/≤0.35/≤0.35
	0.25<窗墙面积比≤0.35	≤3.00	≤0.30/≤0.30/≤0.35
	0.35<窗墙面积比≤0.40	≤2.50	≤0.20/≤0.30/≤0.35
	天窗	≤3.00	≤0.20
夏热冬暖B区	窗墙面积比≤0.25	≤3.50	≤0.30/≤0.35/≤0.35
	0.25<窗墙面积比≤0.35	≤3.50	≤0.25/≤0.30/≤0.30
	0.35<窗墙面积比≤0.40	≤3.00	≤0.20/≤0.30/≤0.30
	天窗	≤3.50	≤0.20

表 1-20　温和地区居住建筑透光围护结构热工性能参数限值

外窗		传热系数 $K[\text{W}/(\text{m}^2 \cdot \text{K})]$	太阳得热系数 SHGC（东、西向/南向）
温和A区	窗墙面积比≤0.20	≤2.80	—
	0.20<窗墙面积比≤0.40	≤2.50	—/冬季≥0.50
	0.40<窗墙面积比≤0.50	≤2.00	—/冬季≥0.50
	天窗	≤2.80	夏季≤0.30/冬季≥0.50
温和B区	东、西向外窗	≤4.00	夏季≤0.40/—
	天窗	—	夏季≤0.30/冬季≥0.50

甲类公共建筑围护结构热工性能应符合表 1-21 至表 1-26 的规定。

表 1-21　严寒 A、B 区甲类公共建筑围护结构热工性能限值

围护结构部位	体形系数≤0.30	0.30<体形系数≤0.50
	传热系数 $K[\text{W}/(\text{m}^2 \cdot \text{K})]$	
屋面	≤0.25	≤0.20
外墙（包括非透光幕墙）	≤0.35	≤0.30
底面接触室外空气的架空或外挑楼板	≤0.35	≤0.30
地下车库与供暖房间之间的楼板	≤0.50	≤0.50
非供暖楼梯间与供暖房间之间的隔墙	≤0.80	≤0.80

围护结构部位		体形系数≤0.30	0.30<体形系数≤0.50
		传热系数 $K[W/(m^2 \cdot K)]$	
单一立面外窗（包括透光幕墙）	窗墙面积比≤0.20	≤2.50	≤2.20
	0.20<窗墙面积比≤0.30	≤2.30	≤2.00
	0.30<窗墙面积比≤0.40	≤2.00	≤1.60
	0.40<窗墙面积比≤0.50	≤1.70	≤1.50
	0.50<窗墙面积比≤0.60	≤1.40	≤1.30
	0.60<窗墙面积比≤0.70	≤1.40	≤1.30
	0.70<窗墙面积比≤0.80	≤1.30	≤1.20
	窗墙面积比>0.80	≤1.20	≤1.10
屋顶透光部分（屋顶透光部分面积≤20%）		≤1.80	
围护结构部位		保温材料层热阻 $R[(m^2 \cdot K)/W]$	
周边地面		≥1.10	
供暖地下室与土壤接触的外墙		≥1.50	
变形缝（两侧墙内保温时）		≥1.20	

表 1-22 严寒 C 区甲类公共建筑围护结构热工性能限值

围护结构部位		体形系数≤0.30	0.30<体形系数≤0.50
		传热系数 $K[W/(m^2 \cdot K)]$	
屋面		≤0.30	≤0.25
外墙（包括非透光幕墙）		≤0.38	≤0.35
底面接触室外空气的架空或外挑楼板		≤0.38	≤0.35
地下车库与供暖房间之间的楼板		≤0.70	≤0.70
非供暖楼梯间与供暖房间之间的隔墙		≤1.00	≤1.00
单一立面外窗（包括透光幕墙）	窗墙面积比≤0.20	≤2.70	≤2.50
	0.20<窗墙面积比≤0.30	≤2.40	≤2.00
	0.30<窗墙面积比≤0.40	≤2.10	≤1.90
	0.40<窗墙面积比≤0.50	≤1.70	≤1.60
	0.50<窗墙面积比≤0.60	≤1.50	≤1.50
	0.60<窗墙面积比≤070	≤1.50	≤1.50
	0.70<窗墙面积比≤0.80	≤1.40	≤1.40
	窗墙面积比>0.80	≤1.30	≤1.20
屋顶透光部分（屋顶透光部分面积≤20%）		≤2.30	
围护结构部位		保温材料层热阻 $R[(m^2 \cdot K)/W]$	
周边地面		≥1.10	
供暖地下室与土壤接触的外墙		≥1.50	
变形缝（两侧墙内保温时）		≥1.20	

表 1-23　寒冷地区甲类公共建筑围护结构热工性能限值

围护结构部位		体形系数≤0.30		0.30<体形系数≤0.50	
		传热系数 K [W/($m^2\cdot K$)]	太阳得热系数 $SHGC$（东、南、西向/北向）	传热系数 K [W/($m^2\cdot K$)]	太阳得热系数 $SHGC$（东、南、西向/北向）
屋面		≤0.40	—	≤0.35	—
外墙（包括非透光幕墙）		≤0.50	—	≤0.45	—
底面接触室外空气的架空或外挑楼板		≤0.50	—	≤0.45	—
地下车库与供暖房间之间的楼板		≤1.00	—	≤1.00	—
非供暖楼梯间与供暖房间之间的隔墙		≤1.20	—	≤1.20	—
单一立面外窗（包括透光幕墙）	窗墙面积比≤0.20	≤2.50	—	≤2.50	—
	0.20<窗墙面积比≤0.30	≤2.50	≤0.48/—	≤2.40	≤0.48/—
	0.30<窗墙面积比≤0.40	≤2.00	≤0.40/—	≤1.80	≤0.40/—
	0.40<窗墙面积比≤0.50	≤1.90	≤0.40/—	≤1.70	≤0.40/—
	0.50<窗墙面积比≤0.60	≤1.80	≤0.35/—	≤1.60	≤0.35/—
	0.60<窗墙面积比≤0.70	≤1.70	≤0.30/0.40	≤1.60	≤0.30/0.40
	0.70<窗墙面积比≤0.80	≤1.50	≤0.30/0.40	≤1.40	≤0.30/0.40
	窗墙面积比>0.80	≤1.30	≤0.25/0.40	≤1.30	≤0.25/0.40
屋顶透光部分（屋顶透光部分面积≤20%）		≤2.40	≤0.35	≤2.40	≤0.35
围护结构部位		保温材料层热阻 R[（$m^2\cdot K$）/W]			
周边地面		≥0.60			
供暖、空调地下室外墙（与土壤接触的墙）		≥0.90			
变形缝（两侧墙内保温时）		≥0.90			

表 1-24　夏热冬冷地区甲类公共建筑围护结构热工性能限值

围护结构部位		传热系数 K [W/（$m^2\cdot K$）]	太阳得热系数 $SHGC$（东、南、西向/北向）
屋面		≤0.40	—
外墙（包括非透光幕墙）	围护结构热惰性指标 D≤2.5	≤0.60	—
	围护结构热惰性指标 D>2.5	≤0.80	
底面接触室外空气的架空或外挑楼板		≤0.70	—

围护结构部位		传热系数 K [W/(m²·K)]	太阳得热系数 $SHGC$ （东、南、西向/北向）
单一立面外窗 （包括透光幕墙）	窗墙面积比≤0.20	≤3.00	≤0.45
	0.20<窗墙面积比≤0.30	≤2.60	≤0.40/≤0.45
	0.30<窗墙面积比≤0.40	≤2.20	≤0.35/≤0.40
	0.40<窗墙面积比≤0.50	≤2.20	≤0.30/≤0.35
	0.50<窗墙面积比≤0.60	≤2.10	≤0.30/≤0.35
	0.60<窗墙面积比≤0.70	≤2.10	≤0.25/≤0.30
	0.70<窗墙面积比≤0.80	≤2.00	≤0.25/≤0.30
	窗墙面积比>0.80	≤1.80	≤0.20
屋顶透光部分(屋顶透光部分面积≤20%)		≤2.20	≤0.30

表 1-25　夏热冬暖地区甲类公共建筑围护结构热工性能限值

围护结构部位		传热系数 K [W/(m²·K)]	太阳得热系数 $SHGC$ （东、南、西向/北向）
屋面		≤0.40	—
外墙（包括非透光幕墙）	围护结构热惰性指标 D≤2.5	≤0.70	—
	围护结构热惰性指标 D>2.5	≤1.50	
单一立面外窗 （包括透光幕墙）	窗墙面积比≤0.20	≤4.00	≤0.40
	0.20<窗墙面积比≤0.30	≤3.00	≤0.35/≤0.40
	0.30<窗墙面积比≤0.40	≤2.50	≤0.30/≤0.35
	0.40<窗墙面积比≤0.50	≤2.50	≤0.25/≤0.30
	0.50<窗墙面积比≤0.60	≤2.40	≤0.20/≤0.25
	0.60<窗墙面积比≤0.70	≤2.40	≤0.20/≤0.25
	0.70<窗墙面积比≤0.80	≤2.40	≤0.18/≤0.24
	窗墙面积比>0.80	≤2.00	≤0.18
屋顶透光部分(屋顶透光部分面积≤20%)		≤2.50	≤0.25

表 1-26　温和 A 区甲类公共建筑围护结构热工性能限值

围护结构部位		传热系数 K[W/(m²·K)]	太阳得热系数 $SHGC$ （东、南、西向/北向）
屋面	围护结构热惰性指标 D≤2.5	≤0.50	—
	围护结构热惰性指标 D>2.5	≤0.80	
外墙 （包括非透光幕墙）	围护结构热惰性指标 D≤2.5	≤0.80	—
	围护结构热惰性指标 D>0.5	≤1.50	
底面接触室外空气的架空或外挑楼板		≤1.50	—

围护结构部位		传热系数 K[W/(m²·K)]	太阳得热系数 SHGC（东、南、西向/北向）
单一立面外窗（包括透光幕墙）	窗墙面积比≤0.20	≤5.20	—
	0.20<窗墙面积比≤0.30	≤4.00	≤0.40/≤0.45
	0.30<窗墙面积比≤0.40	≤3.00	≤0.35/≤0.40
	0.40<窗墙面积比≤0.50	≤2.70	≤0.30/≤0.35
	0.50<窗墙面积比≤0.60	≤2.50	≤0.30/≤0.35
	0.60<窗墙面积比≤0.70	≤2.50	≤0.25/≤0.30
	0.70<窗墙面积比≤0.80	≤2.50	≤0.25/≤0.30
	窗墙面积比>0.80	≤2.00	≤0.20
屋顶透光部分(屋顶透光部分面积≤20%)		≤3.00	≤0.30

设置有供暖空调系统的工业建筑围护结构热工性能应符合表 1-27 至表 1-35 的规定。

表 1-27　严寒 A 区工业建筑围护结构热工性能限值

围护结构部位		传热系数 K[W/(m²·K)]		
		体形系数≤0.10	0.10<体形系数≤0.15	体形系数>0.15
屋面		≤0.40	≤0.35	≤0.35
外墙		≤0.50	≤0.45	≤0.40
立面外窗	窗墙面积比≤0.20	≤2.70	≤2.50	≤2.50
	0.20<窗墙面积比≤0.30	≤2.50	≤2.20	≤2.20
	窗墙面积比>0.30	≤2.20	≤2.00	≤2.00
屋面透光部分		≤2.50		

表 1-28　严寒 B 区工业建筑围护结构热工性能限值

围护结构部位		传热系数 K[W/(m²·K)]		
		体形系数≤0.10	0.10<体形系数≤0.15	体形系数>0.15
屋面		≤0.45	≤0.45	≤0.40
外墙		≤0.60	≤0.55	≤0.45
立面外窗	窗墙面积比<0.20	≤3.00	≤2.70	≤2.70
	0.20<窗墙面积比≤0.30	≤2.70	≤2.50	≤2.50
	窗墙面积比>0.30	≤2.50	≤2.20	≤2.20
屋面透光部分		≤2.70		

表 1-29　严寒 C 区工业建筑围护结构热工性能限值

围护结构部位		传热系数 $K[\text{W}/(\text{m}^2\cdot\text{K})]$		
		体形系数≤0.10	0.10<体形系数≤0.15	体形系数>0.15
屋面		≤0.55	≤0.50	≤0.45
外墙		≤0.65	≤0.60	≤0.50
立面外窗	窗墙面积比≤0.20	≤3.30	≤3.00	≤3.00
	0.20<窗墙面积比≤0.30	≤3.00	≤2.70	≤2.70
	窗墙面积比>0.30	≤2.70	≤2.50	≤2.50
屋面透光部分		≤3.00		

表 1-30　寒冷 A 区工业建筑围护结构热工性能限值

围护结构部位		传热系数 $K[\text{W}/(\text{m}^2\cdot\text{K})]$		
		体形系数≤0.10	0.10<体形系数≤0.15	体形系数>0.15
屋面		≤0.60	≤0.55	≤0.50
外墙		≤0.70	≤0.65	≤0.60
立面外窗	窗墙面积比≤0.20	≤3.50	≤3.30	≤3.30
	0.20<窗墙面积比≤0.30	≤3.30	≤3.00	≤3.00
	窗墙面积比>0.30	≤3.00	≤2.70	≤2.70
屋面透光部分		≤3.30		

表 1-31　寒冷 B 区工业建筑围护结构热工性能限值

围护结构部位		传热系数 $K[\text{W}/(\text{m}^2\cdot\text{K})]$		
		体形系数≤0.10	0.10<体形系数≤0.15	体形系数>0.15
屋面		≤0.65	≤0.60	≤0.55
外墙		≤0.75	≤0.70	≤0.65
立面外窗	窗墙面积比<0.20	≤3.70	≤3.50	≤3.50
	0.20<窗墙面积比≤0.30	≤3.50	≤3.30	≤3.30
	窗墙面积比>0.30	≤3.30	≤3.00	≤2.70
屋面透光部分		≤3.50		

表 1-32　夏热冬冷地区工业建筑围护结构热工性能限值

围护结构部位		传热系数 K[W/(m²·K)]	
屋面		≤0.70	
外墙		≤1.10	
外窗		传热系数 K [W/(m²·K)]	太阳得热系数 $SHGC$（东、南、西向/北向）
立面外窗	窗墙面积比≤0.20	≤3.60	—
	0.20<窗墙面积比≤0.40	≤3.40	≤0.60/—
	窗墙面积比>0.40	≤3.20	≤0.45/≤0.55
屋面透光部分		≤3.50	≤0.45

表 1-33　夏热冬暖地区工业建筑围护结构热工性能限值

围护结构部位		传热系数 K[W/(m²·K)]	
屋面		≤0.90	
外墙		≤1.50	
外窗		传热系数 K [W/(m²·K)]	太阳得热系数 $SHGC$（东、南、西向/北向）
立面外窗	窗墙面积比≤0.20	≤4.00	—
	0.20<窗墙面积比≤0.40	≤3.60	≤0.50/≤0.60
	窗墙面积比>0.40	≤3.40	≤0.40/≤0.50
屋面透光部分		≤4.00	≤0.40

表 1-34　温和 A 区工业建筑围护结构热工性能限值

围护结构部位		传热系数 K[W/(m²·K)]	
屋面		≤0.70	
外墙		≤1.10	
外窗		传热系数 K [W/(m²·K)]	太阳得热系数 $SHGC$（东、南、西向/北向）
立面外窗	窗墙面积比<0.20	≤3.60	—
	0.20<窗墙面积比≤0.40	≤3.40	≤0.60/—
	窗墙面积比>0.40	≤3.20	≤0.45/≤0.55
屋面透光部分		≤3.50	<0.45

表 1-35　工业建筑地面和地下室外墙热阻限值

热工区划	围护结构部位		热阻 R[(m²·K)/W]
严寒地区	地面	周边地面	≥1.1
		非周边地面	≥1.1
	供暖地下室外墙（与土壤接触的墙）		≥1.1
寒冷地区	地面	周边地面	≥0.5
		非周边地面	≥0.5
	供暖地下室外墙（与土壤接触的墙）		≥0.5

注：（1）地面热阻指建筑基础持力层以上各层材料的热阻之和；
　　（2）地下室外墙热阻指土壤以内各层材料的热阻之和。

应参照表 1-3 至表 1-35 对围护结构热工性能进行权衡判断。

反映围护结构热工性能的参数有：围护结构传热系数、透光围护结构传热系数、太阳得热系数、居住建筑窗墙面积比、建筑的空气调节和供暖系统运行时间、室内温度、照明功率密度值及开关时间、房间人均占有的建筑面积及在室率、人员新风量及新风机组运行时间表、电器设备功率密度及使用率。具体要求见本规范附录 A。

建筑围护结构热工性能的权衡判断采用对比评定法，公共建筑和居住建筑的判断指标为总耗电量，工业建筑的判断指标为总耗煤量。对于公共建筑和居住建筑，总耗电量应为全年供暖和供冷总耗电量；对于工业建筑，总耗煤量应为全年供暖耗热量和供冷耗冷量的折算耗煤量。当设计建筑总耗电（煤）量不大于参照建筑时，应判定围护结构的热工性能符合《建筑节能与可再生能源利用通用规范》（GB 55015—2021）的要求；当设计建筑的总能耗大于参照建筑时，应调整围护结构的热工性能重新计算，直至设计建筑的总能耗不大于参照建筑。未做规定时，参照建筑应与设计建筑一致。建筑功能区除设计文件明确为非空调区外，均应按设置供暖和空气调节系统计算。

严寒和寒冷地区公共建筑体形系数应符合表 1-36 的规定。

表 1-36　严寒和寒冷地区公共建筑体形系数限值

单栋建筑面积 A（ m² ）	建筑体形系数
300<A≤800	≤0.50
A>800	≤0.40

居住建筑屋面天窗与所在房间屋面面积比值应符合表 1-37 的规定。

表 1-37 居住建筑屋面天窗面积限值

屋面天窗面积与所在房间屋面面积的比值				
严寒地区	寒冷地区	夏热冬冷地区	夏热冬暖地区	温和 A 区
≤10%	≤15%	≤6%	≤4%	≤10%

乙类公共建筑围护结构热工性能应符合表 1-38 和表 1-39 的规定。

表 1-38 乙类公共建筑屋面、外墙、楼板热工性能限值

围护结构部位	传热系数 $K[W/(m^2 \cdot K)]$				
	严寒 A、B 区	严寒 C 区	寒冷地区	夏热冬冷地区	夏热冬暖地区
屋面	≤0.35	≤0.45	≤0.55	≤0.60	≤0.60
外墙(包括非透光幕墙)	≤0.45	≤0.50	≤0.60	≤1.00	≤1.50
底面接触室外空气的架空或外挑楼板	≤0.45	≤0.50	≤0.60	≤1.00	—
地下车库和供暖房间之间的楼板	≤0.50	≤0.70	≤1.00	—	—

表 1-39 乙类公共建筑外窗(包括透光幕墙)热工性能限值

围护结构部位	传热系数 $K[W/(m^2 \cdot K)]$					太阳得热系数 SHGC		
外窗(包括透光幕墙)	严寒 A、B 区	严寒 C 区	寒冷地区	夏热冬冷地区	夏热冬暖地区	寒冷地区	夏热冬冷地区	夏热冬暖地区
单一立面外窗(包括透光幕墙)	≤2.00	≤2.20	≤2.50	≤3.00	≤4.00	—	≤0.45	≤0.40
屋顶透光部分(屋顶透光部分面积≤20%)	≤2.00	≤2.20	≤2.50	≤3.00	≤4.00	≤0.40	≤0.35	≤0.30

当公共建筑的入口大堂采用全玻璃幕墙时,非中空玻璃的面积不应超过该建筑同一立面透光面积(门窗和玻璃幕墙)的 15%,且应按同一立面透光面积(含全玻璃幕墙面积)加权计算平均传热系数。

夏热冬暖、温和 B 区的居住建筑外窗的通风开口面积不应小于房间地面面积的 10% 或外窗面积的 45%;夏热冬冷、温和 A 区居住建筑外窗的通风开口面积不应小于房间地面面积的 5%;公共建筑中主要功能房间的外窗(包括透光幕墙)应设置可开启窗扇或通风换气装置。

在考虑采取建筑遮阳措施时,夏热冬暖、夏热冬冷地区的甲类公共建筑的南、东、西向外窗和透光幕墙应采取遮阳措施;夏热冬暖地区的居住建筑的东、西向外窗的建筑遮阳系数不应大于 0.8。

居住建筑幕墙、外窗及敞开阳台的门在 10 Pa 压差下,每小时每米缝隙的空气渗透量不应大于 1.5 m³,每小时每平方米面积的空气渗透量不应大于 4.5 m³。

居住建筑外窗玻璃的可见光透射比不应小于 0.40。居住建筑的主要使用房间(卧室、书

房、起居室等)的房间窗地面积比不应小于 1/7。

外墙保温工程应采用预制构件、定型产品或成套技术，并应具备同一供应商提供配套的组成材料和型式检验报告。型式检验报告应包括配套组成材料的名称、生产单位、规格型号、主要性能参数。外保温系统型式检验报告还应包括耐候性和抗风压性能检验项目。

电梯应具备节能运行功能。两台及以上电梯集中排列时，应设置群控措施。电梯应具备在无外部召唤且轿厢内一段时间无预置指令时，自动转为节能运行模式的功能。自动扶梯、自动人行步道应具备空载时暂停或低速运转的功能。

二、供暖、通风与空调

除乙类公共建筑外，针对集中供暖和集中空调系统的施工图设计，必须对设置供暖、空调装置的每一个房间进行热负荷和逐项逐时的冷负荷计算。

对于严寒和寒冷地区的居住建筑，只有当符合下列条件之一时，才允许采用电直接加热设备作为供暖热源：①无城市或区域集中供暖，采用燃气、煤、油等燃料受到环保或消防限制，且无法利用热泵供暖的建筑；②利用可再生能源发电，其发电量能满足自身电加热用电量需求的建筑；③利用蓄热式电热设备在夜间低谷电进行供暖或蓄热，且不在用电高峰和平段时间启用的建筑；④电力供应充足，且当地电力政策鼓励用电供暖时。

对于公共建筑，只有当符合下列条件之一时，才允许采用电直接加热设备作为供暖热源：①无城市或区域集中供暖，采用燃气、煤、油等燃料受到环保或消防限制，且无法利用热泵供暖的建筑；②利用可再生能源发电，其发电量能满足自身电加热用电量需求的建筑；③以供冷为主，供暖负荷非常小，且无法利用热泵或其他方式提供供暖热源的建筑；④以供冷为主，供暖负荷小，无法利用热泵或其他方式提供供暖热源，但可以利用低谷电进行蓄热且电锅炉不在用电高峰和平段时间启用的空调系统；⑤室内或工作区的温度控制精度小于 0.5 ℃，或相对湿度控制精度小于 5%的工艺空调系统；⑥电力供应充足，且当地电力政策鼓励用电供暖时。

只有当符合下列条件之一时，才允许采用电直接加热设备作为空气加湿热源：①冬季无加湿用蒸汽源，且对冬季室内相对湿度控制精度要求高的建筑；②利用可再生能源发电，且其发电量能满足自身加湿用电量需求的建筑；③电力供应充足，且电力需求侧管理鼓励用电时。

锅炉的选型，应与当地长期供应的燃料种类相适应。在名义工况和规定条件下，锅炉的设计热效率不应低于表 1-40 至表 1-42 规定的数值。

表 1-40　燃液体燃料、天然气锅炉名义工况下的热效率

锅炉类型及燃料种类		锅炉热效率（%）
燃油燃气锅炉	重油	90
	轻油	90
	燃气	92

表 1-41　燃生物质锅炉名义工况下的热效率

燃料种类	锅炉额定蒸发量 D（t/h）/额定热功率 Q（MW）	
	D≤10/Q≤7	D>10/Q>7
	锅炉热效率（%）	
生物质	80	86

表 1-42　燃煤锅炉名义工况下的热效率

锅炉类型及燃料种类		锅炉额定蒸发量 D（t/h）/额定热功率 Q（MW）	
		D≤20/Q≤14	D>20/Q>14
		锅炉热效率（%）	
层状燃烧锅炉	Ⅲ类烟煤	82	84
流化床燃烧锅炉		88	88
室燃（煤粉）锅炉产品		88	88

当设计采用户式燃气供暖热水炉作为供暖热源时，其热效率应符合表 1-43 的规定。

表 1-43　户式燃气供暖热水炉的热效率

类型		热效率（%）
户式燃气供暖热水炉	η_1	≥89
	η_2	≥85

注：η_1 为户式燃气供暖热水炉额定热负荷和部分热负荷（供暖状态为30%的额定热负荷）下两个热效率值中的较大值，η_2 为较小值。

除下列情况外，民用建筑不应采用蒸汽锅炉作为热源：①厨房、洗衣、高温消毒以及工艺性湿度控制等必须采用蒸汽的热负荷；②蒸汽热负荷在总热负荷中的比例大于 70% 且总热负荷不大于 1.4 MW。

电动压缩式冷水机组的总装机容量，除乙类公共建筑外，集中供暖和集中空调系统的施工图设计，必须对设置供暖、空调装置的每一个房间进行热负荷和逐项逐时的冷负荷计算，不得另作附加。在设计条件下，当机组的规格不符合计算冷负荷的要求时，所选择机组的总装机容量与计算冷负荷的比值不得大于 1.1。

采用电机驱动的蒸汽压缩循环冷水（热泵）机组时，其名义制冷工况和规定条件下的性能系数（Coefficient of Performance）COP 不应低于表 1-44 的规定；变频水冷机组及风冷或蒸发冷却机组的性能系数 COP 不应低于表 1-45 的规定。

表 1-44 名义制冷工况和规定条件下定频冷水（热泵）机组的制冷性能系数

类型		名义制冷量 CC(kW)	性能系数 COP(W/W)					
			严寒A、B区	严寒C区	温和地区	寒冷地区	夏热冬冷地区	夏热冬暖地区
水冷	活塞式/涡旋式	$CC \leqslant 528$	4.30	4.30	4.30	5.30	5.30	5.30
	螺杆式	$CC \leqslant 528$	4.80	4.90	4.90	5.30	5.30	5.30
		$528 < CC \leqslant 1\,163$	5.20	5.20	5.20	5.60	5.60	5.60
		$CC > 1\,163$	5.40	5.50	5.60	5.80	5.80	5.80
	离心式	$CC \leqslant 1\,163$	5.50	5.60	5.60	5.70	5.80	5.80
		$1\,163 < CC \leqslant 2\,110$	5.90	5.90	5.90	6.00	6.10	6.10
		$CC > 2\,110$	6.00	6.10	6.10	6.20	6.30	6.30
风冷或蒸发冷却	活塞式/涡旋式	$CC \leqslant 50$	2.80	2.80	2.80	3.00	3.00	3.00
		$CC > 50$	3.00	3.00	3.00	3.00	3.20	3.20
	螺杆式	$CC \leqslant 50$	2.90	2.90	2.90	3.00	3.00	3.00
		$CC > 50$	2.90	2.90	3.00	3.00	3.20	3.20

注：名义制冷量即 Cooling Capacity。

表 1-45 名义制冷工况和规定条件下变频冷水（热泵）机组的制冷性能系数

类型		名义制冷量 CC(kW)	性能系数 COP(W/W)					
			严寒A、B区	严寒C区	温和地区	寒冷地区	夏热冬冷地区	夏热冬暖地区
水冷	活塞式/涡旋式	$CC \leqslant 528$	4.20	4.20	4.20	4.20	4.20	4.20
	螺杆式	$CC \leqslant 528$	4.37	4.47	4.47	4.47	4.56	4.66
		$528 < CC \leqslant 1\,163$	4.75	4.75	4.75	4.85	4.94	5.04
		$CC > 1\,163$	5.20	5.20	5.20	5.23	5.32	5.32
	离心式	$CC \leqslant 1\,163$	4.70	4.70	4.74	4.84	4.93	5.02
		$1\,163 < CC \leqslant 2\,110$	5.20	5.20	5.20	5.20	5.21	5.30
		$CC > 2\,110$	5.30	5.30	5.30	5.39	5.49	5.49
风冷或蒸发冷却	活塞式/涡旋式	$CC \leqslant 50$	2.50	2.50	2.50	2.50	2.51	2.60
		$CC > 50$	2.70	2.70	2.70	2.70	2.70	2.70
	螺杆式	$CC \leqslant 50$	2.51	2.51	2.51	2.60	2.70	2.70
		$CC > 50$	2.70	2.70	2.70	2.79	2.79	2.79

电机驱动的蒸汽压缩循环冷水（热泵）机组的综合部分负荷系数（Integrated Part Load Value）IPLV 应按下式计算：

$$IPLV = 1.2\% \times A + 32.8\% \times B + 39.7\% \times C + 26.3\% \times D \tag{1-6}$$

式中　A——100%负荷时的性能系数（W/W），冷却水进水温度为 30 ℃/冷凝器进气干球温度为 35 ℃；

　　　　B——75%负荷时的性能系数（W/W），冷却水进水温度为 26 ℃/冷凝器进气干球温度为 31.5 ℃；

　　　　C——50%负荷时的性能系数（W/W），冷却水进水温度为 23 ℃/冷凝器进气干球温度为 28 ℃；

　　　　D——25%负荷时的性能系数（W/W），冷却水进水温度为 19 ℃/冷凝器进气干球温度为 24.5 ℃。

当采用电机驱动的蒸汽压缩循环冷水（热泵）机组时，综合部分负荷性能系数 IPLV 应符合以下规定：定频水冷机组及风冷或蒸发冷却机组综合部分负荷系数 IPLV 不低于表 1-46 规定的数值；变频水冷机组及风冷或蒸发冷却机组综合部分负荷系数 IPLV 不低于表 1-47 规定的数值。

表 1-46　定频冷水（热泵）机组综合部分负荷性能系数

类型		名义制冷量 CC（kW）	综合部分负荷性能系数 IPLV（W/W）					
			严寒 A、B 区	严寒 C 区	温和地区	寒冷地区	夏热冬冷地区	夏热冬暖地区
水冷	活塞式/涡旋式	$CC \leqslant 528$	5.00	5.00	5.00	5.00	5.05	5.25
	螺杆式	$CC \leqslant 528$	5.35	5.45	5.45	5.45	5.55	5.65
		$528 < CC \leqslant 1\,163$	5.75	5.75	5.75	5.85	5.90	6.00
		$CC > 1\,163$	5.85	5.95	6.10	6.20	6.30	6.30
	离心式	$CC \leqslant 1\,163$	5.50	5.50	5.55	5.60	5.90	5.90
		$1\,163 < CC \leqslant 2\,110$	5.50	5.50	5.55	5.60	5.90	5.90
		$CC > 2\,110$	5.95	5.95	5.95	6.10	6.20	6.20
风冷或蒸发冷却	活塞式/涡旋式	$CC \leqslant 50$	3.10	3.10	3.10	3.20	3.20	3.20
		$CC > 50$	3.35	3.35	3.35	3.40	3.45	3.45
	螺杆式	$CC \leqslant 50$	2.90	2.90	2.90	3.10	3.20	3.20
		$CC > 50$	3.10	3.10	3.10	3.20	3.30	3.30

表 1-47　变频冷水(热泵)机组综合部分负荷性能系数

类型		名义制冷量 CC(kW)	综合部分负荷性能系数 IPLV(W/W)					
			严寒 A、B 区	严寒 C 区	温和地区	寒冷地区	夏热冬冷地区	夏热冬暖地区
水冷	活塞式/涡旋式	$CC \leq 528$	5.64	5.64	5.64	6.30	6.30	6.30
	螺杆式	$CC \leq 528$	6.15	6.27	6.27	6.30	6.38	6.50
		$528 < CC \leq 1\,163$	6.61	6.61	6.61	6.73	7.00	7.00
		$CC > 1\,163$	6.73	6.84	7.02	7.13	7.60	7.60
	离心式	$CC \leq 1\,163$	6.70	6.70	6.83	6.96	7.09	7.22
		$1\,163 < CC \leq 2\,110$	7.02	7.15	7.22	7.28	7.60	7.61
		$CC > 2\,110$	7.74	7.74	7.74	7.93	8.06	8.06
风冷或蒸发冷却	活塞式/涡旋式	$CC \leq 50$	3.50	3.50	3.50	3.60	3.60	3.60
		$CC > 50$	3.60	3.60	3.60	3.70	3.70	3.70
	螺杆式	$CC \leq 50$	3.50	3.50	3.50	3.60	3.60	3.60
		$CC > 50$	3.60	3.60	3.60	3.70	3.70	3.70

采用多联式空调(热泵)机组时,其名义制冷工况和规定条件下的综合部分负荷系数和全年性能系数(Annual Performance Factor)APF 不应低于表 1-48 和表 1-49 规定的数值。

表 1-48　水冷多联式空调(热泵)机组制冷综合部分负荷性能系数

名义制冷量 CC(kW)	制冷综合部分负荷性能系数 IPLV(W/W)					
	严寒 A、B 区	严寒 C 区	温和地区	寒冷地区	夏热冬冷地区	夏热冬暖地区
$CC \leq 28$	5.20	5.20	5.50	5.50	5.90	5.90
$28 < CC \leq 84$	5.10	5.10	5.40	5.40	5.80	5.80
$CC > 84$	5.00	5.00	5.30	5.30	5.70	5.70

表 1-49　风冷多联式空调(热泵)机组全年性能系数

名义制冷量 CC(kW)	全年性能系数 APF[W·h/(W·h)]					
	严寒 A、B 区	严寒 C 区	温和地区	寒冷地区	夏热冬冷地区	夏热冬暖地区
$CC \leq 14$	3.60	4.00	4.00	4.20	4.40	4.40
$14 < CC \leq 28$	3.50	3.90	3.90	4.10	4.30	4.30
$28 < CC \leq 50$	3.40	3.90	3.90	4.00	4.20	4.20
$50 < CC \leq 68$	3.30	3.50	3.50	3.80	4.00	4.00
$CC > 68$	3.20	3.50	3.50	3.50	3.80	3.80

采用电机驱动的单元式空气调节机、风管送风式空调(热泵)机组时,其名义制冷工况

和规定条件下的能效参数（包括制冷季节能效比（Seasonal Energy Efficient Rating）*SEER* 和 *APF*）应符合下列规定：采用电机驱动压缩机、室内静压为 0 Pa（表压力）的单元式空气调节机的能效参数不应低于表 1-50 至表 1-52 规定的数值；采用电机驱动压缩机、室内静压大于 0 Pa（表压力）的风管送风式空调（热泵）机组能效不应低于表 1-53 至表 1-55 规定的数值。

表 1-50　风冷单冷型单元式空气调节机制冷季节能效比

名义制冷量 CC(kW)	制冷季节能效比 *SEER*[W·h/（W·h）]					
	严寒 A、B 区	严寒 C 区	温和地区	寒冷地区	夏热冬冷地区	夏热冬暖地区
7.0<CC≤14.0	3.65	3.65	3.70	3.75	3.80	3.80
CC>14.0	2.85	2.85	2.90	2.95	3.00	3.00

表 1-51　风冷热泵型单元式空气调节机全年性能系数

名义制冷量 CC(kW)	全年性能系数 *APF*[W·h/（W·h）]					
	严寒 A、B 区	严寒 C 区	温和地区	寒冷地区	夏热冬冷地区	夏热冬暖地区
7.0<CC≤14.0	2.95	2.95	3.00	3.05	3.10	3.10
CC>14.0	2.85	2.85	2.90	2.95	3.00	3.00

表 1-52　水冷单元式空气调节机制冷综合部分负荷性能系数

名义制冷量 CC（kW）	制冷综合部分负荷性能系数 *IPLV*（W/W）					
	严寒 A、B 区	严寒 C 区	温和地区	寒冷地区	夏热冬冷地区	夏热冬暖地区
7.0<CC≤14.0	3.55	3.55	3.60	3.65	3.70	3.70
CC>14.0	4.15	4.15	4.20	4.25	4.30	4.30

表 1-53　风冷单冷型风管送风式空调机组制冷季节能效比

名义制冷量 CC（kW）	制冷季节能效比 *SEER*[W·h/（W·h）]					
	严寒 A、B 区	严寒 C 区	温和地区	寒冷地区	夏热冬冷地区	夏热冬暖地区
CC≤7.1	3.20	3.20	3.30	3.30	3.80	3.80
7.1<CC≤14.0	3.45	3.45	3.50	3.55	3.60	3.60
14.0<CC≤28.0	3.25	3.25	3.30	3.35	3.40	3.40
CC>28.0	2.85	2.85	2.90	2.95	3.00	3.00

表 1-54　风冷热泵型风管送风式空调机组全年性能系数

名义制冷量 CC（kW）	全年性能系数 *APF*[W·h/（W·h）]					
	严寒 A、B 区	严寒 C 区	温和地区	寒冷地区	夏热冬冷地区	夏热冬暖地区
CC≤7.1	3.00	3.00	3.20	3.30	3.40	3.40
7.1<CC≤14.0	3.05	3.05	3.10	3.15	3.20	3.20

名义制冷量 CC（kW）	全年性能系数 APF[W·h/（W·h）]					
	严寒 A、B 区	严寒 C 区	温和地区	寒冷地区	夏热冬冷地区	夏热冬暖地区
14.0<CC≤28.0	2.85	2.85	2.90	2.95	3.00	3.00
CC>28.0	2.65	2.65	2.70	2.75	2.80	2.80

表 1-55　水冷风管送风式空调机组制冷综合部分负荷性能系数

名义制冷量 CC（kW）	制冷综合部分负荷性能系数 IPLV（W/W）					
	严寒 A、B 区	严寒 C 区	温和地区	寒冷地区	夏热冬冷地区	夏热冬暖地区
CC≤14.0	3.85	3.85	3.90	3.90	4.00	4.00
CC>14.0	3.65	3.65	3.70	3.70	3.80	3.80

除严寒地区外，采用房间空气调节器的全年性能系数 APF 和制冷季节能效比 SEER 不应小于表 1-56 中规定的数值。

表 1-56　房间空气调节器能效限值

额定制冷量 CC（kW）	热泵型房间空气调节器全年性能系数 APF[W·h/（W·h）]	单冷式房间空气调节器制冷季节能效比 SEER[W·h/（W·h）]
CC≤4.5	4.00	5.00
4.5<CC≤7.1	3.50	4.40
7.1<CC≤14.0	3.30	4.00

采用直燃型溴化锂吸收式冷（温）水机组时，其在名义工况和规定条件下的性能参数应符合表 1-57 的规定。

表 1-57　直燃型溴化锂吸收式冷（温）水机组的性能参数

工况		性能参数	
冷（温）水进/出口温度（℃）	冷却水进/出口温度（℃）	制冷性能系数（W/W）	供热性能系数（W/W）
12/7（供冷）	30/35	≥1.20	—
—/60（供热）	—	—	≥0.90

进行风机水泵选型时，所选风机的效率不应低于现行国家标准《通风机能效限定值及能效等级》（GB 19761—2020）规定的通风机能效等级的 2 级。循环水泵效率不应低于现行国家标准《清水离心泵能效限定值及节能评价值》（GB 19762—2007）规定的节能评价值。

除对温湿度波动范围要求严格的空调区外，在同一个全空气空调系统中，不应有同时加热和冷却的过程。严寒和寒冷地区采用集中新风的空调系统时，除排风含有毒、有害、高污染成分的情况外,当系统设计最小总新风量大于或等于 40 000 m³/h 时,应设置集中排风能量热回收装置。

对于直接与室外空气接触的楼板或将与不供暖、供冷房间相邻的地板作为供暖、供冷辐射地面时,必须设置绝热层。集中供暖(冷)的室外管网应进行水力平衡计算,且应在热力站和建筑物热力入口处设置水力平衡或流量调节装置。锅炉房和换热机房应设置供热量自动控制装置。间接供热系统二次侧循环水泵应采用调速控制方式。

当冷源系统采用多台冷水机组和水泵时,应设置台数控制;对于多级泵系统,负荷侧各级泵应采用变频调速控制;变风量全空气空调系统应采用变频自动调节风机转速的方式。大型公共建筑空调系统应设置新风量按需求调节的措施。

供暖空调系统应设置自动室温调控装置。在进行集中供暖系统热量计量时,应在锅炉房和换热机房供暖总管上,设置计量总供热量的热量计量装置;在建筑物热力入口处,必须设置热量表,作为该建筑物供热量结算点;对于居住建筑室内供暖系统,应根据设备形式和使用条件设置热量调控和分配装置;用于热量结算的热量计量必须采用热量表。

锅炉房、换热机房和制冷机房应对燃料的消耗量、供热系统的总供热量、制冷机(热泵)的耗电量及制冷(热泵)系统的总耗电量、制冷系统的总供冷量和补水量进行计量。

三、电气

电力变压器、电动机、交流接触器和照明产品的能效水平应高于能效限定值或能效等级3级的要求。建筑供配电系统设计应进行负荷计算。当功率因数未达到供电主管部门要求时,应采取无功补偿措施。季节性负荷、工艺负荷卸载时,为其单独设置的变压器应具有退出运行的措施。水泵、风机以及电热设备应采取节能自动控制措施。甲类公共建筑应按功能区域设置电能计量。建筑面积不低于 20 000 m² 且采用集中空调的公共建筑,应设置建筑设备监控系统。

建筑照明功率密度应符合表 1-58 至表 1-69 的规定;当房间或场所的室形指数值等于或小于 1 时,其照明功率密度限值可增加,但增加值不应超过限值的 20%;当房间或场所的照度标准值提高或降低一级时,其照明功率密度限值应按比例提高或折减。

表 1-58 全装修居住建筑每户照明功率密度限值

房间或场所	照度标准值(lx)	照明功率密度限值(W/m²)
起居室	100	≤5.0
卧室	75	
餐厅	150	
厨房	100	
卫生间	100	

表 1-59 居住建筑公共机动车库照明功率密度限值

房间或场所	照度标准值（lx）	照明功率密度限值（W/m²）
车道	50	≤1.9
车位	30	

表 1-60 办公建筑和其他类型建筑中具有办公用途场所照明功率密度限值

房间或场所	照度标准值（lx）	照明功率密度限值（W/m²）
普通办公室、会议室	300	≤8.0
高档办公室、设计室	500	≤13.5
服务大厅	300	≤10.0

表 1-61 商店建筑照明功率密度限值

房间或场所	照度标准值（lx）	照明功率密度限值（W/m²）
一般商店营业厅	300	≤9.0
高档商店营业厅	500	≤14.5
一般超市营业厅、仓储式超市、专卖店营业厅	300	≤10.0
高档超市营业厅	500	≤15.5

注：当一般商店营业厅、高档商店营业厅、专卖店营业厅需装设重点照明时，该营业厅的照明功率密度限值可增加 5 W/m²。

表 1-62 旅馆建筑照明功率密度限值

房间或场所		照度标准值（lx）	照明功率密度限值（W/m²）
客房	一般活动区	75	≤6.0
	床头	150	
	卫生间	150	
中餐厅		200	≤8.0
西餐厅		150	≤5.5
多功能厅		300	≤12.0
客房层走廊		50	≤3.5
大堂		200	≤8.0
会议室		300	≤8.0

表 1-63 医疗建筑照明功率密度限值

房间或场所	照度标准值（lx）	照明功率密度限值（W/m²）
治疗室、诊室	300	≤8.0
化验室	500	≤13.5
候诊室、挂号厅	200	≤5.5

房间或场所	照度标准值（lx）	照明功率密度限值（W/m²）
病房	200	≤5.5
护士站	300	≤8.0
药房	500	≤13.5
走廊	100	≤4.0

表 1-64　教育建筑照明功率密度限值

房间或场所	照度标准值（lx）	照明功率密度限值（W/m²）
教室、阅览室、实验室、多媒体教室	300	≤8.0
美术教室、计算机教室、电子阅览室	500	≤13.5
学生宿舍	150	≤4.5

表 1-65　会展建筑照明功率密度限值

房间或场所	照度标准值（lx）	照明功率密度限值（W/m²）
会议室、洽谈室	300	≤8.0
宴会厅、多功能厅	300	≤12.0
一般展厅	200	≤8.0
高档展厅	300	≤12.0

表 1-66　交通建筑照明功率密度限值

房间或场所		照度标准值（lx）	照明功率密度限值（W/m²）
候车（机、船）室	普通	150	≤6.0
	高档	200	≤8.0
中央大厅、售票大厅、行李认领大厅、到达大厅、出发大厅		200	≤8.0
地铁站厅	普通	100	≤4.5
	高档	200	≤8.0
地铁进出站门厅	普通	150	≤5.5
	高档	200	≤8.0

表 1-67　金融建筑照明功率密度限值

房间或场所	照度标准值（lx）	照明功率密度限值（W/m²）
营业大厅	200	≤8.0
交易大厅	300	≤12.0

建筑环境与能源工程技术标准概论

表 1-68　工业建筑非爆炸危险场所照明功率密度限值

房间或场所		照度标准值（lx）	照明功率密度限值（W/m²）
1. 机电工业			
机械加工	粗加工	200	≤6.5
	一般加工，公差≥0.1 mm	300	≤10.0
	精密加工，公差<0.1 mm	500	≤15.0
机电仪表装配	大件	200	≤6.5
	一般件	300	≤10.0
	精密	500	≤15.0
	特精密	750	≤22.0
	电线、电缆制造	300	≤10.0
线圈绕制	大线圈	300	≤10.0
	中等线圈	500	≤15.0
	精细线圈	750	≤22.0
	线圈浇注	300	≤10.0
焊接	一般	200	≤6.5
	精密	300	≤10.0
	钣金、冲压、剪切	300	≤10.0
	热处理	200	≤6.5
铸造	熔化、浇铸	200	≤8.0
	造型	300	≤12.0
	精密铸造的制模、脱壳	500	≤15.0
	锻工	200	≤7.0
	电镀	300	≤12.0
	酸洗、腐蚀、清洗	300	≤14.0
抛光	一般装饰性	300	≤11.0
	精细	500	≤16.0
	复合材料加工、铺叠、装饰	500	≤15.0
机电修理	一般	200	≤6.5
	精密	300	≤10.0
2. 电子工业			
整机类	计算机及外围设备	300	≤10.0
	电子测量仪器	200	≤6.5
元器件类	微电子产品及集成电路、显示器件、印制线路板	500	≤16.0
	电真空器件、新能源	300	≤10.0
	机电组件	200	≤6.5

房间或场所		照度标准值（lx）	照明功率密度限值（W/m²）
电子 材料类	玻璃、陶瓷	200	≤6.5
	电声、电视、录音、录像	150	≤5.0
	光纤、电线、电缆	200	≤6.5
	其他电子材料	200	≤6.5
3. 汽车工业			
冲压车间	生产区	300	≤10.0
	物流区	150	≤5.0
焊接车间	生产区	200	≤6.5
	物流区	150	≤5.0
涂装车间	输调漆间	300	≤10.0
	生产区	200	≤7.0
总装车间	装配线区	200	≤7.0
	物流区	150	≤5.0
	质检间	500	≤15.0
发动机 工厂	机加工区	200	≤6.5
	装配区	200	≤6.5
铸造车间	熔化工部	200	≤6.5
	清理/造型/制芯工部	300	≤10.0

表 1-69　公共建筑和工业建筑非爆炸危险场所通用房间或场所照明功率密度限值

房间或场所		照度标准值（lx）	照明功率密度限值（W/m²）
走廊	普通	50	≤2.0
	高档	100	≤3.5
厕所	普通	75	≤3.0
	高档	150	≤5.0
实验室	一般	300	≤8.0
	精细	500	≤13.5
检验	一般	300	≤8.0
	精细，有颜色要求	750	≤21.0
计量室、测量室		500	≤13.5
控制室	一般控制室	300	≤8.0
	主控制室	500	≤13.5
电话站、网络中心、计算机站		500	≤13.5

房间或场所		照度标准值(lx)	照明功率密度限值(W/m²)
动力站	风机房、空调机房	100	≤3.5
	泵房	100	≤3.5
	冷冻站	150	≤5.0
	压缩空气站	150	≤5.0
	锅炉房、煤气站的操作层	100	≤4.5
仓库	大件库	50	≤2.0
	一般件库	100	≤3.5
	半成品库	150	≤5.0
	精细件库	200	≤6.0
公共机动车库	车道	50	≤1.9
	车位	30	
车辆加油站		100	≤4.5

建筑的走廊、楼梯间、门厅、电梯厅及停车库的照明应能够根据照明需求进行节能控制；大型公共建筑的公用照明区域应采取分区、分组及可调节照度的节能控制措施。有天然采光的场所，其照明应根据采光状况和建筑使用条件采取分区、分组、按照度或按时段调节的节能控制措施。

旅馆的每间(套)客房应设置总电源节能控制措施。建筑景观照明应设置平时、一般节日及重大节日多种控制模式。

四、给水排水及燃气

集中生活热水供应系统除有其他用蒸汽要求的外，不应采用燃气或燃油锅炉制备蒸汽作为生活热水的热源或辅助热源；除下列条件外，不应采用市政供电直接加热作为生活热水系统的主体热源：①按60℃计的生活热水最高日总用水量不大于5 m³，或人均最高日用水定额不大于10 L的公共建筑；②无集中供热热源和燃气源，采用煤、油等燃料受到环保或消防限制，且无条件采用可再生能源的建筑；③利用蓄热式电热设备在夜间低谷电进行加热或蓄热，且不在用电高峰和平段时间启用的建筑；④电力供应充足，且当地电力政策鼓励建筑用电直接加热作生活热水热源的建筑。

以燃气或燃油锅炉作为生活热水热源时，其锅炉额定工况下热效率应符合表1-40至表1-42的规定。当采用户式燃气热水器或供暖热水炉为生活热水热源时，其设备能效应符合表1-70的规定。

表 1-70　户式燃气热水器和供暖热水炉（热水）热效率

类型		热效率（%）
户式燃气热水器/供暖热水炉（热水）	η_1	≥89
	η_2	≥85

注：η_1 为户式燃气热水器或供暖热水炉额定热负荷和部分热负荷（热水状态为 50% 的额定热负荷）下两个热效率值中的较大值，η_2 为较小值。

当采用空气源热泵热水机组制备生活热水时，热泵热水机在名义制热工况和规定条件下性能系数 COP 不应低于表 1-71 规定的数值，并应有保证水质的有效措施。

表 1-71　热泵热水机性能系数

制热量（kW）	热水机类型		性能系数 COP（W/W）	
			普通型	低温型
$H<10$	一次加热式、循环加热式		4.40	3.60
	静态加热式		4.40	—
$H≥10$	一次加热式		4.40	3.70
	循环加热	不提供水泵	4.40	3.70
		提供水泵	4.30	3.60

居住建筑采用户式电热水器作为生活热水热源时，其能效指标应符合表 1-72 的规定。

表 1-72　户式电热水器能效指标

24 h 固有能耗系数	热水输出率
≤0.7	≥60%

给水泵设计选型时，泵效率不应低于现行国家标准《清水离心泵能效限定值及节能评价值》（GB 19762—2007）规定的节能评价值。

当采用单个燃烧器额定热负荷不大于 5.23 kW 的家用燃气灶具时，其能效限定值应符合表 1-73 的规定。

表 1-73　家用燃气灶具能效限定值

类型		热效率 η（%）
大气式灶	台式	≥62
	嵌入式	≥59
	集成灶	≥56
红外线灶	台式	≥64
	嵌入式	≥61
	集成灶	≥58

第三节 既有建筑节能改造设计

一、一般规定

民用建筑改造涉及节能要求时,应同期进行建筑节能改造。节能改造涉及抗震、结构、防火等安全时,节能改造前应进行安全性能评估。在进行既有建筑节能改造前,应先进行节能诊断,根据节能诊断结果,制订节能改造方案。节能改造方案应明确节能指标及其检测与验收的方法。既有建筑节能改造设计应设置能量计量装置,并应满足节能验收的要求。

二、围护结构

外墙、屋面的节能诊断应包括如下内容:在严寒和寒冷地区,考虑外墙、屋面的传热系数,热工缺陷及热桥部位内表面温度;在夏热冬冷和夏热冬暖地区,考虑外墙、屋面的隔热性能。

建筑外窗、透光幕墙的节能诊断应包括如下内容:在严寒和寒冷地区,考虑外窗、透光幕墙的传热系数;在夏热冬冷和夏热冬暖地区,考虑外窗、透光幕墙的气密性,除北向外的外窗,透光幕墙的太阳得热系数。

当采用可粘结工艺的外墙外保温改造方案时,其基墙墙面的性能应满足保温系统的要求。当加装外遮阳时,应对原结构的安全性进行复核、验算。当结构安全不能满足要求时,应对其进行结构加固或采取其他遮阳措施。对外围护结构进行节能改造时,应配套进行相关的防水、防护设计。

三、建筑设备系统

建筑设备系统节能诊断内容应包括能源消耗基本信息、主要用能系统、设备能效及室内环境参数。

对冷热源系统改造时,应根据系统原有的冷热源运行记录及围护结构改造情况进行系统冷热负荷计算,并应对整个制冷季、供暖季负荷进行分析。冷热源改造后应能满足原有输配系统和空调末端系统的设计要求。

集中供暖系统热源节能改造设计应设置能根据室外温度变化自动调节供热量的装置。供暖空调系统末端节能改造设计应设置室温调控装置。集中供暖系统节能改造设计应设置热计量装置。

对供暖空调系统冷源、管网或末端进行节能改造时,应对原有输配管网水力平衡状况及循环水泵、风机进行校核计算,当不满足相关规定时,应进行相应的改造。变流量系统的水泵、风机应设置变频措施。

锅炉房、换热机房及制冷机房节能改造设计应设置能量计量装置。当更换生活热水供应系统的锅炉及加热设备时,更换后的设备应能根据设定温度自动调节燃料供给量,且能保证出水温度的稳定。

照明系统节能改造设计应在满足用电安全和功能要求的前提下进行。照明系统改造后,走廊、楼梯间、门厅、电梯厅及停车库等场所应能根据照明需求进行节能控制。

建筑设备集中监测与控制系统节能改造设计应满足设备和系统节能控制要求,能对建筑的能源消耗状况、室内外环境参数、设备及系统的运行参数进行监测,并应具备显示、查询、报警和记录等功能,所用的存储介质和数据库应能记录连续一年以上的运行参数。

第四节 可再生能源建筑应用系统设计

一、一般规定

开展可再生能源建筑应用系统设计时,应根据当地资源与适用条件统筹规划。采用可再生能源时,应根据适用条件和投资规模确定该类能源可提供的用能比例或保证率,以及系统费效比,并应根据项目负荷特点和当地资源条件进行适宜性分析。

二、太阳能系统

新建建筑应安装太阳能系统。在既有建筑上增设或改造太阳能系统时,必须经建筑结构安全复核,满足建筑结构的安全性要求。太阳能系统应做到全年综合利用,根据使用地的气候特征、实际需求和适用条件,为建筑物供电、供生活热水、供暖或(及)供冷。太阳能建筑一体化应用系统的设计应与建筑设计同步完成。建筑物上安装太阳能系统不得降低相邻建筑的日照标准。

太阳能系统与构件及其安装安全,应满足结构、电气及防火安全的要求;由太阳能集热器或光伏电池板构成的围护结构构件,应满足相应围护结构构件的安全性及功能性要求;安装太阳能系统的建筑,应设置安装和运行维护的安全防护措施,以及设置防止太阳能集热器或光伏电池板损坏后部件坠落伤人的安全防护设施。

太阳能系统应对下列参数进行监测与计量:①太阳能热利用系统的辅助热源供热量、集热系统进出口水温、集热系统循环水流量、太阳总辐照量,以及按使用功能分类的太阳能热水系统的供热水温度、供热水量;②太阳能供暖空调系统的供热量及供冷量、室外温度、代表性房间室内温度;③太阳能光伏发电系统的发电量、光伏组件背板表面温度、室外温度、太阳总辐照量。

太阳能热利用系统应根据不同地区气候条件、使用环境和集热系统类型采取防冻、防结露、防过热、防热水渗漏、防雷、防雹、抗风、抗震和保证电气安全等技术措施。

防止太阳能集热系统过热的安全阀应安装在泄压时排出的高温蒸汽和水不会危及周围人员的安全位置上，并应配备相应的设施；其设定的开启压力，应与系统可耐受的最高工作温度对应的饱和蒸汽压力相一致。

太阳能热利用系统中的太阳能集热器的设计使用寿命应高于 15 年。太阳能光伏发电系统中的光伏组件的设计使用寿命应高于 25 年，系统中多晶硅、单晶硅、薄膜电池组件自系统运行之日起，一年内的衰减率应分别低于 2.5%、3%、5%，之后每年的衰减率应低于 0.7%。

太阳能热利用系统设计应根据工程所采用的集热器性能参数、气象数据以及设计参数计算太阳能热利用系统的集热效率，且应符合表 1-74 的规定。

表 1-74　太阳能热利用系统的集热效率

类型	太阳能热水系统	太阳能供暖系统	太阳能空调系统
集热效率 η（%）	≥42	≥35	≥30

进行太阳能光伏发电系统设计时，应给出系统装机容量和年发电总量，应根据光伏组件在设计安装条件下光伏电池最高工作温度设计其安装方式，保证系统安全稳定运行。

三、地源热泵系统

进行地源热泵系统方案设计前，应进行工程场地状况调查，并应对浅层或中深层地热能资源进行勘察，确定地源热泵系统实施的可行性与经济性。当浅层地埋管地源热泵系统的应用建筑面积大于或等于 5 000 m² 时，应进行现场岩土热响应试验。地源热泵机组的能效不应低于现行国家标准《水（地）源热泵机组能效限定值及能效等级》（GB 30721—2014）规定的节能评价值。

进行浅层地埋管换热系统设计时，应进行所负担建筑物全年动态负荷及吸、排热量计算，最小计算周期不应小于 1 年。对于建筑面积为 50 000 m² 以上的大规模地埋管地源热泵系统，应进行 10 年以上地源侧热平衡计算。

地下水换热系统应根据水文地质勘察资料进行设计。必须采取可靠回灌措施，确保置换冷量或热量后的地下水全部回灌到同一含水层，不得对地下水资源造成浪费及污染。设计江河湖水源地源热泵系统时，应对地表水体资源和水体环境进行评价。海水源地源热泵系统与海水接触的设备及管道，应具有耐海水腐蚀性，并采取防止海洋生物附着的措施。

在冬季有冻结可能的地区，地埋管、闭式地表水和海水换热系统应有防冻措施。

地源热泵系统监测与控制工程应对代表性房间室内温度、系统地源侧与用户侧进出水温度和流量、热泵系统耗电量、地下环境参数进行监测。

四、空气源热泵系统

空气源热泵机组的有效制热量,应根据室外温、湿度及结、除霜工况对制热性能进行修正。采用空气源多联式热泵机组时,还需根据室内、外机组之间的连接管长和高差进行修正。当室外设计温度低于空气源热泵机组平衡点温度时,应设置辅助热源。

采用空气源热泵机组供热时,冬季设计工况状态下热泵机组制热性能系数 COP 不应小于表 1-75 规定的数值。

表 1-75　空气源热泵设计工况制热性能系数

机组类型	制热性能系数 COP（W/W）	
	严寒地区	寒冷地区
冷热风机组	1.8	2.2
冷热水机组	2.0	2.4

空气源热泵机组在连续制热运行中,融霜所需时间总和不应超过一个连续制热周期的20%。空气源热泵系统用于严寒和寒冷地区时,应采取防冻措施。

空气源热泵室外机组的安装位置,应确保进风与排风通畅,且避免短路;应避免受污浊气流对室外机组的影响;噪声和排出热气流应符合周围环境要求;应便于对室外机的换热器进行清扫和维修;室外机组应有防积雪措施;应设置安装、维护及防止坠落伤人的安全防护设施。

附录 A　建筑围护结构热工性能权衡判断

进行权衡判断的设计建筑,其围护结构的热工性能应符合下列规定。

围护结构传热系数不得低于表 A-1 规定的数值。

表 A-1　围护结构传热系数基本要求

热工区划	外墙 $K[W/(m^2 \cdot K)]$			外窗 $K[W/(m^2 \cdot K)]$			架空或外挑楼板 $K[W/(m^2 \cdot K)]$	屋面的 K,周边地面和地下室外墙的 R
	公共建筑	居住建筑	工业建筑	公共建筑	居住建筑	工业建筑	居住建筑	公共、居住、工业建筑
严寒 A 区	0.40	0.40	0.60	2.5	2.0	3.0	0.40	不得降低
严寒 B 区	0.40	0.45	0.65	2.5	2.2	3.5	0.45	
严寒 C 区	0.45	0.50	0.70	2.6	2.2	3.8	0.50	

热工区划	外墙 $K[W/(m^2 \cdot K)]$			外窗 $K[W/(m^2 \cdot K)]$			架空或外挑楼板 $K[W/(m^2 \cdot K)]$	屋面的 K,周边地面和地下室外墙的 R
	公共建筑	居住建筑	工业建筑	公共建筑	居住建筑	工业建筑	居住建筑	公共、居住、工业建筑
寒冷 A 区	0.55	0.60	0.75	2.7	2.5	4.0	0.60	不得降低
寒冷 B 区	0.55	0.60	0.80	2.7	2.5	4.2	0.60	
夏热冬冷 A 区	0.8	不得降低	1.20	3.0	不得降低	4.5	—	
夏热冬冷 B 区	0.8	不得降低	1.20	3.0	不得降低	4.5	—	
夏热冬暖 A 区	1.50	1.50(仅南、北向外墙,东、西向不得降低)	1.60	4.0	不得降低	5.0	—	
夏热冬暖 B 区	1.50	2.0(仅南、北向外墙,东、西向不得降低)	1.60	4.0	不得降低	5.0	—	
温和 A 区	1.00	1.00	1.20	3.0	3.2	4.5	—	
温和 B 区	—	不得降低	—	—	—	—	—	

透光围护结构传热系数和太阳得热系数应符合下列规定。

（1）当公共建筑单一立面的窗墙比大于或等于 0.40 时,透光围护结构传热系数和太阳得热系数基本要求应符合表 A-2 的规定。

表 A-2　公共建筑透光围护结构传热系数和太阳得热系数基本要求

气候分区	窗墙面积比	单一立面外窗（包括透光幕墙）传热系数 K $[W/(m^2 \cdot K)]$	综合太阳得热系数 $SHGC$
严寒 A、B 区	0.40＜窗墙面积比≤0.60	≤2.0	—
	窗墙面积比＞0.60	≤1.5	
严寒 C 区	0.40＜窗墙面积比≤0.60	≤2.1	—
	窗墙面积比＞0.60	≤1.7	
寒冷地区	0.40＜窗墙面积比≤0.70	≤2.0	—
	窗墙面积比＞0.70	≤1.7	
夏热冬冷地区	0.40＜窗墙面积比≤0.70	≤2.2	≤0.40
	窗墙面积比＞0.70	≤2.1	
夏热冬暖地区	0.40＜窗墙面积比≤0.70	≤2.5	≤0.35
	窗墙面积比＞0.70	≤2.3	

（2）居住建筑和工业建筑透光围护结构太阳得热系数应符合表 A-3 的规定。

表 A-3　居住建筑和工业建筑透光围护结构太阳得热系数基本要求

热工区划	居住建筑 SHGC	工业建筑 SHGC	
	东、西向	东、南、西向	北向
寒冷 B 区	不可权衡	—	—
夏热冬冷 A 区	≤0.40（夏）	总窗墙面积比大于 0.2 时，≤0.60	总窗墙面积比大于 0.4 时，≤0.55
夏热冬冷 B 区	≤0.40（夏）	总窗墙面积比大于 0.2 时，≤0.60	总窗墙面积比大于 0.4 时，≤0.55
夏热冬暖 A 区	≤0.35（夏）	总窗墙面积比大于 0.2 时，≤0.50	总窗墙面积比大于 0.2 时，≤0.60
夏热冬暖 B 区	≤0.35（夏）	总窗墙面积比大于 0.2 时，≤0.50	总窗墙面积比大于 0.2 时，≤0.60
温和 A 区	不得降低	—	—
温和 B 区	不得降低	—	—

居住建筑窗墙面积比应符合下列规定。

（1）严寒和寒冷地区居住建筑窗墙面积比应符合表 A-4 的规定。

表 A-4　严寒和寒冷地区居住建筑窗墙面积比基本要求

热工区划	居住建筑窗墙面积比		
	南向	北向	东、西向
严寒 A 区	0.55	0.35	0.40
严寒 B 区	0.55	0.35	0.40
严寒 C 区	0.55	0.35	0.40
寒冷 A 区	0.60	0.40	0.45
寒冷 B 区	0.60	0.40	0.45

（2）夏热冬冷、夏热冬暖地区居住建筑窗墙面积比大于或等于 0.6 时，其外窗传热系数应符合表 A-5 的规定。

表 A-5　夏热冬冷和夏热冬暖地区窗墙面积比及对应外窗传热系数基本要求

热工区划	居住建筑窗墙面积比	相应的外窗 $K[\mathrm{W}/(\mathrm{m}^2 \cdot \mathrm{K})]$
夏热冬冷 A 区	0.60	≤2.0
	0.70	≤1.8
	0.80	≤1.5
夏热冬冷 B 区	0.60	≤2.2
	0.70	≤2.0
	0.80	≤1.8

热工区划	居住建筑窗墙面积比	相应的外窗 $K[W/(m^2 \cdot K)]$
夏热冬暖 A 区	0.60	≤2.2
	0.70	≤2.0
	0.80	≤2.0
夏热冬暖 B 区	0.60	≤2.8
	0.70	≤2.5
	0.80	≤2.2

（3）建筑的空气调节和供暖系统运行时间、室内温度、照明功率密度值及开关时间、房间人均占有的建筑面积及人员的在室率、人均新风量及新风机组运行情况、电器设备功率密度及使用率应符合表 A-6 至表 A-18 的规定。

表 A-6　空气调节和供暖系统的日运行时间

类别	系统工作时间	
办公建筑	工作日	07：00—18：00
	节假日	—
旅馆建筑	全年	01：00—24：00
商业建筑	全年	08：00—21：00
医疗建筑——门诊楼	全年	08：00—21：00
医疗建筑——住院部	全年	01：00—24：00
学校建筑——教学楼	工作日	07：00—18：00
	节假日	—
居住建筑	全年	01：00—24：00
工业建筑	全年	01：00—24：00

表 A-7　供暖空调区室内温度　　　　　　单位：℃

建筑类别	时段	类型	时间											
			01：00	02：00	03：00	04：00	05：00	06：00	07：00	08：00	09：00	10：00	11：00	12：00
办公建筑、教学楼	工作日	空调	—	—	—	—	—	—	28	26	26	26	26	26
		供暖	5	5	5	5	5	12	18	20	20	20	20	20
	节假日	空调	—	—	—	—	—	—	—	—	—	—	—	—
		供暖	5	5	5	5	5	5	5	5	5	5	5	5
旅馆建筑、住院部	全年	空调	26	26	26	26	26	26	26	26	26	26	26	26
		供暖	22	22	22	22	22	22	22	22	22	22	22	22
商业建筑、门诊楼	全年	空调	—	—	—	—	—	—	—	28	26	26	26	26
		供暖	5	5	5	5	5	5	12	16	18	18	18	18

建筑环境与能源工程技术标准概论

建筑类别			时段	类型	时间											
					01:00	02:00	03:00	04:00	05:00	06:00	07:00	08:00	09:00	10:00	11:00	12:00
居住建筑	严寒、寒冷地区	卧室、起居室、厨房、卫生间	全年	空调	26	26	26	26	26	26	26	26	26	26	26	26
				供暖	18	18	18	18	18	18	18	18	18	18	18	18
		辅助房间	全年	空调	—	—	—	—	—	—	—	—	—	—	—	—
				供暖	—	—	—	—	—	—	—	—	—	—	—	—
	夏热冬冷、夏热冬暖、温和地区	卧室	全年	空调	26	26	26	26	26	26	26	—	—	—	—	—
				供暖	18	18	18	18	18	18	18	—	—	—	—	—
		起居室	全年	空调	—	—	—	—	—	—	—	—	26	26	26	26
				供暖	—	—	—	—	—	—	—	18	18	18	18	18
		厨房、卫生间、辅助房间	全年	空调	—	—	—	—	—	—	—	—	—	—	—	—
				供暖	—	—	—	—	—	—	—	—	—	—	—	—
工业建筑			全年	空调	28	28	28	28	28	28	28	28	28	28	28	28
				供暖	16	16	16	16	16	16	16	16	16	16	16	16

建筑类别			时段	类型	时间											
					13:00	14:00	15:00	16:00	17:00	18:00	19:00	20:00	21:00	22:00	23:00	24:00
办公建筑、教学楼			工作日	空调	26	26	26	26	26	26	—	—	—	—	—	—
				供暖	20	20	20	20	20	20	18	12	5	5	5	5
			节假日	空调	—	—	—	—	—	—	—	—	—	—	—	—
				供暖	5	5	5	5	5	5	5	5	5	5	5	5
旅馆建筑、住院部			全年	空调	26	26	26	26	26	26	26	26	26	26	26	26
				供暖	22	22	22	22	22	22	22	22	22	22	22	22
商业建筑、门诊楼			全年	空调	26	26	26	26	26	26	26	—	—	—	—	—
				供暖	18	18	18	18	18	18	18	18	12	5	5	5
居住建筑	严寒、寒冷地区	卧室、起居室、厨房、卫生间	全年	空调	26	26	26	26	26	26	26	26	26	26	26	26
				供暖	18	18	18	18	18	18	18	18	18	18	18	18
		辅助房间	全年	空调	—	—	—	—	—	—	—	—	—	—	—	—
				供暖	—	—	—	—	—	—	—	—	—	—	—	—
	夏热冬冷、夏热冬暖、温和地区	卧室	全年	空调	—	—	—	—	—	—	—	—	26	26	26	26
				供暖	—	—	—	—	—	—	—	18	18	18	18	18
		起居室	全年	空调	26	26	26	26	26	26	26	—	—	—	—	—
				供暖	18	18	18	18	18	18	18	—	—	—	—	—
		厨房、卫生间、辅助房间	全年	空调	—	—	—	—	—	—	—	—	—	—	—	—
				供暖	—	—	—	—	—	—	—	—	—	—	—	—
工业建筑			全年	空调	28	28	28	28	28	28	28	28	28	28	28	28
				供暖	16	16	16	16	16	16	16	16	16	16	16	16

表 A-8 照明功率密度 单位: W/m²

建筑类别	照明功率密度	建筑类别	照明功率密度
办公建筑	8.0	医院建筑——住院部	6.0
旅馆建筑	6.0	学校建筑——教学楼	8.0
商业建筑	9.0	居住建筑	5.0
医院建筑——门诊楼	8.0	工业建筑	6.0

表 A-9 照明使用时间 单位:%

建筑类别		时段	时间											
			01:00	02:00	03:00	04:00	05:00	06:00	07:00	08:00	09:00	10:00	11:00	12:00
办公建筑、教学楼		工作日	0	0	0	0	0	0	10	50	95	95	95	80
		节假日	0	0	0	0	0	0	0	0	0	0	0	0
旅馆建筑、住院部		全年	10	10	10	10	10	10	30	30	30	30	30	30
商业建筑、门诊楼		全年	10	10	10	10	10	10	10	50	60	60	60	60
居住建筑	卧室	全年	0	0	0	0	0	100	50	0	0	0	0	0
	起居室	全年	0	0	0	0	0	50	100	0	0	0	0	0
	厨房	全年	0	0	0	0	0	100	0	0	0	0	0	0
	卫生间	全年	0	0	0	0	0	50	50	10	10	10	10	10
	辅助房间	全年	0	0	0	0	0	10	10	10	10	10	10	10
工业建筑		全年	95	95	95	95	95	95	95	95	95	95	95	95

建筑类别		时段	时间											
			13:00	14:00	15:00	16:00	17:00	18:00	19:00	20:00	21:00	22:00	23:00	24:00
办公建筑、教学楼		工作日	80	95	95	95	95	30	30	0	0	0	0	0
		节假日	0	0	0	0	0	0	0	0	0	0	0	0
旅馆建筑、住院部		全年	30	30	50	50	60	90	90	90	90	80	10	10
商业建筑、门诊楼		全年	60	60	60	60	80	90	100	100	100	10	10	10
居住建筑	卧室	全年	0	0	0	0	0	0	0	100	100	0	0	0
	起居室	全年	0	0	0	0	0	0	100	100	50	0	0	0
	厨房	全年	0	0	0	0	0	100	0	0	0	0	0	0
	卫生间	全年	10	10	10	10	10	10	10	50	50	0	0	0
	辅助房间	全年	10	10	10	10	10	10	10	10	10	0	0	0
工业建筑		全年	95	95	95	95	95	95	95	95	95	95	95	95

表 A-10　不同类型房间人均占有的建筑面积　　　　　　　　　　单位:m²

建筑类别	人均占有的建筑面积	建筑类别	人均占有的建筑面积
办公建筑	10	医院建筑——住院部	25
旅馆建筑	25	学校建筑——教学楼	6
商业建筑	8	居住建筑	25
医院建筑——门诊楼	8	工业建筑	10

表 A-11　房间人员逐时在室率　　　　　　　　　　单位:%

建筑类别		时段	时间											
			01:00	02:00	03:00	04:00	05:00	06:00	07:00	08:00	09:00	10:00	11:00	12:00
办公建筑、教学楼		工作日	0	0	0	0	0	0	10	50	95	95	95	80
		节假日	0	0	0	0	0	0	0	0	0	0	0	0
宾馆建筑		全年	70	70	70	70	70	70	70	70	50	50	50	50
商业建筑		全年	0	0	0	0	0	0	0	20	50	80	80	80
住院部		全年	95	95	95	95	95	95	95	95	95	95	95	95
门诊楼		全年	0	0	0	0	0	0	0	20	50	95	80	40
居住建筑	卧室	全年	100	100	100	100	100	100	50	50	0	0	0	0
	起居室	全年	0	0	0	0	0	0	50	50	100	100	100	100
	厨房	全年	0	0	0	0	0	100	0	0	0	0	0	100
	卫生间	全年	0	0	0	0	0	50	50	10	10	10	10	10
	辅助房间	全年	0	0	0	0	0	0	10	10	10	10	10	10
工业建筑		全年	95	95	95	95	95	95	95	95	95	95	95	95

建筑类别		时段	时间											
			13:00	14:00	15:00	16:00	17:00	18:00	19:00	20:00	21:00	22:00	23:00	24:00
办公建筑、教学楼		工作日	80	95	95	95	95	30	30	0	0	0	0	0
		节假日	0	0	0	0	0	0	0	0	0	0	0	0
宾馆建筑		全年	50	50	50	50	50	50	70	70	70	70	70	70
商业建筑		全年	80	80	80	80	80	80	80	70	50	0	0	0
住院部		全年	95	95	95	95	95	95	95	95	95	95	95	95
门诊楼		全年	20	50	60	60	20	20	0	0	0	0	0	0
居住建筑	卧室	全年	0	0	0	0	0	0	0	0	50	100	100	100
	起居室	全年	100	100	100	100	100	100	100	100	50	0	0	0
	厨房	全年	0	0	0	0	0	100	0	0	0	0	0	0
	卫生间	全年	10	10	10	10	10	10	10	50	50	0	0	0
	辅助房间	全年	10	10	10	10	10	10	10	10	0	0	0	0
工业建筑		全年	95	95	95	95	95	95	95	95	95	95	95	95

表 A-12　公共建筑不同类型房间人均新风量　　　　　单位:m³/(h·人)

建筑类别		新风量	建筑类别		新风量
办公建筑		30	医院建筑	门诊楼	30
旅馆建筑		30		住院部	30
商业建筑		30	学校建筑	教学楼	30

表 A-13　公共建筑新风机组运行情况

建筑类别	时段	时间											
		01:00	02:00	03:00	04:00	05:00	06:00	07:00	08:00	09:00	10:00	11:00	12:00
办公建筑、教学楼	工作日	0	0	0	0	0	0	1	1	1	1	1	1
	节假日	0	0	0	0	0	0	0	0	0	0	0	0
宾馆建筑、住院部	全年	1	1	1	1	1	1	1	1	1	1	1	1
商业建筑	全年	0	0	0	0	0	0	0	1	1	1	1	1
门诊楼	全年	0	0	0	0	0	0	0	1	1	1	1	1
建筑类别	时段	时间											
		13:00	14:00	15:00	16:00	17:00	18:00	19:00	20:00	21:00	22:00	23:00	24:00
办公建筑、教学楼	工作日	1	1	1	1	1	1	0	0	0	0	0	0
	节假日	0	0	0	0	0	0	0	0	0	0	0	0
宾馆建筑、住院部	全年	1	1	1	1	1	1	1	1	1	1	1	1
商业建筑	全年	1	1	1	1	1	1	1	1	0	0	0	0
门诊楼	全年	1	1	1	1	1	1	0	0	0	0	0	0

注:1 表示新风开启,0 表示新风关闭。

表 A-14　居住建筑换气次数

气候区	严寒	寒冷	夏热冬冷	夏热冬暖	温和
换气次数(h⁻¹)	0.50	0.50	1.0	1.0	1.0

表 A-15　工业建筑换气次数

房间容积(m³)	<500	501~1 000	1 001~1 500	1 501~2 000	2 001~2 500	2 501~3 000	>3 000
换气次数(h⁻¹)	0.70	0.60	0.55	0.50	0.42	0.40	0.35

注:当房间三面以上外墙有门、窗、暴露面时,表中数值应乘以系数 1.15。

表 A-16 不同类型房间电器设备功率密度　　　　　　单位：W/m²

建筑类别	电器设备功率密度	建筑类别	电器设备功率密度
办公建筑	15	医院建筑——住院部	15
旅馆建筑	15	学校建筑——教学楼	5
商业建筑	13	居住建筑	3.8
医院建筑——门诊楼	20	工业建筑	15

表 A-17 电器设备逐时使用率　　　　　　单位：%

建筑类别		时段	时间											
			01:00	02:00	03:00	04:00	05:00	06:00	07:00	08:00	09:00	10:00	11:00	12:00
办公建筑、教学楼		工作日	0	0	0	0	0	0	10	50	95	95	95	50
		节假日	0	0	0	0	0	0	0	0	0	0	0	0
宾馆建筑		全年	0	0	0	0	0	0	0	0	0	0	0	0
商业建筑		全年	0	0	0	0	0	0	0	30	50	80	80	80
住院部		全年	95	95	95	95	95	95	95	95	95	95	95	95
门诊楼		全年	0	0	0	0	0	0	0	20	50	95	80	40
居住建筑	卧室	全年	0	0	0	0	0	0	0	100	100	0	0	0
	起居室	全年	0	0	0	0	0	0	50	100	100	50	50	100
	厨房	全年	0	0	0	0	0	0	0	100	0	0	0	100
	卫生间	全年	0	0	0	0	0	0	0	0	0	0	0	0
	辅助房间	全年	0	0	0	0	0	0	0	0	0	0	0	0
工业建筑		全年	95	95	95	95	95	95	95	95	95	95	95	95
建筑类别		时段	时间											
			13:00	14:00	15:00	16:00	17:00	18:00	19:00	20:00	21:00	22:00	23:00	24:00
办公建筑、教学楼		工作日	50	95	95	95	95	30	30	0	0	0	0	0
		节假日	0	0	0	0	0	0	0	0	0	0	0	0
宾馆建筑		全年	0	0	0	0	0	80	80	80	80	80	0	0
商业建筑		全年	80	80	80	80	80	80	80	70	50	0	0	0
住院部		全年	95	95	95	95	95	95	95	95	95	95	95	95
门诊楼		全年	20	50	60	60	20	20	0	0	0	0	0	0
居住建筑	卧室	全年	0	0	0	0	0	0	0	0	100	100	0	0
	起居室	全年	100	50	50	50	50	100	100	100	50	0	0	0
	厨房	全年	0	0	0	0	0	100	0	0	0	0	0	0
	卫生间	全年	0	0	0	0	0	0	0	0	0	0	0	0
	辅助房间	全年	0	0	0	0	0	0	0	0	0	0	0	0
工业建筑		全年	95	95	95	95	95	95	95	95	95	95	95	95

表 A-18	活动遮阳装置遮挡比例	单位:%
控制方式	供暖季	供冷季
手动控制	20	60
自动控制	20	65

（1）居住建筑和公共建筑的设计建筑和参照建筑的全年供暖和供冷总耗电量的计算方法如下。

全年供暖和供冷总耗电量应按下式计算：

$$E = E_H + E_C \qquad (A\text{-}1)$$

式中　E——全年供暖和供冷总耗电量（ $kW \cdot h/m^2$ ）；

　　　E_H——全年供暖耗电量（ $kW \cdot h/m^2$ ）；

　　　E_C——全年供冷耗电量（ $kW \cdot h/m^2$ ）。

全年供冷耗电量应按下式计算：

$$E_C = \frac{Q_C}{A \times COP_C} \qquad (A\text{-}2)$$

式中　Q_C——全年累计耗冷量（ $kW \cdot h$ ），通过动态模拟软件计算得到；

　　　A——总建筑面积（ m^2 ）；

　　　COP_C——公共建筑供冷系统综合性能系数，通常取 3.50，寒冷 B 区、夏暖地区居住建筑取 3.60。

严寒地区和寒冷地区的全年供暖电量应按下式计算：

$$E_H = \frac{Q_H}{A\eta_1 q_1 q_2} \qquad (A\text{-}3)$$

式中　O_H——全年累计耗热量（ $kW \cdot h$ ），通过动态模拟软件计算得到；

　　　η_1——热源为燃煤锅炉的供暖系统综合效率，取 0.81；

　　　q_1——标准煤热值，取 8.14 $kW \cdot h/kgce$（ 其中 kgce 表示千克标准煤 ）；

　　　q_2——综合发电煤耗，取 0.330 kgce/（ $kW \cdot h$ ）。

夏热冬暖 A 区、夏热冬冷区、夏热冬暖区和温和地区公共建筑的全年供暖耗电量应按下式计算：

$$E_H = \frac{Q_H}{A\eta_2 q_3 q_2} \varphi \qquad (A\text{-}4)$$

式中　η_2——热源为燃气锅炉的供暖系统综合效率，取 0.85；

　　　q_3——标准天然气热值，取 9.87 $kW \cdot h/m^3$ ；

　　　φ——天然气与标准煤折算系数，取 1.21 $kgce/m^3$ 。

夏热冬暖 A 区、夏热冬冷区和温和地区居住建筑的全年供暖耗电量应按下式计算：

$$E_H = \frac{Q_H}{A \times COP_H} \qquad (A-5)$$

式中　COP_H——供暖系统综合性能系数,取 2.6。

在居住建筑的总能耗中,应计入全年的供暖能耗,但只计入日平均温度高于 26°C 时的供冷能耗;严寒、寒冷 A、温和 A 区只计入供暖能耗;寒冷 B、夏热冬冷、夏热冬暖 A 区计入供暖和供冷能耗;夏热冬暖 B 区只计入供冷能耗。

(2)工业建筑的设计建筑和参照建筑的全年供暖和供冷总耗煤量的计算方法如下。

全年供暖和供冷总耗煤量应按下式计算:

$$E = E_A + E_B \qquad (A-6)$$

式中　E——全年供暖和供冷总耗煤量(kgce/m²);

　　　E_A——全年供暖耗煤量(kgce/m²);

　　　E_B——全年供冷耗煤量(kgce/m²)。

全年供冷耗煤量应按下式计算:

$$E_B = \frac{Q_C}{A \times COP_C} q_2 \qquad (A-7)$$

式中　Q_C——全年累计耗冷量(kW·h),通过动态模拟软件计算得到;

　　　A——总建筑面积(m²);

　　　COP_C——供冷系统综合性能系数,取 3.60。

全年供暖耗煤量应按下式计算:

$$E_A = \frac{Q_H}{A \eta_1 q_1} \qquad (A-8)$$

式中　Q_H——全年累计耗热量(kW·h),通过动态模拟软件计算得到;

　　　η_1——热源为燃煤锅炉的供暖系统综合效率,取 0.81;

　　　q_1——标准煤热值,取 8.14 kW·h/kgce。

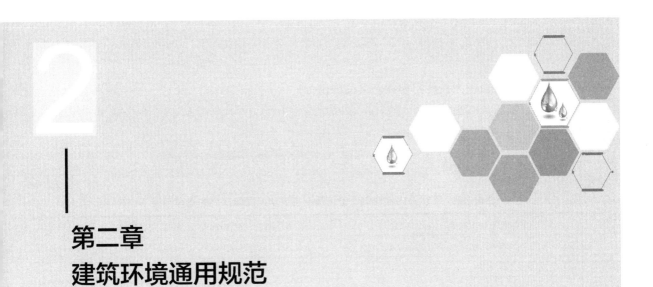

第二章
建筑环境通用规范

第一节 建筑声环境

一、一般规定

民用建筑室内应减少噪声干扰,应采取隔声、吸声、消声、隔振等措施使建筑声环境满足使用功能要求。

噪声与振动敏感建筑在 2 类、3 类或 4 类声环境功能区时,应在建筑设计前对建筑所处位置的环境噪声、环境振动进行调查与测定。

从建筑物外部噪声源传播至主要功能房间室内的噪声的限值及适用条件应符合下列规定。

(1)建筑物外部噪声源传播至主要功能房间室内的噪声限值应符合表 2-1 的规定。

表 2-1 建筑物外部噪声源传播至主要功能房间室内的噪声限值

房间的使用功能	噪声限值(等效声级 $L_{Aeq,T}$,dB)	
	昼间	夜间
睡眠	40	30
日常生活	40	
阅读、自学、思考	35	
教学、医疗、办公、会议	40	

注:(1)当建筑位于 2 类、3 类、4 类声环境功能区时,噪声限值可放宽 5 dB;

（2）夜间噪声限值应为夜间 8 h 连续测得的等效声级 $L_{Aeq,8h}$;

（3）当 1 h 等效声级 $L_{Aeq,1h}$ 能代表整个时段噪声水平时,测量时段可为 1 h。

（2）噪声限值应为关闭门窗状态下的限值。

（3）昼间时段应为 06：00—22：00，夜间时段应为 22：00—次日 6：00。当昼间、夜间的划分当地另有规定时，应按当地规定。

建筑物内部建筑设备传播至主要功能房间室内的噪声的限值应符合表 2-2 的规定。

表 2-2   建筑物内部建筑设备传播至主要功能房间室内的噪声限值

房间的使用功能	噪声限值（等效声级 $L_{Aeq,T}$，dB）
睡眠	33
日常生活	40
阅读、自学、思考	40
教学、医疗、办公、会议	45
人员密集的公共空间	55

主要功能房间室内的 Z 振级限值及适用条件应符合下列规定。

（1）主要功能房间室内的 Z 振级限值应符合表 2-3 的规定。

表 2-3   主要功能房间室内的 Z 振级限值

房间的使用功能	Z 振级 VL_Z（dB）	
	昼间	夜间
睡眠	78	75
日常生活	78	

（2）昼间时段应为 06：00—22：00，夜间时段应为 22：00—次日 6：00。当昼间、夜间的划分当地另有规定时，应按当地规定。

二、隔声、吸声与消声设计

对噪声敏感房间的围护结构应做隔声设计。噪声敏感房间外围护结构的隔声性能应根据室外噪声情况和表 2-1 中规定的噪声敏感房间的室内噪声限值确定。噪声敏感房间内围护结构的隔声性能应根据房间外噪声情况和表 2-2 中规定的噪声敏感房间的室内噪声限值确定。

对有噪声源房间的围护结构应做隔声设计。有噪声源房间外围护结构的隔声性能应根据噪声源辐射噪声的情况和室外环境噪声限值确定。有噪声源房间内围护结构的隔声性能应根据噪声源辐射噪声的情况和表 2-2 中规定的相邻房间的室内噪声限值或国家现行相关标准中的噪声限值确定。管线穿过有隔声要求的墙或楼板时，应采取密封隔声措施。

建筑内有减少反射声要求的空间时，应做吸声设计。吸声设计应根据不同建筑的类型与用途,采取相应的技术措施来控制混响时间、降低噪声、提高语言清晰度和消除音质缺陷。吸声材料应符合相应功能建筑的防火、防水、防腐、环保和装修效果等要求。

当通风空调系统送风口、回风口辐射的噪声超过所处环境的室内噪声限值,或相邻房间通过风管传声导致隔声达不到标准时,应采取消声措施。

进行通风空调系统消声设计时,应通过控制消声器和管道中的气流速度,降低气流再生噪声。

三、隔振设计

当噪声与振动敏感建筑或设有对噪声、振动敏感房间的建筑物,附近有可觉察的固定振动源,或距建筑外轮廓线 50 m 范围内有城市轨道交通地下线时,应对其建设场地进行环境振动测量。

当噪声与振动敏感建筑或设有对噪声、振动敏感房间的建筑物的建设场地振动测量结果超过 2 类声环境功能区室外环境振动限值规定时,应对建筑整体或建筑内敏感房间采取隔振措施,并应符合表 2-1 和表 2-3 的规定。

对建筑物内部产生噪声与振动的设备或设施,当其正常运行对噪声、振动敏感房间产生干扰时,应对其基础及连接管线采取隔振措施,并应符合表 2-1 和表 2-3 的规定。

对建筑物外部具有共同基础并产生噪声与振动的室外设备或设施,当其正常运行时对噪声、振动敏感房间产生干扰时,应对其基础及连接管线采取隔振措施,并应符合表 2-2 和表 2-3 的规定。

设备或设施的隔振设计以及隔振器、阻尼器的配置,应经隔振计算后制定和选配。

四、检测与验收

建筑声学工程竣工验收前,应进行竣工声学检测。

竣工声学检测应包括主要功能房间的室内噪声级、隔声性能及混响时间。

第二节 建筑光环境

一、一般规定

对光环境有要求的场所应进行采光和照明设计计算,并应符合本规范规定。

进行光环境设计时,应综合协调天然采光和人工照明;人员活动场所的光环境应满足视觉要求,其光环境水平应与使用功能相适应。

照明设置应符合下列规定。

（1）当下列场所正常照明供电电源失效时，应设置应急照明：①工作或活动不可中断的场所，应设置备用照明；②人员处于潜在危险之中的场所，应设置安全照明；③人员需有效辨认疏散路径的场所，应设置疏散照明。

（2）在夜间非工作时间值守或巡视的场所，应设置值班照明。

（3）需警戒的场所，应根据警戒范围的要求设置警卫照明。

（4）在可能危及航行安全的建（构）筑物上，应根据国家相关规定设置障碍照明。

（5）对人员可触及的光环境设施，当表面温度高于 70 ℃时，应采取隔离保护措施。各种场所严禁使用防电击类别为 0 类的灯具。

二、采光设计

采光设计应根据建筑特点和使用功能确定采光等级。

采光设计应以采光系数为评价指标，并应符合下列规定：

（1）采光等级与采光系数标准值应符合表 2-4 的规定；

（2）各光气候区的光气候系数应按表 2-5 确定。

表 2-4 采光等级与采光标准值

采光等级	侧面采光		顶部采光	
	采光系数标准值（%）	室内天然光照度标准值（lx）	采光系数标准值（%）	室内天然光照度标准值（lx）
Ⅰ	5	750	5	750
Ⅱ	4	600	3	450
Ⅲ	3	450	2	300
Ⅳ	2	300	1	150
Ⅴ	1	150	0.5	75

注：表中所列采光系数标准值适用于我国Ⅲ类光气候区，其他光气候区的采光系数标准值应按表 2-5 中的光气候系数进行修正。

表 2-5 光气候系数

光气候区类别	Ⅰ类	Ⅱ类	Ⅲ类	Ⅳ类	Ⅴ类
光气候系数 K	0.85	0.90	1.00	1.10	1.20
室外天然光设计照度值（lx）	18 000	16 500	15 000	13 500	12 000

对天然采光需求较高的场所，应符合下列规定：

（1）卧室、起居室和一般病房的采光等级不应低于Ⅳ级的要求；

（2）普通教室的采光等级不应低于Ⅲ级的要求；

（3）普通教室侧面采光的采光均匀度不应低于 0.5。

长时间工作或学习的场所室内各表面的反射比应符合表 2-6 的规定。

表 2-6　反射比

表面名称	反射比
顶棚	0.6~0.9
墙面	0.3~0.8
地面	0.1~0.5

长时间工作或停留的场所应设置防止产生直接眩光、反射眩光、映像和光幕反射等现象的措施。

博物馆展厅室内顶棚、地面、墙面应选择无光泽的饰面材料；对光敏感展品或藏品的存放区域不应有直射阳光，采光口应有减少紫外辐射、调节和限制天然光照度值及减少曝光时间的措施。

主要功能房间采光窗的颜色透射指数不应低于 80。

建筑物设置玻璃幕墙时应符合下列规定：

（1）在居住建筑、医院、中小学校、幼儿园周边区域以及主干道路口、交通流量大的区域设置玻璃幕墙时，应进行玻璃幕墙反射光影响分析；

（2）对长时间工作或停留的场所，玻璃幕墙反射光在其窗台面上的连续滞留时间不应超过 30 min；

（3）在驾驶员前进方向垂直角 20°、水平角 30°、行车距离 100 m 内，玻璃幕墙对机动车驾驶员不应造成连续有害反射光。

三、室内照明设计

室内照明设计应根据建筑使用功能和视觉作业要求确定照明水平、照明方式和照明种类。

灯具选择应满足场所环境的要求，并应符合下列规定：

（1）存在爆炸性危险的场所采用的灯具应有防爆保护措施；

（2）有洁净度要求的场所应采用洁净灯具，并应满足洁净场所的有关规定；

（3）有腐蚀性气体的场所采用的灯具应满足防腐蚀要求。

对光环境要求较高的场所，照度水平应符合下列规定：

（1）连续长时间视觉作业的场所的照度均匀度不应低于 0.6；

（2）教室书写板板面的平均照度不应低于 500 lx，照度均匀度不应低于 0.8；

（3）手术室的照度不应低于 750 lx，照度均匀度不应低于 0.7；

（4）对光特别敏感的展品展厅的照度不应大于50 lx,年曝光量不应大于50 klx·h;对光敏感的展品展厅的照度不应大于150 lx,年曝光量不应大于360 klx·h。

对长时间视觉作业的场所,统一眩光值不应高于19。

对长时间工作或停留的房间或场所,照明光源的颜色特性应符合下列规定:

（1）同类产品的色容差不应大于5 SDCM;

（2）一般显色指数 R_a 不应低于80;

（3）特殊显色指数 R_9 不应小于0。

儿童及青少年长时间学习或活动的场所应选用无危险类（RG0）灯具;其他人员长时间工作或停留的场所应选用无危险类（RG0）或1类危险（RG1）灯具或满足灯具标记的视看距离要求的2类危险（RG2）灯具。

各场所选用光源和灯具的闪变指数 P_{st}^{LM} 不应大于1;儿童及青少年长时间学习或活动的场所选用光源和灯具的频闪效应可视度 SW 不应大于1.0。

对辨色要求高的场所,照明光源的一般显色指数 R_a 不应低于90。

对于对光敏感及对光特别敏感的展品或藏品的存放区域,使用光源的紫外线相对含量应小于20 μW/lm。

各场所设置的疏散照明、安全标识牌亮度和对比度应满足消防安全的要求。

备用照明的照度标准值应符合下列规定:

（1）正常照明失效可能危及生命安全,需继续正常工作的医疗场所,备用照明应维持正常照明的照度;

（2）高危险性体育项目场地备用照明的照度不应低于该场所一般照度标准值的50%;

（3）除另有规定外,其他场所备用照明的照度值不应低于该场所一般照明照度标准值的10%。

安全照明的照度标准值应符合下列规定:

（1）正常照明失效可能使患者处于潜在生命危险中的专用医疗场所,安全照明的照度应为正常照明的照度值;

（2）大型活动场地及观众席安全照明的平均水平照度值不应小于20 lx;

（3）除另有规定外,其他场所安全照明的照度值不应低于该场所一般照明照度标准值的10%,且不应低于15 lx。

四、室外照明设计

室外公共区域照度值和一般显色指数应符合表2-7的规定。

表 2-7　室外公共区域照度值和一般显色指数

场所	平均水平照度最低值 $E_{h.av}$ (lx)	最小水平照度 $E_{h.min}$ (lx)	最小垂直照度 $E_{v.min}$ (lx)	最小半柱面照度 $E_{sc.min}$ (lx)	一般显色指数最低值
主要道路	15	3	5	3	60
次要道路	10	2	3	2	60
健身步道	20	5	10	5	60
活动场地	30	10	10	5	60

注:水平照度的参考平面为地面,垂直照度和半柱面照度的计算点或测量点高度为 1.5 m。

园区道路、人行及非机动车道照明灯具上射光通比的最大值不应大于表 2-8 中的规定值。

表 2-8　灯具上射光通比的最大允许值

照明技术参数	应用条件	环境区域			
		E0 区、E1 区	E2 区	E3 区	E4 区
上射光通比	灯具所处位置水平面以上的光通量与灯具总光通量之比(%)	0	5	15	25

当设置室外夜景照明时,对居室的影响应符合下列规定。

(1)居住空间窗户外表面上产生的垂直面照度不应大于表 2-9 中的规定值。

表 2-9　居住空间窗户外表面的垂直照度最大允许值

照明技术参数	应用条件	环境区域			
		E0 区、E1 区	E2 区	E3 区	E4 区
垂直面照度 E_v (lx)	非熄灯时段	2	5	10	25
	熄灯时段	0*	1	2	5

注:*表示当有公共(道路)照明时,此值提高到 1 lx。

(2)夜景照明灯具朝居室方向的发光强度不应大于表 2-10 中的规定值。

表 2-10　夜景照明灯具朝居室方向的发光强度最大允许值

照明技术参数	应用条件	环境区域			
		E0 区、E1 区	E2 区	E3 区	E4 区
灯具发光强度 I (cd)	非熄灯时段	2 500	7 500	10 000	25 000
	熄灯时段	0*	500	1 000	2 500

注:(1)本表不适用于瞬时或短时间看到的灯具;
　　(2)*表示当有公共(道路)照明时,此值提高到 500 cd。

（3）当采用闪动的夜景照明时,相应灯具朝居室方向的发光强度最大允许值不应大于表2-10中规定数值的1/2。

建筑立面和标识面应符合下列规定。

（1）建筑立面和标识面的平均亮度不应大于表2-11中的规定值。

表2-11　建筑立面和标识面的平均亮度最大允许值

照明技术参数	应用条件	环境区域			
		E0区、E1区	E2区	E3区	E4区
建筑立面亮度 L_b（cd/m²）	被照面平均亮度	0	5	10	25
标识亮度 L_s（cd/m²）	外投光标识被照面平均亮度;对自发光广告标识,指发光面的平均亮度	50	400	800	1 000

注:本表中 L_s 值不适用于交通信号标识。

（2）E1区和E2区里不应采用闪烁、循环组合的发光标识,在所有环境区域这类标识均不应靠近住宅的窗户设置。

室外照明采用泛光照明时,应控制投射范围,散射到被照面之外的溢散光不应超过20%。

五、检测与验收

竣工验收时,应根据建筑类型及使用功能要求对采光、照明进行检测。

采光测量项目应包括采光系数、采光均匀度、反射比和颜色透射指数。

照明测量应符合下列规定:

（1）室内各主要功能房间或场所的测量项目应包括照度、照度均匀度、统一眩光值、色温、显色指数、闪变指数和频闪效应可视度;

（2）室外公共区域照明的测量项目应包括照度、色温、显色指数和亮度;

（3）应急照明条件下,测量项目应包括各场所的照度和灯具表面亮度。

第三节　建筑热工

一、一般规定

建筑热工设计应与地区气候相适应。

建筑设计时,应按建筑所在地的建筑热工设计区划进行保温、防热、防潮设计。

二、保温设计

严寒、寒冷、夏热冬冷及温和 A 区的建筑应进行保温设计。

非透光围护结构内表面温度与室内空气温度的差值应符合表 2-12 的规定。

表 2-12　非透光围护结构内表面温度与室内空气温度的允许温差

非透光围护结构部位	允许温差 Δt（K）
外墙	$\leq t_i - t_d$
楼、屋面	
地面	
地下室外墙	

注：Δt 为非透光围护结构的内表面温度与室内空气温度的温差，t_i 为室内空气温度，t_d 为室内空气的露点温度。

三、防热设计

夏热冬暖、夏热冬冷地区及寒冷 B 区的建筑应进行防热设计。

在给定两侧空气温度及变化规律的情况下，外墙和屋面内表面最高温度应符合表 2-13 的规定。

表 2-13　外墙和屋面内表面最高温度限值

房间类型	自然通风房间	空调房间	
		重质围护结构（$D \geq 2.5$）	轻质围护结构（$D < 2.5$）
外墙内表面最高温度 $\theta_{i.max}$	$\leq t_{e.max}$	$\leq t_i + 2$	$\leq t_i + 3$
屋面内表面最高温度 $\theta_{i.max}$	$\leq t_{e.max}$	$\leq t_i + 2.5$	$\leq t_i + 3.5$

注：$t_{e.max}$ 为室外逐时空气温度最高值；t_i 为室内空气温度。

在给定两侧空气温度和变化规律的情况下，非透光围护结构内表面温度的计算应符合下列规定：

（1）应采用一维非稳态方法进行计算，并应按房间的运行工况确定相应的边界条件；

（2）计算模型应选取外墙、屋面的平壁部分；

（3）当外墙、屋面采用 2 种以上不同构造，且各部分面积相当时，应对每种构造分别进行计算，内表面温度的计算结果应取最高值。

四、防潮设计

对供暖建筑非透光围护结构中的热桥部位应进行表面结露验算，并应采取保温措施确保热桥内表面温度高于房间空气露点温度。

非透光围护结构热桥部位的表面结露验算应符合以下规定：

（1）当冬季室外计算温度低于 0.9 ℃时，应对热桥部位进行内表面结露验算。

（2）热桥部位的内表面温度计算应符合下列规定：①室内空气相对湿度应取 60%；②应根据热桥部位确定采用二维或三维传热计算；③距离较小的热桥应合并计算。

（3）当热桥部位内表面温度低于空气露点温度时，应采取保温措施，并应重新进行验算。

在供暖期间，围护结构中保温材料因内部冷凝受潮而增加的重量湿度允许增量，应符合表 2-14 的规定；相应冷凝计算界面内侧最小蒸汽渗透阻应大于下式的计算值。

$$H_{0,i} = \frac{P_i + P_{S,C}}{\dfrac{10\rho_0 \delta_i [\Delta\omega]}{24Z} + \dfrac{P_{S,C} - P_e}{H_{0,e}}} \quad\quad (2\text{-}1)$$

式中　$H_{0,i}$——冷凝计算界面内侧所需的蒸汽渗透阻（m²·h·Pa/g）；

P_i——冷凝计算界面水蒸气分压（Pa）；

$P_{S,C}$——冷凝计算界面处与界面温度对应的饱和水蒸气分压（Pa）；

ρ_0——保温材料的干密度（kg/m³）；

δ_i——保温材料厚度（m）；

$[\Delta\omega]$——保温材料因内部冷凝受潮而增加的重量湿度的允许增量（%），应按表 2-14 取值；

Z——供暖期天数（d）；

P_e——围护结构外表面水蒸气分压（Pa）；

$H_{0,e}$——冷凝计算界面至围护结构外表面之间的蒸汽渗透阻（m²·h·Pa/g）。

表 2-14　保温材料因内部冷凝受潮而增加的重量湿度允许增量

保温材料	重量湿度允许增量 $[\Delta\omega]$（%）
多孔混凝土（泡沫混凝土、加气混凝土等）（$\rho_0 = 500\text{~}700$ kg/m³）	4
矿渣和炉渣填料	2
水泥纤维板	5
矿棉、岩棉、玻璃棉及制品（板或毡）	5
模塑聚苯乙烯泡沫塑料（EPS）	15
挤塑聚苯乙烯泡沫塑料（XPS）	10
硬质聚氨酯泡沫塑料（PUR）	10
酚醛泡沫塑料（PF）	10
胶粉聚苯颗粒保温浆料（自然干燥后）	5
复合硅酸盐保温板	5

屋面、地面、外墙、外窗应能防止雨水和冰雪融化水侵入室内。

五、检测与验收

竣工验收时,应按照竣工验收资料对围护结构的保温、防热、防潮性能进行复核。

冬季非透光围护结构内表面温度的检验应在供暖系统正常运行后进行,检测持续时间不应少于72 h,监测数据应逐时记录。检测结果应符合表2-13的规定。

夏季非透光围护结构内表面最高温度的检验应在围护结构施工完成12个月后进行,检测持续时间不应少于24 h,内表面温度应取内表面所有测点相应时刻检测结果的平均值。检测结果应符合表2-13的规定。

对围护结构中保温材料重量湿度检测,受检样品应经过一个供暖期;检测方法应与保温材料吸放湿特性相适应。检测结果应符合表2-14的规定。

第四节　室内空气质量

一、一般规定

室内空气污染物控制应按下列顺序采取控制措施:
(1)控制建筑选址场地的土壤氡浓度对室内空气质量的影响;
(2)控制建筑空间布局有利于污染物排放;
(3)控制建筑主体、节能工程材料、装饰装修材料的有害物质释放量满足限值;
(4)采取自然通风措施改善室内空气质量;
(5)设置机械通风空调系统,必要时设置空气净化装置进行空气污染物控制。
工程竣工验收时,室内空气污染物浓度限量应符合表2-15的规定。

表2-15　室内空气污染物浓度限量

污染物	I类民用建筑工程	II类民用建筑工程
氡(Bq/m^3)	≤150	≤150
甲醛(mg/m^3)	≤0.07	≤0.08
氨(mg/m^3)	≤0.15	≤0.20
苯(mg/m^3)	≤0.06	≤0.09
甲苯(mg/m^3)	≤0.15	≤0.20
二甲苯(mg/m^3)	≤0.20	≤0.20
总挥发性有机化合物(TVOC)(mg/m^3)	≤0.45	≤0.50

注:I类民用建筑包括住宅、医院、老年人照料房屋设施、幼儿园、学校教室、学生宿舍、军人宿舍等民用建筑;II类民用建筑包括办公楼、商店、旅馆、文化娱乐场所、书店、图书馆、展览馆、体育馆、公共交通等候室、餐厅、理发店等民用建筑。

室内空气污染物浓度测量应符合下列规定：

（1）除氡外，污染物浓度测量值均应为室内测量值扣除室外上风向空气中污染物浓度测量值（本底值）后的测量值；

（2）污染物浓度测量值的极限值判定应采用全数值比较法。

空气净化装置在空气净化处理后不应产生新的污染。装饰装修时，严禁在室内使用有机溶剂清洗施工用具。

二、场地土壤氡控制

建筑工程设计前应对建筑工程所在城市区域土壤中氡浓度或土壤表面氡析出率进行调查，并应提交相应的调查报告。未进行过区域土壤中氡浓度或土壤表面氡析出率测定的，应对建筑场地土壤中氡浓度或土壤氡析出率进行测定，并应提供相应的检测报告。

当建筑工程场地土壤氡浓度测定结果大于 20 000 Bq/m³ 且小于 30 000 Bq/m³，或土壤表面氡析出率大于 0.05 Bq/（m²·s）且小于 0.1 Bq/（m²·s）时，应采取建筑物底层地面抗开裂措施。

当建筑工程场地土壤氡浓度测定结果不小于 30 000 Bq/m³ 且小于 50 000 Bq/m³，或土壤表面氡析出率大于或等于 0.1 Bq/（m²·s）且小于 0.3 Bq/（m²·s）时，除应采取建筑物底层地面抗开裂措施外，还必须按一级防水要求，对基础进行处理。

当建筑工程场地土壤氡浓度平均值不小于 50 000 Bq/m³ 或土壤表面氡析出率平均值大于或等于 0.3 Bq/（m²·s）时，应采取建筑物综合防氡措施。

三、材料控制

建筑工程所使用的砂、石、砖、实心砌块、水泥、混凝土、混凝土预制构件等无机非金属建筑主体材料，其放射性限量应符合表 2-16 的规定。

表 2-16　无机非金属建筑主体材料的放射性限量

测定项目	限量
内照射指数 I_{Ra}	≤1.0
外照射指数 I_γ	≤1.0

建筑工程中所使用的混凝土外加剂，氨的释放量不应大于 0.10%，氨释放量测定方法应按国家现行有关标准的规定执行。

建筑工程所使用的石材、建筑卫生陶瓷、石膏制品、无机粉状粘结材料等无机非金属装饰装修材料，其放射性限量应分类符合表 2-17 的规定。

表 2-17　无机非金属装饰装修材料放射性限量

测定项目	限量	
	A 类	B 类
内照射指数 I_{Ra}	≤1.0	≤1.3
外照射指数 I_γ	≤1.3	≤1.9

Ⅰ类民用建筑工程室内装饰装修采用的无机非金属装饰装修材料的放射性限量应符合表 2-17 中 A 类的规定。

室内装饰装修中所使用的木地板及其他木质材料,严禁采用沥青、煤焦油类防腐防潮处理剂。

室内装饰装修时,严禁使用苯、工业苯、石油苯、重质苯及混苯等含苯稀释剂和溶剂。

四、检测与验收

建筑材料进场检验应符合下列规定。

(1)无机非金属建筑主体材料和建筑装饰装修材料进场时,应查验其放射性指标检测报告。

(2)室内装饰装修中所采用的人造木板及其制品进场时,应查验其游离甲醛释放量检测报告。

(3)室内装饰装修中所采用的水性涂料、水性处理剂进场时,应查验其同批次产品的游离甲醛含量检测报告;溶剂型涂料进场时,施工单位应查验其同批次产品的挥发性有机化合物(VOC)、苯、甲苯+二甲苯、乙苯含量检测报告,其中聚氨酯类的应有游离甲苯二异氰酸酯(TDI)和 1,6-已二异氰酸酯(HDI)含量的检测报告。

(4)室内装饰装修中所采用的水性胶粘剂进场时,应查验其同批次产品的游离甲醛含量和 VOC 检测报告;溶剂型、本体型胶粘剂进场时,应查验其同批次产品的苯、甲苯+二甲苯、VOC 含量检测报告,其中聚氨酯类的应有游离甲苯二异氰酸酯(TDI)含量的检测报告。

(5)进行幼儿园、学校教室、学生宿舍、老年人照料房屋设施等民用建筑工程室内装饰装修时,应对不同产品、不同批次的人造木板及其制品的甲醛释放量和涂料、橡塑类合成材料的 VOC 释放量进行抽查复验。

幼儿园、学校教室、学生宿舍、老年人照料房屋设施室内装饰装修验收时,室内空气中氡、甲醛、氨、苯、甲苯、二甲苯、TVOC 的抽检量不得少于房间总数的 50%,且不得少于 20 间。当房间总数不大于 20 间时,应全数检测。

竣工交付使用前,必须进行室内空气污染物检测,其限量应符合表 2-15 中的规定。室内空气污染物浓度限量不合格的工程,严禁交付投入使用。

第五节　施工、调试及验收

一、一般规定

建筑节能工程采用的材料、构件和设备,应在施工现场进行随机抽样复验,复验应为见证取样检验。当复验结果不合格时,工程施工中不得使用。建筑设备系统和可再生能源系统工程施工完成后,应进行系统调试;调试完成后,应进行设备系统节能性能检验并出具报告。受季节影响未进行的节能性能检验项目,应在保修期内补做。

既有建筑节能改造工程施工完成后,应进行节能工程质量验收,并应对节能量进行评估。

建筑节能工程质量验收合格,应符合下列规定:

(1)建筑节能各分项工程应全部合格;

(2)质量控制资料应完整;

(3)应将外墙节能构造现场实体检验结果对照图纸进行核查,并符合要求;

(4)应将建筑外窗气密性能现场实体检验结果对照图纸进行核查,并符合要求;

(5)建筑设备系统节能性能检测结果应合格;

(6)太阳能系统性能检测结果应合格。

建筑节能验收时,应对下列资料进行核查:设计文件、图纸会审记录、设计变更和洽商;主要材料、设备、构件的质量证明文件、进场检验记录、进场复验报告、见证试验报告;隐蔽工程验收记录和相关图像资料;分项工程质量验收记录;建筑外墙节能构造现场实体检验报告或外墙传热系数检验报告;外窗气密性能现场检验记录;风管系统严密性检验记录;设备单机试运转调试记录;设备系统联合试运转及调试记录;分部(子分部)工程质量验收记录;设备系统节能性和太阳能系统性能检测报告。

二、围护结构

墙体、屋面和地面节能工程采用的材料、构件和设备施工进场复验应包括下列内容:

(1)保温隔热材料的导热系数或热阻、密度、压缩强度或抗压强度、吸水率、燃烧性能(不燃材料除外)及垂直于板面方向的抗拉强度(仅限墙体);

(2)复合保温板等墙体节能定型产品的传热系数或热阻、单位面积质量、拉伸粘结强度及燃烧性能(不燃材料除外);

(3)保温砌块等墙体节能定型产品的传热系数或热阻、抗压强度及吸水率;

(4)墙体及屋面反射隔热材料的太阳光反射比及半球发射率;

（5）墙体粘结材料的拉伸粘结强度；

（6）墙体抹面材料的拉伸粘结强度及压折比；

（7）墙体增强网的力学性能及抗腐蚀性能。

建筑幕墙（含采光顶）节能工程采用的材料、构件和设备施工进场复验应包括下列内容：

（1）保温隔热材料的导热系数或热阻、密度、吸水率及燃烧性能（不燃材料除外）；

（2）幕墙玻璃的可见光透射比、传热系数、太阳得热系数及中空玻璃的密封性能；

（3）隔热型材的抗拉强度及抗剪强度；

（4）透光、半透光遮阳材料的太阳光透射比及太阳光反射比。

门窗（包括天窗）节能工程施工采用的材料、构件和设备进场时，除核查质量证明文件、节能性能标识证书、门窗节能性能计算书及复验报告外，还应对下列内容进行复验：

（1）严寒、寒冷地区门窗的传热系数及气密性能；

（2）夏热冬冷地区门窗的传热系数、气密性能、玻璃的太阳得热系数及可见光透射比；

（3）夏热冬暖地区门窗的气密性能，玻璃的太阳得热系数及可见光透射比；

（4）严寒、寒冷、夏热冬冷和夏热冬暖地区的透光、部分透光遮阳材料的太阳光透射比、太阳光反射比及中空玻璃的密封性能。

墙体、屋面和地面节能工程的施工质量，应符合下列规定。

（1）保温隔热材料的厚度不得低于设计要求。

（2）墙体保温板材与基层之间及各构造层之间的粘结或连接必须牢固；保温板材与基层的连接方式、拉伸粘结强度和粘结面积比应符合设计要求；保温板材与基层之间的拉伸粘结强度应进行现场拉拔试验，且不得在界面破坏；应对粘结面积比进行剥离检验。

（3）当墙体采用保温浆料做外保温时，厚度大于 20 mm 的保温浆料应分层施工；保温浆料与基层之间及各层之间的粘结必须牢固，不应脱层、空鼓和开裂。

（4）当保温层采用锚固件固定时，锚固件数量、位置、锚固深度、胶结材料性能和锚固力应符合设计和施工方案的要求。

（5）保温装饰板的装饰面板应使用锚固件可靠固定，锚固力应做现场拉拔试验；保温装饰板板缝不得渗漏。

外墙外保温系统经耐候性试验后，不得出现空鼓、剥落或脱落、开裂等破坏，不得产生裂缝或出现渗水；外墙外保温系统拉伸粘结强度应符合表 2-18 的规定，并且破坏部位应位于保温层内。

表 2-18　外墙外保温系统拉伸粘结强度 　　　　　　　　　　　　　　　　　　单位：MPa

检验项目	粘贴保温板薄抹灰外保温系统、EPS 板现浇混凝土外保温系统、胶粉聚苯颗粒浆料贴砌 EPS 板外保温系统、现场喷涂硬泡聚氨酯外保温系统	胶粉聚苯颗粒保温浆料外保温系统
拉伸粘结强度	≥0.10	≥0.06

胶粘剂拉伸粘结强度应符合表 2-19 的规定。对于胶粘剂与保温板的粘结,在原强度、浸水 48 h 后干燥 7 d 的耐水强度条件下发生破坏时,破坏部位应位于保温板内。

表 2-19　胶粘剂拉伸粘结强度　　　　　　　　　单位:MPa

检验项目		与水泥砂浆	与保温板
原强度		≥0.60	≥0.10
耐水强度	浸水 48 h,干燥 2 h	≥0.30	≥0.06
	浸水 48 h,干燥 7 d	≥0.60	≥0.10

抹面胶浆拉伸粘结强度应符合表 2-20 的规定。对于抹面胶浆与保温材料的粘结,在原强度、浸水 48 h 后干燥 7 d 的耐水强度条件下发生破坏时,破坏部位应位于保温材料内。

表 2-20　抹面胶浆拉伸粘结强度　　　　　　　　　单位:MPa

检验项目		与保温板	与保温浆料
原强度		≥0.10	≥0.06
耐水强度	浸水 48 h,干燥 2 h	≥0.06	≥0.03
	浸水 48 h,干燥 7 d	≥0.10	≥0.06
耐冻融强度		≥0.10	≥0.06

玻纤网主要性能应符合表 2-21 的规定。

表 2-21　玻纤网主要性能要求

检验项目	性能要求
单位面积质量	≥160 g/m^2
耐碱断裂强力(经、纬向)	≥1 000 N/50 mm
耐碱断裂强力保留率(经、纬向)	≥50%
断裂伸长率(经、纬向)	≤5.0%

外墙采用预置保温板现场浇筑混凝土墙体时,保温板的安装位置应正确、接缝严密;保温板应固定牢固,在浇筑混凝土过程中不应移位、变形;保温板表面应采取界面处理措施,与混凝土粘结应牢固。对于采用预制保温墙板现场安装的墙体,保温墙板的结构性能、热工性能必须合格,与主体结构连接必须牢固;保温墙板板缝处不得发生渗漏。

外墙外保温采用保温装饰板时,保温装饰板的安装构造、与基层墙体的连接方法应对照图纸进行核查,连接必须牢固;保温装饰板的板缝处理、构造节点处不得发生渗漏;保温装饰板的锚固件应将保温装饰板的装饰面板固定牢固。

外墙外保温工程中防火隔离带,应符合下列规定。

(1)防火隔离带保温材料应与外墙外保温组成材料相配套。

(2)防火隔离带应采用工厂预制的制品现场安装,并应与基层墙体可靠连接,且应能适应外保温系统的正常变形而不产生渗透、裂缝和空鼓;防火隔离带面层材料应与外墙外保温一致。

(3)外墙外保温系统的耐候性能试验应包含防火隔离带。

外墙和毗邻不供暖空间墙体上的门窗洞口四周墙的侧面,以及墙体上凸窗四周的侧面,应按设计要求采取节能保温措施。严寒和寒冷地区外墙热桥部位,应采取隔断热桥措施,并对照图纸核查。

建筑门窗、幕墙节能工程应符合下列规定:

(1)外门窗框或附框与洞口之间、窗框与附框之间的缝隙应有效密封;

(2)门窗关闭时,密封条应接触严密;

(3)建筑幕墙与周边墙体、屋面间的接缝处应采用保温措施,并应采用耐候密封胶等密封。

建筑围护结构节能工程施工完成后,应进行现场实体检验,并符合下列规定:

(1)应对建筑外墙节能构造包括墙体保温材料的种类、保温层厚度和保温构造做法进行现场实体检验。

(2)下列建筑的外窗应进行气密性能实体检验:

①严寒、寒冷地区建筑;

②夏热冬冷地区高度大于或等于24 m的建筑和有集中供暖或供冷的建筑;

③其他地区有集中供冷或供暖的建筑。

三、建筑设备系统

供暖通风空调系统节能工程采用的材料、构件和设备施工进场复验应包括下列内容:

(1)散热器的单位散热量、金属热强度;

(2)风机盘管机组的供冷量、供热量、风量、水阻力、功率及噪声;

(3)绝热材料的导热系数或热阻、密度、吸水率。

配电与照明节能工程采用的材料、构件和设备施工进场复验应包括下列内容:

(1)照明光源初始光效值;

(2)照明灯具镇流器能效值;

(3)照明灯具效率或能效值;

(4)照明设备功率、功率因数和谐波含量值;

(5)电线、电缆导体电阻值。

在建筑设备系统安装前,应对照图纸对建筑设备能效指标进行核查。

空调与供暖系统水力平衡装置、热计量装置及温度调控装置的安装位置和方向应符合设计要求,并应便于数据读取、操作、调试和维护。

供暖系统安装的温度调控装置和热计量装置,应满足分室(户或区)温度调控、热计量的功能要求。

在低温送风系统风管的安装过程中,应进行风管系统的漏风量检测;风管系统漏风量应符合表 2-22 中的规定。

表 2-22　风管系统允许漏风量

风管类别	允许漏风量[m³/(h · m²)]
低压风管	≤0.105 6$P^{0.65}$
中压风管	≤0.035 2$P^{0.65}$

注:P 为风管系统的工作压力(Pa)。

变风量末端装置与风管连接前,应做动作试验,确认运行正常后再进行管道连接。变风量空调系统安装完成后,应对变风量末端装置风量准确性、控制功能及控制逻辑进行验证,应将验证结果对照设计图纸和资料进行核查。

供暖空调系统绝热工程施工应在系统水压试验和风管系统严密性检验合格后进行,并应符合下列规定:

(1)绝热材料性能及厚度应对照图纸进行核查;

(2)绝热层与管道、设备应贴合紧密且无缝隙;

(3)防潮层应完整,且搭接缝应顺水;

(4)管道穿楼板和穿墙处的绝热层应连续不间断;

(5)阀门、过滤器、法兰部位的绝热应严密,并能单独拆卸,且不得影响其操作功能;

(6)冷热水管道及制冷剂管道与支、吊架之间应设置绝热衬垫,其厚度不应小于绝热层厚度。

空调与供暖系统冷热源和辅助设备及其管道和管网系统安装完毕后,应按下列规定进行系统的试运转与调试:

(1)冷热源和辅助设备应进行单机试运转与调试;

(2)冷热源和辅助设备应进行控制功能和控制逻辑的验证;

(3)冷热源和辅助设备应同建筑物室内空调系统或供暖系统进行联合试运转与调试。

供暖、通风与空调系统以及照明系统的节能控制措施应对照图纸进行核查。

监测与控制节能工程的传感器和执行机构,其安装位置、方式应对照图纸进行核查;预留的检测孔位置在管道保温时应做明显标识。

当建筑面积大于 100 000 m² 的公共建筑采用集中空调系统时,应对空调系统进行调适。

建筑设备系统节能性能检测应符合下列规定。

（1）冬季室内平均温度不得低于设计温度 2 ℃,且不应高于其 2 ℃;夏季室内平均温度不得高于设计温度 2 ℃,且不应低于其 1 ℃。

（2）通风、空调(包括新风)系统的总风量与设计风量的允许偏差不应大于10%。

（3）各风口的风量与设计风量的允许偏差不应大于15%。

（4）空调机组的水流量允许偏差:定流量系统不应大于 15%,变流量系统不应大于 10%。

（5）空调系统冷水、热水、冷却水的循环流量与设计流量的允许偏差不应大于10%。

（6）室外供暖管网水力平衡度为 0.9~1.2。

（7）室外供暖管网热损失率不应大于10%。

（8）照度不应低于设计值的90%,照明功率密度不应大于设计值。

四、可再生能源应用系统

太阳能系统节能工程采用的材料、构件和设备施工进场复验应包括下列内容:

（1）太阳能集热器的安全性能及热性能;

（2）太阳能光伏组件的发电功率及发电效率;

（3）保温材料的导热系数或热阻、密度、吸水率。

浅层地埋管换热系统的安装应符合下列规定:

（1）地埋管与环路集管连接应采用热熔或电熔连接,连接应严密且牢固;

（2）竖直地埋管换热器的 U 形弯管接头应选用定型产品;

（3）竖直地埋管换热器 U 形管的开口端部应密封保护;

（4）回填应密实;

（5）地埋管换热系统水压试验应合格。

地下水源热泵的热源井应进行抽水试验和回灌试验,并应单独验收,其持续出水量和回灌量应稳定,且应对照图纸核查;抽水试验结束前,应在抽水设备的出口处采集水样进行水质和含砂量测定,水质和含砂量应满足系统设备的使用要求。

太阳能系统的施工安装不得破坏建筑物的结构、屋面、地面防水层和附属设施,不得削弱建筑物在寿命期内承受荷载的能力。

太阳能集热器和太阳能光伏电池板的安装方位角和倾角应对照设计要求进行核查,安装误差应在 ±3 ℃以内。

太阳能系统性能检测应符合下列规定:

（1）应对太阳能热利用系统的太阳能集热系统得热量、集热效率、太阳能保证率进行检

测,检测结果应对照设计要求进行核查;

(2)应对太阳能光伏发电系统年发电量和组件背板最高工作温度进行检测,检测结果应对照设计要求进行核查。

第六节 运行管理

一、运行与维护

建筑的运行与维护应建立节能管理制度及设备系统节能运行操作规程。

对于公共建筑运行期间室内设定温度,冬季不得高于设计值2℃,夏季不得低于设计值2℃;对作息时间固定的建筑,在非使用时间内应降低空调运行温湿度和新风控制标准或停止运行空调系统。

对供冷供热系统,应根据实际冷热负荷变化制定调节供冷、供热量的运行方案及操作规程。对可再生能源与常规能源结合的复合式能源系统,应根据实际运行状况制定实现全年可再生能源优先利用的运行方案及操作规程。

对集中空调系统,应根据实际运行状况制定过渡季节能运行方案及操作规程;对人员密集的区域,应根据实际需求制定新风量调节方案及操作规程。

对排风能量回收系统,应根据实际室内外空气参数,制定能量回收装置节能运行方案及操作规程。

暖通空调系统运行过程中,应监测和评估水力平衡和风量平衡状况;当不满足要求时,应进行系统平衡调试。

太阳能集热系统停止运行时,应采取有效措施防止太阳能集热系统过热。

地下水地源热泵系统投入运行后,应对抽水量、回灌量及其水质进行定期监测。

建筑节能及相关设备与系统维护应符合下列规定:

(1)应按节能要求对排风能量回收装置、过滤器、换热表面等影响设备及系统能效的设备和部件定期进行检查和清洗;

(2)应对设备及管道绝热设施定期进行维护和检查;

(3)应对自动控制系统的传感器、变送器、调节器和执行器等基本元件进行日常维护保养,并应按工况变化调整控制模式和设定参数。

太阳能集热系统检查和维护,应符合下列规定。

(1)太阳能集热系统在冬季运行前,应检查防冻措施;并应在暴雨、台风等灾害性气候到来之前进行防护检查及过后的检查维修。

(2)雷雨季节到来之前,应对太阳能集热系统防雷设施的安全性进行检查。

(3)每年应对集热器检查至少一次,集热器及光伏组件表面应保持清洁。

建筑外围护结构应定期进行检查。当外墙外保温系统出现渗漏、破损、脱落现象时,应进行修复。

二、节能管理

建筑能源系统应按分类、分区、分项计量数据进行管理;可再生能源系统应进行单独统计。建筑能耗应以一个完整的日历年统计。能耗数据应纳入能耗监督管理系统平台管理。

建筑能耗统计应包括下列内容:建筑耗电量,耗煤量、耗气量或耗油量,集中供热耗热量,集中供冷耗冷量,可再生能源利用量。

在公共建筑运行管理过程中,应如实记录能源消费计量原始数据,并建立统计台账。能源计量器具应在校准有效期内,以保证统计数据的真实性和准确性。

建筑能效标识,应以单栋建筑为对象。标识应包括下列内容:建筑基本信息、建筑能效标识等级及相对节能率、新技术应用情况、建筑能效实测评估结果。

对于 20 000 m² 及以上的大型公共建筑,应建立实际运行能耗比对制度,并依据比对结果采取相应改进措施。实施合同能源管理的项目,应在合同中明确节能量和室内环境参数的量化目标和验证方法。

第二篇

高性能建筑评价标准

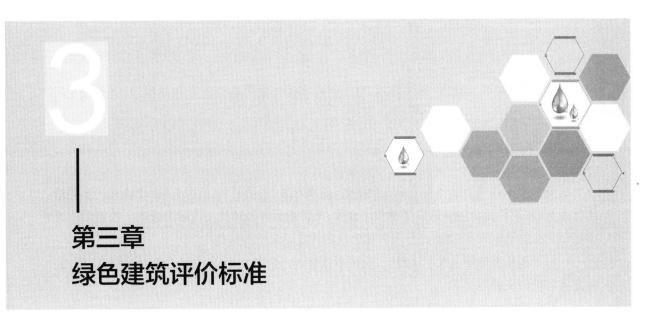

第三章
绿色建筑评价标准

第一节 概述

一、背景

为贯彻落实绿色发展理念,推进绿色建筑高质量发展,节约资源,保护环境,满足人民日益增长的美好生活需要,我国制定了绿色建筑评价标准。绿色建筑评价应遵循因地制宜的原则,结合建筑所在地域的气候、环境、资源、经济和文化等特点,对建筑全寿命期内的安全耐久、健康舒适、生活便利、资源节约、环境宜居等性能进行综合评价。

针对绿色建筑,应结合地形地貌进行场地设计与建筑布局,且建筑布局应与场地的气候条件和地理环境相适应,并应对场地的风环境、光环境、热环境、声环境等加以组织和利用。

二、一般规定

绿色建筑评价应以单栋建筑或建筑群为评价对象。评价对象应落实并深化上位法定规划及相关专项规划提出的绿色发展要求;涉及系统性、整体性的指标,应基于建筑所属工程项目的总体进行评价。评价应在建筑工程竣工后进行。在建筑工程施工图设计完成后,可进行预评价。

申请评价方应对参评建筑进行全寿命期技术和经济分析,选用适宜技术、设备和材料,对规划、设计、施工、运行阶段进行全过程控制,并应在评价时提交相应分析、测试报告和相关文件。申请评价方应对所提交资料的真实性和完整性负责。评价机构应对申请评价方提交的分析、测试报告和相关文件进行审查,出具评价报告,确定等级。申请绿色金融服务的建筑项目,应对节能措施、节水措施、建筑能耗和碳排放等进行计算和说明,并应形成专项报告。

三、评价与等级划分

绿色建筑评价指标体系应由安全耐久、健康舒适、生活便利、资源节约、环境宜居 5 类指标组成,且每类指标均包括控制项和评分项;评价指标体系还统一设置加分项。控制项的评定结果应为达标或不达标;评分项和加分项的评定结果应为分值。

对于多功能的综合性单体建筑,应按本章全部评价条文逐条对适用的区域进行评价,确定各评价条文的得分。

绿色建筑评价的分值设定应符合表 3-1 的规定。

表 3-1　绿色建筑评价分值

	控制项基础分值	评价指标评分项满分值					提高与创新加分项满分值
		安全耐久	健康舒适	生活便利	资源节约	环境宜居	
预评价分值	400	100	100	70	200	100	100
评价分值	400	100	100	100	200	100	100

绿色建筑评价的总得分应按下式进行计算:

$$Q=(Q_0+Q_1+Q_2+Q_3+Q_4+Q_5+Q_A)/10 \qquad (3-1)$$

式中　Q——总得分;

　　　Q_0——控制项基础分值,当满足所有控制项的要求时取 400 分;

　　　$Q_1 \sim Q_5$——评价指标体系 5 类指标(安全耐久、健康舒适、生活便利、资源节约、环境宜居)评分项得分;

　　　Q_A——提高与创新加分项得分。

绿色建筑划分应为基本级、一星级、二星级、三星级 4 个等级。当满足全部控制项要求时,绿色建筑等级应为基本级。

绿色建筑星级等级应按下列规定确定:

(1)一星级、二星级、三星级 3 个等级的绿色建筑均应满足本标准全部控制项的要求,且每类指标的评分项得分不应小于其评分项满分值的 30%;

(2)一星级、二星级、三星级 3 个等级的绿色建筑均应进行全装修,全装修工程质量、选用材料及产品质量应符合国家现行有关标准的规定;

(3)当总得分分别达到 60 分、70 分、85 分且应满足表 3-2 的要求时,绿色建筑等级分别为一星级、二星级、三星级。

表 3-2　一星级、二星级 三星级绿色建筑的技术要求

	一星级	二星级	三星级
围护结构热工性能的提高比例，或建筑供暖空调负荷降低比例	围护结构提高 5%，或负荷降低 5%	围护结构提高 10%，或负荷降低 10%	围护结构提高 20%，或负荷降低 15%
严寒和寒冷地区住宅建筑外窗传热系数降低比例	5%	10%	20%
节水器具用水效率等级	3 级	2 级	
住宅建筑隔声性能	—	室外与卧室之间、分户墙（楼板）两侧卧室之间的空气声隔声性能以及卧室楼板的撞击声隔声性能达到低限标准限值和高要求标准限值的平均值	室外与卧室之间、分户墙（楼板）两侧卧室之间的空气声隔声性能以及卧室楼板的撞击声隔声性能达到高要求标准限值
室内主要空气污染物浓度降低比例	10%	20%	
外窗气密性能	符合国家现行相关节能设计标准的规定，且外窗洞口与外窗本体的结合部位应严密		

注：（1）围护结构热工性能的提高基准、严寒和寒冷地区住宅建筑外窗传热系数降低基准均为国家现行相关建筑节能设计标准的要求；

（2）住宅建筑隔声性能对应的标准为现行国家标准《民用建筑隔声设计规范》（GB 50118—2010）；

（3）室内主要空气污染物包括氨、甲醛、苯、总挥发性有机物、可吸入颗粒物等，其浓度降低基准为现行国家标准《室内空气质量标准》（GB/T 18883—2002）的有关要求。

第二节　安全耐久

一、控制项

场地应避开滑坡、泥石流等地质危险地段，易发生洪涝地区应有可靠的防洪涝基础设施；场地应无危险化学品、易燃易爆危险源的威胁，应无电磁辐射、含氡土壤的危害。建筑结构应满足承载力和建筑使用功能要求。建筑外墙、屋面、门窗、幕墙及外保温等围护结构应满足安全、耐久和防护的要求。外遮阳、太阳能设施、空调室外机位、外墙花池等外部设施应与建筑主体结构统一设计、施工，并应具备安装、检修与维护条件。建筑内部的非结构构件、设备及附属设施等应连接牢固并能适应主体结构变形。建筑外门窗必须安装牢固，其抗风压性能和水密性能应符合国家现行有关标准的规定。卫生间、浴室的地面应设置防水层，墙面、顶棚应设置防潮层。走廊、疏散通道等通行空间应满足紧急疏散、应急救护等要求，且应保持畅通。应具有安全防护的警示和引导标识系统。

二、评分项

1. 安全

采用基于性能的抗震设计并合理提高建筑的抗震性能,评价分值为 10 分。

采取保障人员安全的防护措施,评价总分值为 15 分,应按下列规则分别评分并累计:

(1)采取措施提高阳台、外窗、窗台、防护栏杆等安全防护水平,得 5 分;

(2)建筑物出入口均设外墙饰面、门窗玻璃意外脱落的防护措施,并与人员通行区域的遮阳、遮风或挡雨措施结合,得 5 分;

(3)利用场地或景观形成可降低坠物风险的缓冲区、隔离带,得 5 分。

采用具有安全防护功能的产品或配件,评价总分值为 10 分,应按下列规则分别评分并累计:

(1)采用具有安全防护功能的玻璃,得 5 分;

(2)采用具备防夹功能的门窗,得 5 分。

室内外地面或路面设置防滑措施,评价总分值为 10 分,应按下列规则分别评分并累计:

(1)建筑出入口及平台、公共走廊、电梯门厅、厨房、浴室、卫生间等设置防滑措施,防滑等级不低于现行行业标准《建筑地面工程防滑技术规程》(JGJ/T 331—2014)规定的 Bd、Bw 级,得 3 分;

(2)建筑室内外活动场所采用防滑地面,防滑等级达到现行行业标准《建筑地面工程防滑技术规程》(JGJ/T 331—2014)规定的 Ad、Aw 级,得 4 分;

(3)建筑坡道、楼梯踏步防滑等级达到现行行业标准《建筑地面工程防滑技术规程》(JGJ/T 331—2014)规定的 Ad、Aw 级或按水平地面等级提高一级,并采用防滑条等防滑构造技术措施,得 3 分。

采取人车分流措施,且步行和自行车交通系统有充足照明,评价分值为 8 分。

2. 耐久

采取提升建筑适变性的措施,评价总分值为 18 分,应按下列规则分别评分并累计:

(1)采取通用开放、灵活可变的使用空间设计,或采取建筑使用功能可变措施,得 7 分;

(2)建筑结构与建筑设备管线分离,得 7 分;

(3)采用与建筑功能和空间变化相适应的设备设施布置方式或控制方式,得 4 分。

采取提升建筑部品部件耐久性的措施,评价总分值为 10 分,应按下列规则分别评分并累计:

(1)使用耐腐蚀、抗老化、耐久性能好的管材、管线、管件,得 5 分;

(2)活动配件选用长寿命产品,并考虑部品组合的同寿命性,不同使用寿命的部品组合时,采用便于分别拆换、更新和升级的构造,得 5 分。

提高建筑结构材料的耐久性,评价总分值为 10 分,并按下列规则评分。

（1）按 100 年进行耐久性设计,得 10 分。

（2）采用耐久性能好的建筑结构材料,满足下列条件之一,得 10 分:①对于混凝土构件,提高钢筋保护层厚度或采用高耐久混凝土;②对于钢构件,采用耐候结构钢及耐候型防腐涂料;③对于木构件,采用防腐木材、耐久木材或耐久木制品。

合理采用耐久性好、易维护的装饰装修建筑材料,评价总分值为 9 分,应按下列规则分别评分并累计:

（1）采用耐久性好的外饰面材料,得 3 分;

（2）采用耐久性好的防水和密封材料,得 3 分;

（3）采用耐久性好、易维护的室内装饰装修材料,得 3 分。

第三节　健康舒适

一、控制项

室内空气中的氨、甲醛、苯、总挥发性有机物、氡等污染物浓度应符合现行国家标准《室内空气质量标准》(GB/T 18883—2002)的有关规定。建筑室内和建筑主出入口处应禁止吸烟,并应在醒目位置设置禁烟标志。应采取措施避免厨房、餐厅、打印复印室、卫生间、地下车库等区域的空气和污染物串通到其他空间;应防止厨房、卫生间的排气倒灌。

给水排水系统的设置应符合下列规定:

（1）生活饮用水水质应满足现行国家标准《生活饮用水卫生标准》(GB 5749—2006)的要求;

（2）应制订水池、水箱等储水设施定期清洗消毒计划并实施,且生活饮用水储水设施每半年清洗消毒不应少于 1 次;

（3）应使用构造内自带水封的便器,且其水封深度不应小于 50 mm;

（4）非传统水源管道和设备应设置明确、清晰的永久性标识。

主要功能房间的室内噪声级和隔声性能应符合下列规定:

（1）室内噪声级应满足现行国家标准《民用建筑隔声设计规范》(GB 50118—2010)中的低限要求;

（2）外墙、隔墙、楼板和门窗的隔声性能应满足现行国家标准《民用建筑隔声设计规范》(GB 50118—2010)中的低限要求。

建筑照明应符合下列规定:

（1）照明数量和质量应符合现行国家标准《建筑照明设计标准》(GB 50034—2013)的规定;

（2）人员长期停留的场所应采用符合现行国家标准《灯和灯系统的光生物安全性》（GB 20145—2006）规定的无危险类照明产品；

（3）选用发光二极管（Light-Emitting Diode，LED）照明产品的光输出波形的波动深度应满足现行国家标准《LED室内照明应用技术要求》（GB/T 31831—2015）的规定。

应采取措施保障室内热环境。采用集中供暖空调系统的建筑，房间内的温度、湿度、新风量等设计参数应符合现行国家标准《民用建筑供暖通风与空气调节设计规范》（GB 50736—2012）的有关规定；采用非集中供暖空调系统的建筑，应具有保障室内热环境的措施或预留条件。

围护结构热工性能应符合下列规定：

（1）在室内设计温度、湿度条件下，建筑非透光围护结构内表面不得结露；

（2）供暖建筑的屋面、外墙内部不应产生冷凝；

（3）屋顶和外墙隔热性能应满足现行国家标准《民用建筑热工设计规范》（GB 50176—2016）的要求。

主要功能房间应具有现场独立控制的热环境调节装置。地下车库应设置与排风设备联动的一氧化碳浓度监测装置。

二、评分项

1. 室内空气品质

控制室内主要空气污染物的浓度，评价总分值为12分，应按下列规则分别评分并累计：

（1）氨、甲醛、苯、总挥发性有机物、氡等污染物浓度低于现行国家标准《室内空气质量标准》（GB/T 18883—2002）规定限值的10%，得3分，低于20%，得6分；

（2）室内 $PM_{2.5}$ 年均浓度不高于 $25\ \mu g/m^3$，且室内 PM_{10} 年均浓度不高于 $50\ \mu g/m^3$，得6分。

选用的装饰装修材料满足国家现行绿色产品评价标准中对有害物质限量的要求，评价总分值为8分。选用满足要求的装饰装修材料达到3类及以上，得5分；达到5类及以上，得8分。

2. 水质

直饮水、集中生活热水、游泳池水、采暖空调系统用水、景观水体等的水质满足国家现行有关标准的要求，评价分值为8分。

生活饮用水水池、水箱等储水设施采取措施满足卫生要求，评价总分值为9分，应按下列规则分别评分并累计：

（1）使用符合国家现行有关标准要求的成品水箱，得4分；

（2）采取保证储水不变质的措施，得5分。

所有给水排水管道、设备、设施设置明确、清晰的永久性标识,评价分值为8分。

3. 声环境与光环境

采取措施优化主要功能房间的室内声环境,评价总分值为8分。噪声级达到现行国家标准《民用建筑隔声设计规范》(GB 50118—2010)中的低限标准限值和高要求标准限值的平均值,得4分;达到高要求标准限值,得8分。

主要功能房间的隔声性能良好,评价总分值为10分,应按下列规则分别评分并累计。

(1)构件及相邻房间之间的空气声隔声性能达到现行国家标准《民用建筑隔声设计规范》(GB 50118—2010)中的低限标准限值和高要求标准限值的平均值,得3分;达到高要求标准限值,得5分。

(2)楼板的撞击声隔声性能达到现行国家标准《民用建筑隔声设计规范》(GB 50118—2010)中的低限标准限值和高要求标准限值的平均值,得3分;达到高要求标准限值,得5分。

充分利用天然光,评价总分值为12分,应按下列规则分别评分并累计。

(1)住宅建筑室内主要功能空间至少60%面积比例区域,其采光照度值不低于300 lx的小时数平均不少于8 h/d,得9分。

(2)公共建筑按下列规则分别评分并累计:

①内区采光系数满足采光要求的面积比例达到60%,得3分;

②地下空间平均采光系数不小于0.5%的面积与地下室首层面积的比例达到10%以上,得3分;

③室内主要功能空间至少60%面积比例区域的采光照度值不低于采光要求的小时数平均不少于4 h/d,得3分。

(3)主要功能房间有眩光控制措施,得3分。

4. 室内热湿环境

具有良好的室内热湿环境,评价总分值为8分,并按下列规则评分。

(1)采用自然通风或复合通风的建筑,建筑主要功能房间室内热环境参数在适应性热舒适区域的时间比例,达到30%,得2分;每再增加10%,再得1分,最高得8分。

(2)采用人工冷热源的建筑,主要功能房间达到现行国家标准《民用建筑室内热湿环境评价标准》(GB/T 50785—2012)规定的室内人工冷热源热湿环境整体评价Ⅱ级的面积比例,达到60%,得5分;每再增加10%,再得1分,最高得8分。

优化建筑空间和平面布局,改善自然通风效果,评价总分值为8分,并按下列规则评分。

(1)住宅建筑:通风开口面积与房间地板面积的比例在夏热冬暖地区达到12%,在夏热冬冷地区达到8%,在其他地区达到5%,得5分;每再增加2%,再得1分,最高得8分。

(2)公共建筑:过渡季典型工况下主要功能房间平均自然通风换气次数不小于2次/h的面积比例达到70%,得5分;每再增加10%,再得1分,最高得8分。

设置可调节遮阳设施,改善室内热舒适,评价总分值为 9 分,根据可调节遮阳设施的面积占外窗透明部分的比例按表 3-3 的规则评分。

表 3-3　可调节遮阳设施的面积占外窗透明部分比例评分规则

可调节遮阳设施的面积占外窗透明部分比例 S_z	得分
$25\% \leqslant S_z < 35\%$	3
$35\% \leqslant S_z < 45\%$	5
$45\% \leqslant S_z < 55\%$	7
$S_z \geqslant 55\%$	9

第四节　生活便利

一、控制项

建筑、室外场地、公共绿地、城市道路相互之间应设置连贯的无障碍步行系统。场地人行出入口 500 m 内应设有公共交通站点或配备联系公共交通站点的专用接驳车。停车场应具有电动汽车充电设施或具备充电设施的安装条件,并应合理设置电动汽车和无障碍汽车停车位。自行车停车场所应位置合理、方便人员出入。建筑设备管理系统应具有自动监控管理功能。建筑应设置信息网络系统。

二、评分项

1. 出行与无障碍

场地与公共交通站点联系便捷,评价总分值为 8 分,应按下列规则分别评分并累计。

（1）场地出入口到达公共交通站点的步行距离不超过 500 m,或到达轨道交通站的步行距离不大于 800 m,得 2 分;场地出入口到达公共交通站点的步行距离不超过 300 m,或到达轨道交通站的步行距离不大于 500 m,得 4 分。

（2）场地出入口步行距离 800 m 范围内设有不少于 2 条线路的公共交通站点,得 4 分。

建筑室内外公共区域满足全龄化设计要求,评价总分值为 8 分,应按下列规则分别评分并累计:

（1）建筑室内公共区域、室外公共活动场地及道路均满足无障碍设计要求,得 3 分;

（2）建筑室内公共区域的墙、柱等处的阳角均为圆角,并设有安全抓杆或扶手,得 3 分;

（3）设有可容纳担架的无障碍电梯,得 2 分。

2. 服务设施

提供便利的公共服务,评价总分值为 10 分,并按下列规则评分:

（1）住宅建筑,满足下列要求中的 4 项,得 5 分;满足 6 项及以上,得 10 分。

①场地出入口到达幼儿园的步行距离不大于 300 m。

②场地出入口到达小学的步行距离不大于 500 m。

③场地出入口到达中学的步行距离不大于 1 000 m。

④场地出入口到达医院的步行距离不大于 1 000 m。

⑤场地出入口到达群众文化活动设施的步行距离不大于 800 m。

⑥场地出入口到达老年人日间照料设施的步行距离不大于 500 m。

⑦场地周边 500 m 范围内具有不少于 3 种商业服务设施。

（2）公共建筑,满足下列要求中的 3 项,得 5 分;满足 5 项,得 10 分。

①建筑内至少兼容 2 种面向社会的公共服务功能。

②建筑向社会公众提供开放的公共活动空间。

③电动汽车充电桩的车位数占总车位数的比例不低于 10%。

④周边 500 m 范围内设有社会公共停车场(库)。

⑤场地不封闭或场地内步行公共通道向社会开放。

城市绿地、广场及公共运动场地等开敞空间,步行可达,评价总分值为 5 分,应按下列规则分别评分并累计:

（1）场地出入口到达城市公园绿地、居住区公园、广场的步行距离不大于 300 m,得 3 分;

（2）到达中型多功能运动场地的步行距离不大于 500 m,得 2 分。

合理设置健身场地和空间,评价总分值为 10 分,应按下列规则分别评分并累计:

（1）室外健身场地面积不少于总用地面积的 0.5%,得 3 分;

（2）设置宽度不少于 1.25 m 的专用健身慢行道,健身慢行道长度不少于用地红线周长的 1/4 且不少于 100 m,得 2 分;

（3）室内健身空间的面积不少于地上建筑面积的 0.3% 且不少于 60 m²,得 3 分;

（4）楼梯间具有天然采光和良好的视野,且距离主入口的距离不大于 15 m,得 2 分。

3. 智慧运行

设置分类、分级用能自动远传计量系统,且设置能源管理系统实现对建筑能耗的监测、数据分析和管理,评价分值为 8 分。

设置 PM_{10}、$PM_{2.5}$、CO_2 浓度的空气质量监测系统,且具有存储至少一年的监测数据和实时显示等功能,评价分值为 5 分。

设置用水远传计量系统、水质在线监测系统,评价总分值为 7 分,应按下列规则分别评分并累计:

（1）设置用水量远传计量系统,能分类、分级记录、统计分析各种用水情况,得 3 分;

（2）利用计量数据进行管网漏损自动检测、分析与整改,管道漏损率低于 5%,得 2 分;

81

（3）设置水质在线监测系统，监测生活饮用水、管道直饮水、游泳池水、非传统水源、空调冷却水的水质指标，记录并保存水质监测结果，且能随时供用户查询，得2分。

具有智能化服务系统，评价总分值为9分，应按下列规则分别评分并累计：

（1）具有家电控制、照明控制、安全报警、环境监测、建筑设备控制、工作生活服务等至少3种类型的服务功能，得3分；

（2）具有远程监控的功能，得3分；

（3）具有接入智慧城市（城区、社区）的功能，得3分。

4. 物业管理

制定完善的节能、节水、节材、绿化的操作规程、应急预案，实施能源资源管理激励机制，且有效实施，评价总分值为5分，并按下列规则分别评分并累计：

（1）相关设施具有完善的操作规程和应急预案，得2分；

（2）物业管理机构的工作考核体系中包含节能和节水绩效考核激励机制，得3分。

建筑平均日用水量满足现行国家标准《民用建筑节水设计标准》（GB 50555—2010）中节水用水定额的要求，评价总分值为5分，并按下列规则评分：

（1）平均日用水量大于节水用水定额的平均值、不大于上限值，得2分。

（2）平均日用水量大于节水用水定额的下限值、不大于平均值，得3分。

（3）平均日用水量不大于节水用水定额的下限值，得5分。

定期对建筑运营效果进行评估，且根据结果进行运行优化，评价总分值为12分，应按下列规则分别评分并累计：

（1）制订绿色建筑运营效果评估的技术方案和计划，得3分；

（2）定期检查、调适公共设施设备，具有检查、调试、运行、标定的记录，且记录完整，得3分；

（3）定期开展节能诊断评估，并根据评估结果制订优化方案并实施，得4分；

（4）定期对各类用水水质进行检测、公示，得2分。

建立绿色教育宣传和实践机制，编制绿色设施使用手册，形成良好的绿色氛围，且定期开展使用者满意度调查，评价总分值为8分，应按下列规则分别评分并累计：

（1）每年组织不少于2次的绿色建筑技术宣传、绿色生活引导、灾害应急演练等绿色教育宣传和实践活动，并有活动记录，得2分；

（2）具有绿色生活展示、体验或交流分享的平台，并向使用者提供绿色设施使用手册，得3分；

（3）每年开展1次针对建筑绿色性能的使用者满意度调查，且根据调查结果制定改进措施并实施、公示，得3分。

第五节 资源节约

一、控制项

应结合场地自然条件和建筑功能需求,对建筑的体形、平面布局、空间尺度、围护结构等进行节能设计,且应符合国家有关节能设计的要求。

应采取措施降低部分负荷、部分空间使用下的供暖、空调系统能耗,并应符合下列规定:

(1)应区分房间的朝向细分供暖、空调区域,并应对系统进行分区控制;

(2)空调冷源的应有部分负荷性能系数、电冷源综合制冷季节性能系数应符合现行国家标准《公共建筑节能设计标准》(GB 50189—2015)的规定。

应根据建筑空间功能设置分区温度,合理降低室内过渡区空间的温度设定标准。主要功能房间的照明功率密度值不应高于现行国家标准《建筑照明设计标准》(GB 50034—2013)规定的现行值;公共区域的照明系统应采用分区、定时、感应等节能控制;采光区域的照明控制应独立于其他区域的照明控制。冷热源、输配系统和照明等各部分能耗应进行独立分项计量。垂直电梯应采取群控、变频调速或能量反馈等节能措施;自动扶梯应采用变频感应启动等节能控制措施。

应制订水资源利用方案,统筹利用各种水资源,并应符合下列规定:

(1)应按使用用途、付费或管理单元,分别设置用水计量装置;

(2)用水点处水压大于 0.2 MPa 的配水支管应设置减压设施,并应满足给水配件最低工作压力的要求;

(3)用水器具和设备应满足节水产品的要求。

不应采用建筑形体和布置严重不规则的建筑结构。

建筑造型要素应简约,应无大量装饰性构件,并应符合下列规定:

(1)住宅建筑的装饰性构件造价占建筑总造价的比例不应大于 2%;

(2)公共建筑的装饰性构件造价占建筑总造价的比例不应大于 1%。

选用的建筑材料应符合下列规定:

(1)500 km 以内生产的建筑材料重量占建筑材料总重量的比例应大于 60%;

(2)现浇混凝土应采用预拌混凝土,建筑砂浆应采用预拌砂浆。

二、评分项

1. 节地与土地利用

节约集约利用土地,评价总分值为 20 分,并按下列规则评分。

（1）对于住宅建筑,根据其所在居住街坊人均住宅用地指标按表3-4的规则评分。

表3-4　居住街坊人均住宅用地指标评分规则

建筑气候区划	人均住宅用地指标 A（m²）					得分
	平均3层及以下	平均4~6层	平均7~9层	平均10~18层	平均19层及以上	
Ⅰ、Ⅶ	$33<A\leqslant36$	$29<A\leqslant32$	$21<A\leqslant22$	$17<A\leqslant19$	$12<A\leqslant13$	15
	$A\leqslant33$	$A\leqslant29$	$A\leqslant21$	$A\leqslant17$	$A\leqslant12$	20
Ⅱ、Ⅵ	$33<A\leqslant36$	$27<A\leqslant30$	$20<A\leqslant21$	$16<A\leqslant17$	$12<A\leqslant13$	15
	$A\leqslant33$	$A\leqslant27$	$A\leqslant20$	$A\leqslant16$	$A\leqslant12$	20
Ⅲ、Ⅳ、Ⅴ	$33<A\leqslant36$	$24<A\leqslant27$	$19<A\leqslant20$	$15<A\leqslant16$	$11<A\leqslant12$	15
	$A\leqslant33$	$A\leqslant24$	$A\leqslant19$	$A\leqslant15$	$A\leqslant11$	20

（2）对于公共建筑,根据不同功能建筑的容积率按表3-5的规则评分。

表3-5　公共建筑容积率评分规则

公共建筑容积率 R		得分
行政办公、商务办公、商业金融、旅馆饭店、交通枢纽等	教育、文化、体育、医疗、卫生、社会福利等	
$1.0\leqslant R<1.5$	$0.5\leqslant R<0.8$	8
$1.5\leqslant R<2.5$	$R\geqslant2.0$	12
$2.5\leqslant R<3.5$	$0.8\leqslant R<1.5$	16
$R\geqslant3.5$	$1.5\leqslant R<2.0$	20

合理开发利用地下空间,评价总分值为12分,根据地下空间开发利用指标按表3-6的规则评分。

表3-6　地下空间开发利用指标评分规则

建筑类型	地下空间开发利用指标		得分
住宅建筑	地下建筑面积与地上建筑面积的比率 R_r; 地下一层建筑面积与总用地面积的比率 R_p	$5\%\leqslant R_\mathrm{r}<20\%$	5
		$R_\mathrm{r}\geqslant20\%$	7
		$R_\mathrm{r}\geqslant35\%$ 且 $R_\mathrm{p}<60\%$	12
公共建筑	地下建筑面积与总用地面积之比 R_p1; 地下一层建筑面积与总用地面积的比率 R_p	$R_\mathrm{p1}\geqslant0.5$	5
		$R_\mathrm{p1}\geqslant0.7$ 且 $R_\mathrm{p}<70\%$	7
		$R_\mathrm{p1}\geqslant1.0$ 且 $R_\mathrm{p}<60\%$	12

采用机械式停车设施、地下停车库或地面停车楼等方式,评价总分值为8分,并按下列规则评分:

（1）住宅建筑地面停车位数量与住宅总套数的比率小于10%,得8分;

（2）公共建筑地面停车占地面积与其总建设用地面积的比率小于 8%,得 8 分。

2. 节能与能源利用

优化建筑围护结构的热工性能,评价总分值为 15 分,并按下列规则评分。

（1）围护结构热工性能比国家现行相关建筑节能设计标准规定的提高幅度达到 5%,得 5 分;达到 10%,得 10 分;达到 15%,得 15 分。

（2）建筑供暖空调负荷降低 5%,得 5 分;降低 10%,得 10 分;降低 15%,得 15 分。

供暖空调系统的冷、热源机组能效均优于现行国家标准《公共建筑节能设计标准》(GB 50189—2015)的规定以及现行有关国家标准能效限定值的要求,评价总分值为 10 分,按表 3-7 的规则评分。

表 3-7　冷、热源机组能效提升幅度评分规则

机组类型		能效指标	参照标准	评分要求	
电机驱动的蒸汽压缩循环冷水（热泵）机组		制冷性能系数 COP	现行国家标准《公共建筑节能设计标准》（ GB 50189—2015 ）	提高 6%	提高 12%
直燃型溴化锂吸收式冷（温）水机组		制冷、供热性能系数 COP		提高 6%	提高 12%
单元式空气调节机、风管送风式和屋顶式空调机组		能效比 EER		提高 6%	提高 12%
多联式空调（热泵）机组		制冷综合性能系数 IPLV（ C ）	现行国家标准《公共建筑节能设计标准》（ GB 50189—2015 ）	提高 8%	提高 16%
锅炉	燃煤	热效率		提高 3 个百分点	提高 6 个百分点
	燃油、燃气	热效率		提高 2 个百分点	提高 4 个百分点
房间空气调节器		能效比 EER 能源消耗效率	现行有关国家标准	节能评价值	1 级能效等级限值
家用燃气热水炉		热效率值 η			
蒸汽型溴化锂吸收式冷水机组		制冷、供热性能系数 COP			
得分				5 分	10 分

采取有效措施降低供暖空调系统的末端系统及输配系统的能耗,评价总分值为 5 分,应按以下规则分别评分并累计:

（1）通风空调系统风机的单位风量耗功率比现行国家标准《公共建筑节能设计标准》(GB 50189—2015)的规定低 20%,得 2 分;

（2）集中供暖系统热水循环泵的耗电输热比、空调冷热水系统循环水泵的耗电输冷（热）比比现行国家标准《民用建筑供暖通风与空气调节设计规范》(GB 50736—2012)规定值低 20%,得 3 分。

采用节能型电气设备及节能控制措施,评价总分值为 10 分,应按下列规则分别评分并累计:

（1）主要功能房间的照明功率密度值达到现行国家标准《建筑照明设计标准》（GB 50034—2013）规定的目标值，得 5 分；

（2）采光区域的人工照明随天然光照度变化自动调节，得 2 分；

（3）照明产品、三相配电变压器、水泵、风机等设备满足国家现行有关标准的节能评价值的要求，得 3 分。

采取措施降低建筑能耗，评价总分值为 10 分。建筑能耗相比国家现行有关建筑节能标准降低 10%，得 5 分；降低 20%，得 10 分。

结合当地气候和自然资源条件合理利用可再生能源，评价总分值为 10 分，按表 3-8 的规则评分。

表 3-8　可再生能源利用评分规则

可再生能源利用类型和指标		得分
由可再生能源提供的生活用热水比例 R_{hw}	$20\% \leq R_{hw} < 35\%$	2
	$35\% \leq R_{hw} < 50\%$	4
	$50\% \leq R_{hw} < 65\%$	6
	$65\% \leq R_{hw} < 80\%$	8
	$R_{hw} \geq 80\%$	10
由可再生能源提供的空调用冷量和热量比例 R_{ch}	$20\% \leq R_{ch} < 35\%$	2
	$35\% \leq R_{ch} < 50\%$	4
	$50\% \leq R_{ch} < 65\%$	6
	$65\% \leq R_{ch} < 80\%$	8
	$R_{ch} \geq 80\%$	10
由可再生能源提供电量比例 R_e	$0.5\% \leq R_e < 1.0\%$	2
	$1.0\% \leq R_e < 2.0\%$	4
	$2.0\% \leq R_e < 3.0\%$	6
	$3.0\% \leq R_e < 4.0\%$	8
	$R_e \geq 4.0\%$	10

使用较高用水效率等级的卫生器具，评价总分值为 15 分，并按下列规则评分：

（1）全部卫生器具的用水效率等级达到 2 级，得 8 分；

（2）50%以上卫生器具的用水效率等级达到 1 级且其他达到 2 级，得 12 分；

（3）全部卫生器具的用水效率等级达到 1 级，得 15 分。

绿化灌溉及空调冷却水系统采用节水设备或技术，评价总分值为 12 分，应按下列规则分别评分并累计。

（1）绿化灌溉采用节水设备或技术，并按下列规则评分：

①采用节水灌溉系统,得 4 分;

②在采用节水灌溉系统的基础上,设置土壤湿度感应器、雨天自动关闭装置等节水控制措施,或种植无须永久灌溉植物,得 6 分。

（2）空调冷却水系统采用节水设备或技术,并按下列规则评分:

①循环冷却水系统采取设置水处理措施、加大集水盘、设置平衡管或平衡水箱等方式,避免冷却水泵停泵时冷却水溢出,得 3 分;

②采用无蒸发耗水量的冷却技术,得 6 分。

结合雨水综合利用设施营造室外景观水体,室外景观水体利用雨水的补水量大于水体蒸发量的 60%,且采用保障水体水质的生态水处理技术,评价总分值为 8 分,应按下列规则分别评分并累计:

（1）对进入室外景观水体的雨水,利用生态设施削减径流污染,得 4 分;

（2）利用水生动、植物保障室外景观水体水质,得 4 分。

使用非传统水源,评价总分值为 15 分,应按下列规则分别评分并累计。

（1）绿化灌溉、车库及道路冲洗、洗车用水采用非传统水源的用水量占其总用水量的比例不低于 40%,得 3 分;不低于 60%,得 5 分。

（2）冲厕采用非传统水源的用水量占其总用水量的比例不低于 30%,得 3 分;不低于 50%,得 5 分;

（3）冷却水补水采用非传统水源的用水量占其总用水量的比例不低于 20%,得 3 分;不低于 40%,得 5 分。

3. 节材与绿色建材

建筑所有区域实施土建工程与装修工程一体化设计及施工,评价分值为 8 分。

合理选用建筑结构材料与构件,评价总分值为 10 分,并按下列规则评分。

（1）混凝土结构,按下列规则分别评分并累计:

① 400 MPa 级及以上强度等级钢筋应用比例达到 85%,得 5 分;

②混凝土竖向承重结构采用强度等级不小于 C50 混凝土用量占竖向承重结构中混凝土总量的比例达到 50%,得 5 分。

（2）钢结构,按下列规则分别评分并累计:

① Q345 及以上高强钢材用量占钢材总量的比例达到 50%,得 3 分;达到 70%,得 4 分;

②螺栓连接等非现场焊接节点占现场全部连接、拼接节点的数量比例达到 50%,得 4 分;

③采用施工时免支撑的楼屋面板,得 2 分。

（3）混合结构:对其混凝土结构部分、钢结构部分,分别按本条第（1）款、第（2）款进行评价,得分取各项得分的平均值。

建筑装修选用工业化内装部品,评价总分值为 8 分。建筑装修选用工业化内装部品占同类部品用量比例达到 50% 以上的部品种类,达到 1 种,得 3 分;达到 3 种,得 5 分;达到 3

种以上,得 8 分。

选用可再循环材料、可再利用材料及利废建材,评价总分值为 12 分,应按下列规则分别评分并累计。

(1)可再循环材料和可再利用材料用量比例,按下列规则评分:

①住宅建筑达到 6%或公共建筑达到 10%,得 3 分;

②住宅建筑达到 10%或公共建筑达到 15%,得 6 分。

(2)利废建材选用及其用量比例,按下列规则评分:

①采用一种利废建材,其占同类建材的用量比例不低于 50%,得 3 分;

②选用两种及以上的利废建材,每一种占同类建材的用量比例均不低于 30%,得 6 分。

选用绿色建材,评价总分值为 12 分。绿色建材应用比例不低于 30%,得 4 分;不低于 50%,得 8 分;不低于 70%,得 12 分。

第六节　环境宜居

一、控制项

建筑规划布局应满足日照标准,且不得降低周边建筑的日照标准。室外热环境应满足国家现行有关标准的要求。配建的绿地应符合所在地城乡规划的要求,应合理选择绿化方式,植物种植应适应当地气候和土壤,且应无毒害、易维护,种植区域覆土深度和排水能力应满足植物生长需求,并应采用复层绿化方式。场地的竖向设计应有利于雨水的收集或排放,应有效组织雨水的下渗、滞蓄或再利用;对大于 10 hm² 的场地应进行雨水控制利用专项设计。建筑内外均应设置便于识别和使用的标识系统。场地内不应有排放超标的污染源。生活垃圾应分类收集,垃圾容器和收集点的设置应合理并应与周围景观协调。

二、评分项

1. 场地生态与景观

充分保护或修复场地生态环境,合理布局建筑及景观,评价总分值为 10 分,并按下列规则评分:

(1)保护场地内原有的自然水域、湿地、植被等,保持场地内的生态系统与场地外生态系统的连贯性,得 10 分;

(2)采取净地表层土回收利用等生态补偿措施,得 10 分;

(3)根据场地实际状况,采取其他生态恢复或补偿措施,得 10 分。

规划场地地表和屋面雨水径流,对场地雨水实施外排总量控制,评价总分值为 10 分。

场地年径流总量控制率达到 55%,得 5 分;达到 70%,得 10 分。

充分利用场地空间设置绿化用地,评价总分值为 16 分,并按下列规则评分。

(1)住宅建筑按下列规则分别评分并累计:

①绿地率达到规划指标 105% 及以上,得 10 分;

②住宅建筑所在居住街坊内人均集中绿地面积,按表 3-9 的规则评分,最高得 6 分。

表 3-9　住宅建筑人均集中绿地面积评分规则

人均集中绿地面积 A_g（m^2/人）		得分
新区建设	旧区改建	
$A_g=0.50$	$A_g=0.35$	2
$0.50<A_g<0.60$	$0.35<A_g<0.45$	4
$A_g\geqslant0.60$	$A_g\geqslant0.45$	6

(2)公共建筑按下列规则分别评分并累计:

①公共建筑绿地率达到规划指标 105% 及以上,得 10 分;

②绿地向公众开放,得 6 分。

室外吸烟区位置布局合理,评价总分值为 9 分,应按下列规则分别评分并累计:

(1)室外吸烟区布置在建筑主入口的主导风的下风向,与所有建筑出入口、新风进气口和可开启窗扇的距离不少于 8 m,且距离儿童和老人活动场地不少于 8 m,得 5 分;

(2)室外吸烟区与绿植结合布置,并合理配置座椅和带烟头收集的垃圾筒,从建筑主出入口至室外吸烟区的导向标识完整、定位标识醒目,吸烟区设置吸烟有害健康的警示标识,得 4 分。

利用场地空间设置绿色雨水基础设施,评价总分值为 15 分,应按下列规则分别评分并累计。

(1)下凹式绿地、雨水花园等有调蓄雨水功能的绿地和水体的面积之和占绿地面积的比例达到 40%,得 3 分;达到 60%,得 5 分。

(2)衔接和引导不少于 80% 的屋面雨水进入地面生态设施,得 3 分。

(3)衔接和引导不少于 80% 的道路雨水进入地面生态设施,得 4 分。

(4)硬质铺装地面中透水铺装面积的比例达到 50%,得 3 分。

2. 室外物理环境

场地内的环境噪声优于现行国家标准《声环境质量标准》(GB 3096—2008)的要求,评价总分值为 10 分,并按下列规则评分:

(1)环境噪声值大于 2 类声环境功能区标准限值,且小于或等于 3 类声环境功能区标准限值,得 5 分。

（2）环境噪声值小于或等于 2 类声环境功能区标准限值,得 10 分。

建筑及照明设计避免产生光污染,评价总分值为 10 分,应按下列规则分别评分并累计:

（1）玻璃幕墙的可见光反射比及反射光对周边环境的影响符合《玻璃幕墙光热性能》（GB/T 18091—2015）的规定,得 5 分;

（2）室外夜景照明光污染的限制符合现行国家标准《室外照明干扰光限制规范》（GB/T 35626—2017）和现行行业标准《城市夜景照明设计规范》（JGJ/T 163—2008）的规定,得 5 分。

场地内风环境有利于室外行走、活动舒适和建筑的自然通风,评价总分值为 10 分,应按下列规则分别评分并累计。

（1）在冬季典型风速和风向条件下,按下列规则分别评分并累计:

①建筑物周围人行区距地高 1.5 m 处风速小于 5 m/s,户外休息区、儿童娱乐区风速小于 2 m/s,且室外风速放大系数小于 2,得 3 分;

②除迎风第一排建筑外,建筑迎风面与背风面表面风压差不大于 5 Pa,得 2 分。

（2）过渡季、夏季典型风速和风向条件下,按下列规则分别评分并累计:

①场地内人活动区不出现涡旋或无风区,得 3 分;

② 50% 以上可开启外窗室内外表面的风压差大于 0.5 Pa,得 2 分。

采取措施降低热岛强度,评价总分值为 10 分,按下列规则分别评分并累计。

（1）场地中处于建筑阴影区外的步道、游憩场、庭院、广场等室外活动场地设有乔木、花架等遮阴措施的面积比例,住宅建筑达到 30%,公共建筑达到 10%,得 2 分;住宅建筑达到 50%,公共建筑达到 20%,得 3 分。

（2）场地中处于建筑阴影区外的机动车道,路面太阳辐射反射系数不小于 0.4 或设有遮阴面积较大的行道树的路段长度超过 70%,得 3 分。

（3）屋顶的绿化面积、太阳能板水平投影面积以及太阳辐射反射系数不小于 0.4 的屋面面积合计达到 75%,得 4 分。

第七节　提高与创新

一、一般规定

绿色建筑评价时,应按本节规定对提高与创新项进行评价。提高与创新项得分为加分项得分之和,当得分大于 100 分时,应取为 100 分。

二、加分项

采取措施进一步降低建筑供暖空调系统的能耗,评价总分值为 30 分。建筑供暖空调系统能耗相比国家现行有关建筑节能标准降低 40%,得 10 分;每再降低 10%,再得 5 分,最高得 30 分。

采用适宜地区特色的建筑风貌设计,因地制宜传承地域建筑文化,评价分值为 20 分。

合理选用废弃场地进行建设,或充分利用尚可使用的旧建筑,评价分值为 8 分。

场地绿容率不低于 3.0,评价总分值为 5 分,并按下列规则评分:

(1)场地绿容率计算值不低于 3.0,得 3 分;

(2)场地绿容率实测值不低于 3.0,得 5 分。

采用符合工业化建造要求的结构体系与建筑构件,评价分值为 10 分,并按下列规则评分。

(1)主体结构采用钢结构、木结构,得 10 分。

(2)主体结构采用装配式混凝土结构,地上部分预制构件应用混凝土体积占混凝土总体积的比例达到 35%,得 5 分;达到 50%,得 10 分。

应用建筑信息模型(Building Information Modeling, BIM)技术,评价总分值为 15 分。在建筑的规划设计、施工建造和运行维护阶段中的一个阶段应用,得 5 分;两个阶段应用,得 10 分;三个阶段应用,得 15 分。

进行建筑碳排放计算分析,采取措施降低单位建筑面积碳排放强度,评价分值为 12 分。

按照绿色施工的要求进行施工和管理,评价总分值为 20 分,应按下列规则分别评分并累计:

(1)获得绿色施工优良等级或绿色施工示范工程认定,得 8 分;

(2)采取措施减少预拌混凝土损耗,损耗率降低至 1.0%,得 4 分;

(3)采取措施减少现场加工钢筋损耗,损耗率降低至 1.5%,得 4 分;

(4)现浇混凝土构件采用铝模等免墙面粉刷的模板体系,得 4 分。

采用建设工程质量潜在缺陷保险产品,评价总分值为 20 分,应按下列规则分别评分并累计:

(1)保险承保范围包括地基基础工程、主体结构工程、屋面防水工程和其他土建工程的质量问题,得 10 分;

(2)保险承保范围包括装修工程,电气管线、上下水管线的安装工程,供热、供冷系统工程的质量问题,得 10 分。

采取节约资源、保护生态环境、保障安全健康、智慧友好运行、传承历史文化等其他创新,并有明显效益,评价总分值为 40 分。每采取一项,得 10 分,最高得 40 分。

第四章
健康建筑评价标准

第一节　概述

一、背景

党的十八届五中全会明确提出推进健康中国建设,健康是促进人的全面发展的必然要求,是经济社会发展的基础条件,是民族昌盛和国家富强的重要标志,也是广大人民群众的共同追求。营造健康的建筑环境和推行健康的生活方式,是促进人民群众身心健康、助力健康中国建设的重要途径。

为提高人民的健康水平,贯彻健康中国战略部署,推进健康中国建设,实现建筑健康性能提升,规范健康建筑评价,需要制定健康建筑评价标准。健康建筑评价应遵循多学科融合性的原则,对建筑的空气、水、舒适、健身、人文、服务等指标进行综合评价。

二、一般规定

健康建筑的评价应以全装修的建筑群、单栋建筑或建筑内区域为评价对象。评价单栋建筑或建筑内区域时,凡涉及系统性、整体性的指标,应基于该栋建筑所属工程项目的总体进行评价。此外,申请评价的项目应满足绿色建筑的要求。

健康建筑的评价分为设计评价和运行评价。设计评价应在施工图审查完成之后进行,运行评价应在建筑通过竣工验收并投入使用一年后进行。

申请评价方应对建筑进行技术分析,合理确定设计方案,采用促进人们身心健康的技术、产品、材料、设备、设施和服务,对建筑的设计和使用进行全过程控制,并提交相应报告、文件。评价机构应按本标准的有关要求,对申请评价方提交的报告、文件进行审查,出具评价报告,确定等级。对申请运行评价的建筑,应进行现场考察。

三、评价方法与等级划分

健康建筑评价指标体系由空气、水、舒适、健身、人文、服务 6 类指标组成,每类指标均包括控制项和评分项。评价指标体系还统一设置加分项。控制项的评定结果为满足或不满足;评分项和加分项的评定结果为分值。

健康建筑评价按总得分确定等级。评价指标体系 6 类指标的总分均为 100 分。6 类指标各自的评分项得分 Q_1、Q_2、Q_3、Q_4、Q_5、Q_6 按参评建筑该类指标的评分项实际得分值除以适用于该建筑的评分项总分值再乘以 100 分计算。加分项的附加得分记为 Q_7 并按本章第五节确定。

实际满分=理论满分(100 分)$-\sum$ 不参评条文的分值 $-\sum$ 参评条文的分值

分时每类指标的得分

$$Q_n(n=1,2,\cdots,6)=(实际得分值/实际满分)\times100分$$

健康建筑评价的总得分按下式进行计算,其中评价指标体系 6 类指标评分项的权重 $w_1 \sim w_6$ 按表 4-1 取值。

$$\sum Q=w_1Q_1+w_2Q_2+w_3Q_3+w_4Q_4+w_5Q_5+w_6Q_6+Q_7 \tag{4-1}$$

表 4-1　健康建筑各类评价标准的权重

评价类别		评价指标					
		空气 w_1	水 w_2	舒适 w_3	健身 w_4	人文 w_5	服务 w_6
设计评价	居住建筑	0.23	0.21	0.26	0.13	0.17	—
	公共建筑	0.27	0.19	0.24	0.12	0.18	—
运行评价	居住建筑	0.20	0.18	0.24	0.11	0.15	0.12
	公共建筑	0.24	0.16	0.22	0.10	0.16	0.12

注:(1)表中"—"表示服务指标不参与设计评价;

　　(2)对于同时具有居住和公共功能的单体建筑,各类评价指标权重取为居住建筑和公共建筑所对应权重的平均值。

健康建筑分为一星级、二星级、三星级 3 个等级。3 个等级的健康建筑均应满足本标准所有控制项的要求。当健康建筑总得分分别达到 50 分、60 分、80 分时,健康建筑等级分别为一星级、二星级、三星级。对多功能的综合性单体建筑,应按本标准全部评价条文逐条对适用的区域进行评价,确定各评价条文的得分。

第二节 空气和水

一、空气

1. 控制项

应对建筑室内空气中甲醛、TVOC、苯系物等典型污染物进行浓度预评估,且室内空气质量应满足现行国家标准《室内空气质量标准》(GB/T 18883—2002)的要求。控制室内颗粒物浓度,$PM_{2.5}$ 年均浓度应不高于 35 μg/m³,PM_{10} 年均浓度应不高于 70 μg/m³。

室内使用的建筑材料应满足现行相关国家标准的要求,不得使用含有石棉、苯的建筑材料和物品;木器漆、防火涂料及饰面材料等的铅含量不得超过 90 mg/kg;含有异氰酸盐的聚氨酯产品不得用于室内装饰和现场发泡的保温材料中。

木家具产品的有害物质限值应满足现行国家标准《室内装饰装修材料 木家具中有害物质限量》(GB 18584—2001)的要求,塑料家具的有害物质限值应满足现行国家标准《塑料家具中有害物质限量》(GB 28481—2012)的要求。

2. 评分项

1)污染源

采取有效措施避免有气味、颗粒物、臭氧、热湿等散发源空间的污染物串通到室内其他空间或室外活动场所,评价总分值为 10 分,应按下列规则分别评分并累计:

(1)设置可自动关闭的门,评价分值为 5 分;

(2)设置独立的局部机械排风系统且排风量满足需求,评价分值为 5 分。

采取有效措施保障厨房的排风要求,防止厨房油烟扩散至其他室内空间及室外活动场所,评价分值为 8 分。

建筑外窗、幕墙具有较好的气密性以阻隔室外污染物穿透进入室内,评价分值为 7 分。对于每年有 310 d 以上空气质量指数在 100 以下的地区,外窗气密性达到国家标准《建筑外门窗气密、水密、抗风压性能检测方法》(GB/T 7106—2019)规定的 4 级及以上,其他地区的外窗气密性达到 6 级及以上;幕墙达到国家标准《建筑幕墙》(GB/T 21086—2007)规定的 3 级及以上。

室内装饰装修材料满足以下规定,评价总分值为 15 分。满足下列要求中 2 项,得 10 分;满足 3 项及以上,得 15 分。

(1)地板、地毯、地坪材料、墙纸、百叶窗、遮阳板等产品中邻苯二甲酸二(2-乙基)己酯(DEHP)、邻苯二甲酸二正丁酯(DBP)、邻苯二甲酸丁基苄酯(BBP)、邻苯二甲酸二异壬酯(DINP)、邻苯二甲酸二异癸酯(DIDP)、邻苯二甲酸二正辛酯(DNOP)的含量不超过

0.01%；

（2）室内地面铺装产品的有害物质限值需同时满足现行国家标准《室内装饰装修材料 地毯、地毯衬垫及地毯胶粘剂有害物质释放限量》（GB 18587—2001）中 A 级要求，现行行业标准《环境标志产品技术要求 人造板及其制品》（HJ 571—2010）规定限值的 60% 及现行国家标准《室内装饰装修材料 聚氯乙烯卷材地板中有害物质限量》（GB 18586—2001）规定限值的 70%；

（3）室内木器漆、涂剂类产品的 VOCs 含量满足现行国家标准《木器涂料中有害物质限量》（GB 18581—2020）和《室内装饰装修材料 胶粘剂有害物质限量》（GB 18583—2008）规定限值的 50%，涂料、腻子等满足现行行业标准《低挥发性有机化合物（VOC）水性内墙涂覆材料》（JG/T 481—2015）的最高限值要求，防火涂料的 VOCs 限值低于 350 g/L，聚氨酯类防水涂料的 VOCs 限值低于 100 g/L，室内使用木器漆产品中 40% 采购成本以上为水性木器漆；

（4）主要功能房间内安装的具有特殊功能的多孔材料（如吸声板等）的甲醛释放率不大于 0.05 mg/（m²·h）。

家具和室内陈设品满足以下规定，评价总分值为 10 分。满足下列要求中的 2 项，得 5 分；满足 4 项及以上，得 10 分。

（1）来源可溯，具有信息完整的产品标签，包含有害物质含量信息及健康影响声明；

（2）软体家具甲醛释放率不大于 0.05 mg/（m²·h）；

（3）70% 采购成本以上木家具产品的 VOCs 散发量低于现行国家标准《室内装饰装修材料 木家具中有害物质限量》（GB 18584—2001）规定限值的 60%；

（4）纺织、皮革类产品有害物质限值需满足现行行业标准《环境标志产品技术要求 纺织产品》（HJ 2546—2016）的要求；

（5）室内陈设品的全氟化合物（PFCs）、溴代阻燃剂（PB-DEs）、邻苯二甲酸酯类（PAEs）、异氰酸酯聚氨酯、脲醛树脂的含量不超过 0.01%（质量比）。

2）浓度限值

控制室内颗粒物浓度，允许全年不保证 18 d 条件下，$PM_{2.5}$ 日平均浓度不高于 37.5 μg/m³，PM_{10} 日平均浓度不高于 75 μg/m³，评价分值为 10 分。

控制室内空气中放射性物质和 CO_2 的浓度，年均氡浓度不大于 200 Bq/m³，CO_2 日平均浓度不大于 0.09%，评价分值为 5 分。

3）净化

设置空气净化装置降低室内污染物浓度，评价总分值为 15 分，并按下列规则评分：

（1）设置具有空气净化功能的集中式新风系统、分户式新风系统或窗式通风器，得 15 分；

（2）未设置新风系统的建筑，在循环风或空调回风系统内部设置净化装置，或在室内设置独立的空气净化装置,得 15 分。

4)监控

设置空气质量监控与发布系统,评价总分值为 10 分,应按下列规则分别评分并累计:

(1)具有监测 PM_{10}、$PM_{2.5}$、CO_2 浓度等的空气质量监测系统,且具有存储至少一年的监测数据和实时显示等功能,得 5 分;

(2)空气质量监测系统与所有室内空气质量调控设备组成自动控制系统,且具备主要污染物浓度参数限值设定及越限报警等功能,得 3 分;

(3)对室内空气质量表观指数进行定期发布,得 2 分。

地下车库设置与排风设备联动的 CO 浓度监测装置,控制 CO 浓度值,防止出现健康风险,评价分值为 5 分。

调查室内空气质量主观评价,对室内空气质量的不满意率低于 20%,评价分值为 5 分。

二、水

1. 控制项

生活饮用水水质应符合现行国家标准《生活饮用水卫生标准》(GB 5749—2006)的要求,直饮水水质应符合现行行业标准《饮用净水水质标准》(CJ/T 94—2005)的要求。非传统水源、游泳池、采暖空调系统、景观水体等的水质应符合现行有关国家标准的要求。给水水池、水箱等储水设施应定期清洗消毒,每半年至少 1 次。应采取有效措施避免室内给水排水管道结露和漏损。

2. 评分项

1)水质

合理设置直饮水系统,运行管理科学规范,评价总分值为 7 分,应按下列规则分别评分并累计:

(1)通过技术经济比较,选取合理的直饮水供水系统形式及处理工艺,得 3 分;

(2)具备科学规范的直饮水系统维护管理制度及水质监测管理制度,得 4 分。

生活饮用水水质指标优于现行国家标准《生活饮用水卫生标准》(GB 5749—2006)的要求,评价总分值为 10 分,应按下列规则分别评分并累计:

(1)总硬度指标按表 4-2 的规则评分,最高得 5 分;

(2)生活饮用水中的菌落总数按表 4-3 的规则评分,最高得 5 分。

表 4-2 生活饮用水总硬度评分规则

生活饮用水总硬度(以 $CaCO_3$ 计)TH	得分
150 mg/L<TH≤300 mg/L	3
75 mg/L<TH≤150 mg/L	5

表 4-3　生活饮用水菌落总数评分规则

生活饮用水菌落总数（CFU/100 mg）	得分
小于 100 个大于 10 个	4
小于 10 个	5

集中生活热水系统供水温度不低于 55 ℃,同时采取抑菌、杀菌措施,评价总分值为 8 分,应按下列规则分别评分并累计。

（1）设置干管循环系统,得 1 分;设置立管循环系统,得 3 分;设置支管循环系统或配水点出水温度不低于 45 ℃的时间不大于 10 s,得 4 分。

（2）设置消毒杀菌装置,并在运行期间对其定期清洗和维护,得 4 分。

给水管道使用铜管、不锈钢管,评价总分值为 10 分,应按下列规则分别评分并累计:

（1）生活饮用水管道使用铜管、不锈钢管,得 7 分;

（2）直饮水管道使用不锈钢管,得 3 分。

2）系统

各类给水排水管道和设备设置明确、清晰的标识以防止误接和避免误饮、误用,评价分值为 10 分。

设有淋浴器的卫生间,采用分水器配水或其他避免用水器具同时使用时彼此用水干扰的措施,评价分值为 7 分。

淋浴器设置恒温混水阀,评价分值为 5 分。

卫生间采用同层排水的方式,评价总分值为 8 分,并按下列规则评分:

（1）采用降板方式实现同层排水,得 5 分;

（2）采用墙排方式实现同层排水,得 8 分。

厨房和卫生间分别设置排水系统,评价分值为 5 分。

卫生器具和地漏合理设置水封,评价总分值为 10 分,应按下列规则分别评分并累计:

（1）使用构造内自带存水弯的卫生器具且其水封深度不小于 50 mm,得 5 分;

（2）地漏水封深度不小于 50 mm,得 3 分;

（3）选用具有防干涸功能的地漏,得 2 分。

3）监测

制定水质检测的送检制度,定期检测各类用水的水质,评价总分值为 9 分,应按下列规则分别评分并累计:

（1）生活饮用水、直饮水每季度检测 1 次,得 3 分;

（2）室内游泳池池水、生活热水每季度检测 1 次,得 3 分;

（3）非传统水源、采暖空调系统用水每半年检测 1 次,得 3 分。

设置水质在线监测系统,评价总分值为 11 分,应按下列规则分别评分并累计。

（1）生活饮用水、直饮水、游泳池水水质在线监测系统具有监测浊度、余氯的功能,得 3 分;具有监测浊度、余氯、pH 值、电导率的功能,得 4 分。

（2）非传统水源水质在线监测系统具有监测浊度、余氯的功能,得 3 分;具有监测浊度、余氯、pH 值、电导率的功能,得 4 分。

（3）实时公开各类用水水质的各项监测结果,得 3 分。

第三节　舒适和健身

一、舒适

1. 控制项

主要功能房间的室内噪声级应满足以下要求:

（1）有睡眠要求的主要功能房间,夜间室内噪声级应小于 37 dB(A);

（2）需集中精力、提高学习和工作效率的功能房间,室内噪声级应小于 40 dB(A);

（3）需保证人通过自然声进行语言交流的场所,室内噪声级应小于 45 dB(A);

（4）需要保证通过扩声系统传输语言信息的场所,室内噪声级应小于 55 dB(A)。

噪声敏感房间的隔声性能应满足以下要求:

（1）噪声敏感房间与产生噪声房间之间的空气声隔声性能,其计权标准化声压级差与交通噪声频谱修正量之和（$D_{nT,w}+C_{tr}$）不应小于 50 dB;

（2）噪声敏感房间与普通房间之间的空气声隔声性能,其计权标准化声压级差与粉红噪声频谱修正量之和（$D_{nT,w}+C$）不应小于 45 dB;

（3）噪声敏感房间顶部楼板的撞击声隔声性能,其计权标准化撞击声压级 $L'_{nT,w}$ 不应大于 75 dB。

天然光光环境应满足以下要求。

（1）住宅中至少应有 1 个居住空间满足日照标准要求;老年人居住建筑、幼儿园、中小学校、医院病房的主要功能房间应满足相关日照标准要求。

（2）住宅建筑的卧室、起居室(厅)、厨房应有直接采光。

（3）住宅中至少应有 1 个居住空间满足现行国家标准《建筑采光设计标准》(GB 50033—2013)的采光系数要求,当住宅中居住空间总数不少于 4 个时,应有 2 个及以上居住空间满足;老年人居住建筑和幼儿园的主要功能房间应保证至少 75% 的面积满足采光系数标准要求。

（4）采光系统的颜色透射指数 R_a 不应低于 80。

（5）顶部采光均匀度不应低于 0.7,侧面采光均匀度不应低于 0.4。

（6）居住建筑窗台面受太阳反射光连续影响时间不应超过 30 min。

照明光环境应满足以下要求：

（1）室内人员长时间停留场所，其光源色温不应高于 4 000 K，墙面的平均照度不应低于 50 lx，顶棚的平均照度不应低于 30 lx，一般照明光源的特殊显色指数 R_9 应大于 0，光源色容差不应大于 5 SDCM，照明频闪比不应大于 6%，照明产品光生物安全组别不应超过 RG0；

（2）室外公共活动区域，其光源色温不应高于 5 000 K，人行道、非机动车道最小水平照度及最小半柱面照度均不应低于 2 lx，照明光污染限制应符合现行行业标准《城市夜景照明设计规范》（JGJ/T 163—2008）的规定。

建筑外围护结构内表面温度应不低于室内空气露点温度，屋顶和东西外墙内表面温度应符合表 4-4 的要求。

表 4-4　屋顶和外墙内表面最高温度限值

房间类型		自然通风房间	空调房间	
			重质围护结构（$D \geqslant 2.5$）	轻质围护结构（$D<2.5$）
内表面最高温度	外墙	$\leqslant t_{e \cdot max}$	$\leqslant t_i+2$	$\leqslant t_i+3$
	屋顶	$\leqslant t_{e \cdot max}$	$\leqslant t_i+2.5$	$\leqslant t_i+3.5$

注：$t_{e \cdot max}$ 为累年最高日平均温度；t_i 为室内空气温度。

2. 评分项

1）声

建筑所处场地的环境噪声优于现行国家标准《声环境质量标准》（GB 3096—2008）的要求，评价总分值为 4 分，并按下列规则评分：

（1）环境噪声值大于 1 类声环境功能区标准限值，且小于等于 3 类声环境功能区标准限值，得 2 分；

（2）环境噪声值不大于 1 类声环境功能区标准限值，得 4 分。

降低主要功能房间的室内噪声级，评价总分值为 9 分，按表 4-5 的规则评分。

表 4-5　主要功能房间噪声级评分规则

房间类型	噪声级限值 L_{Aeq}	得分	噪声级限值 L_{Aeq}	得分
有睡眠要求的主要功能房间	30 dB（A）$<L_{Aeq}\leqslant$35 dB（A）	5	$L_{Aeq}\leqslant$30 dB（A）	9
集中精力、提高工作效率的功能房间	35 dB（A）$<L_{Aeq}\leqslant$37 dB（A）		$L_{Aeq}\leqslant$35 dB（A）	
通过自然声进行语言交流的场所	40 dB（A）$<L_{Aeq}\leqslant$42 dB（A）		$L_{Aeq}\leqslant$40 dB（A）	
通过扩声系统传输语言信息的场所	45 dB（A）$<L_{Aeq}\leqslant$50 dB（A）		$L_{Aeq}\leqslant$45 dB（A）	

噪声敏感房间与相邻房间的隔声性能良好，评价总分值为 9 分，按表 4-6 的规则评分。

表 4-6 噪声敏感房间隔声性能评分规则

隔声性能	评价指标	指标值	得分	指标值	得分
噪声敏感房间与产生噪声房间之间的空气声隔声性能	计权标准化声压级差与交通噪声频谱修正量之和 $(D_{nT,w}+C_{tr})$	$(D_{nT,w}+C_{tr})$ ≥55 dB	5	$(D_{nT,w}+C_{tr})$ ≥55 dB	9
噪声敏感房间与普通房间之间的空气声隔声性能	计权标准化声压级差与粉红噪声频谱修正量之和 $(D_{nT,w}+C)$	50 dB≤$(D_{nT,w}+C)$ <55 dB		$(D_{nT,w}+C)$≥55 dB	
噪声敏感房间顶部楼板的撞击声隔声性能	计权标准化撞击声压级 $L'_{nT,w}$	55 dB<$L'_{nT,w}$ ≤65 dB		$L'_{nT,w}$≤55 dB	

人员密集的大空间应进行吸声减噪设计,保证足够的语言清晰度,不出现明显的声聚焦及多重回声等声缺陷,评价总分值为 4 分,并按下列规则评分:

(1)室内空场 500~1 000 Hz 混响时间在 2~4 s,语言清晰度指标在 0.40~0.50,得 2 分;

(2)室内空场 500~1 000 Hz 混响时间低于 2 s,语言清晰度指标大于 0.50,得 4 分。

对建筑内产生噪声的设备及其连接管道进行有效的隔振降噪设计,评价总分值为 4 分,应按下列规则分别评分并累计:

(1)选用低噪声产品且设置在对噪声敏感房间干扰较小的位置,得 2 分;

(2)采取有效的隔振、消声、隔声措施,得 2 分。

2)光

充分利用天然光,评价总分值为 10 分,应按下列规则分别评分并累计:

(1)大进深、地下和无窗空间采取有效措施充分利用天然光,得 5 分;

(2)公共建筑室内主要功能空间至少 75%面积比例区域的天然光照度值不低于 300 lx 的小时数平均不少于 4 h/d,得 5 分。

照明控制系统可按需进行自动调节,评价总分值为 10 分,应按下列规则分别评分并累计:

(1)可自动调节照度,调节后的天然采光和人工照明的总照度不低于各采光等级所规定的室内天然光照度值,得 3 分;

(2)可自动调节色温,并且与天然光混合照明时的人工照明色温与天然光色温接近,得 4 分;

(3)照明控制系统与遮阳装置联动,得 3 分。

控制室内生理等效照度,评价分值为 5 分。对居住建筑,夜间生理等效照度不高于 50 lx;对公共建筑,不少于 75%的工作区域内的主要视线方向生理等效垂直照度不低于

250 lx,且小时数不低于 4 h/d。

营造舒适的室外照明光环境,评价总分值为 5 分,应按下列规则分别评分并累计:

(1)室外照明光源一般显色指数不低于 60,得 2 分;

(2)室外公共活动区域的眩光限值符合表 4-7 的规定,得 3 分。

表 4-7 室外公共活动区域眩光限值

角度范围	≥70°	≥80°	≥90°	≥95°
最大光强 I_{max}（cd/1 000 lm）	500	100	10	<1

注:表中给出的是灯具在安装就位后与其向下垂直轴形成的指定角度上任何方向上的发光强度。

3)热湿

室内人工冷热源热湿环境满足现行国家标准《民用建筑室内热湿环境评价标准》(GB/T 50785—2012)的要求,评价总分值为 13 分,应按下列规则分别评分并累计。

(1)热湿环境整体评价等级达到 Ⅱ 级,得 4 分;达到 Ⅰ 级,得 8 分。

(2)室内人工热环境局部评价指标冷吹风感引起的局部不满意率 LPD_1、垂直温差引起的局部不满意率 LPD_2 和地板表面温度引起的局部不满意率 LPD_3 满足 Ⅱ 级的要求得 3 分;满足 Ⅰ 级的要求得 5 分。

合理采用自然通风等被动调节措施,在自由运行状态下室内非人工冷热源热湿环境符合人体适应性热舒适的要求,评价总分值为 7 分,并按下列规则评分:

(1)人体预计适应性平均热感觉指标-1≤APMV<-0.5 或 0.5<APMV≤1 得 4 分;

(2)人体预计适应性平均热感觉指标-0.5≤APMV≤0.5 得 7 分。

采用合理的措施使主要功能房间空气相对湿度维持在 30%~70%,评价分值为 5 分。

主要功能房间的供暖空调系统可基于人体热感觉进行动态调节,评价分值为 5 分。

4)人体工程学

卫生间平面布局合理,评价总分值为 3 分,应按表 4-8 的规则分别评分并累计。

表 4-8 卫生间主要功能区域要求

类别		要求	得分
厕所和浴室隔间的平面尺寸	公共建筑	外开门的厕所隔间平面尺寸不小于 900 mm×1 250 mm;内开门的厕所隔间平面尺寸不小于 900 mm×1 450 mm	1
		外开门的淋浴隔间平面尺寸不小于 1 050 mm×1 250 mm	
	居住建筑	便器、洗浴器、洗面器三件卫生设备集中配置的卫生间使用面积不小于 3 m²	
设备	—	淋浴喷头高度可自由调节	1
		淋浴间设置安全把手	

类别		要求	得分
活动空间	—	洗脸台前留有宽不小于 700 mm、深不小于 500 mm 的活动空间	1
		坐便器前留有宽不小于 700 mm、深不小于 350 mm 的活动空间	

主要设备屏幕的高度及与用户之间的距离可调节,评价分值为 3 分。

桌面高度和座椅可自由调节,评价总分值为 4 分,应按下列规则分别评分并累计:

(1)桌面高度可调节,得 2 分;

(2)座椅高度、椅背角度、椅座角度 2 项及以上可调节,得 2 分。

二、健身

1. 控制项

设有健身运动场地,面积不少于总用地面积的 0.3%且不小于 60 m²。设置免费健身器材的台数不少于建筑总人数的 0.3%,并配有使用指导说明。

2. 评分项

1)室外

设有室外健身场地,评价总分值为 16 分,应按下列规则分别评分并累计。

(1)室外健身场地面积,不少于总用地面积的 0.5%且不小于 100 m²,得 5 分;不少于总用地面积的 0.8%且不小于 160 m²,得 10 分;

(2)室外健身场地 100 m 范围内设有直饮水设施,得 6 分。

设置宽度不少于 1.25 m 的专用健身步道,设有健身引导标识,评价总分值为 12 分。健身步道的长度,不少于用地红线周长的 1/4 且不少于 100 m,得 6 分;不少于用地红线周长的 1/2 且不少于 200 m,得 12 分。

鼓励采用绿色与健身相结合的出行方式,评价总分值为 12 分,应按下列规则分别评分并累计:

(1)自行车停车位数量满足当地规划部门的要求并不少于建筑总人数的 10%,并备有打气筒、六角扳手等维修工具,得 6 分;

(2)场地出入口步行距离 500 m 范围内有不少于 2 条线路的公共交通站点,得 6 分。

2)室内

建筑室内设有免费健身空间,评价总分值为 16 分。健身空间的面积,不少于地上建筑面积的 0.3%且不小于 60 m²,得 8 分;不少于地上建筑面积的 0.5%且不小于 100 m²,得 16 分。

设置便于日常使用的楼梯,评价总分值为 12 分,应按下列规则分别评分并累计:

(1)楼梯间与主入口距离不大于 15 m 或设有明显的楼梯间引导标识,并设有鼓励使用

楼梯的标识或激励办法,得 5 分;

（2）楼梯间有天然采光和良好的视野,得 5 分;

（3）楼梯间设有人体感应灯,得 2 分。

设有可供健身或骑自行车人使用的服务设施,评价总分值为 12 分,应按下列规则分别评分并累计:

（1）设有更衣设施,得 6 分;

（2）设有公共淋浴设施,且淋浴头不少于建筑总人数的 0.3%,得 6 分。

3）器材

室外健身场地设置免费健身器材的台数不少于建筑总人数的 0.5%,健身器材的种类不少于 3 种,并配有使用指导说明,评价分值为 10 分。

室内设置免费健身器材的台数不少于建筑总人数的 0.5%,健身器材的种类不少于 3 种,并配有使用指导说明,评价分值为 10 分。

第四节　人文和服务

一、人文

1. 控制项

室内和室外绿化植物应无毒无害。建筑室内和室外的色彩应协调;公共空间与私有空间应明确分区;建筑主要功能房间应有良好的视野且无明显视线干扰。场地与建筑的无障碍设计应满足现行国家标准《无障碍设计规范》(GB 50763—2012)的要求,无障碍系统应完整连贯。

2. 评分项

1）交流

合理设置室外交流场地,评价总分值为 12 分,应按下列规则分别评分并累计:

（1）交流场地面积不少于总用地面积的 0.2%且不小于 50 m²,且设有不少于 10 人的座椅,得 3 分;

（2）交流场地的乔木或构筑物遮阴面积达到 20%,得 3 分;

（3）交流场地 100 m 范围内室外场地设有直饮水设施,得 3 分;

（4）交流场地 100 m 范围内有对外开放的公共卫生间,得 3 分。

合理设置儿童游乐场地,并有不少于 1/2 的面积满足日照标准要求且通风良好,评价总分值为 9 分,应按下列规则分别评分并累计:

（1）设有不少于 3 件娱乐设施,不少于 6 人的座椅,并有遮阴设施,得 3 分;

（2）儿童游乐场地 100 m 范围内有洗手点或公共卫生间,得 3 分;

（3）设有室内儿童活动室,得3分。

合理设置老年人活动场地,有不少于1/2的面积满足日照标准要求,设有不少于6人的座椅,无障碍设施完善,且通风良好,评价分值为8分。

设置公共服务食堂并对所有建筑使用者开放,评价分值为6分。

2）心理

合理设置文化活动场地,评价总分值为12分,应按下列规则分别评分并累计:

（1）设有不小于30 m²的公共图书室,得3分;

（2）设有不小于50 m²的公共音乐舞蹈室,得3分;

（3）室内公共空间设有不少于10个艺术装饰品,得3分;

（4）室外场地设有不少于3个艺术雕塑,得3分。

营造优美的绿化环境,增加室内外绿化量,评价总分值为11分,应按下列规则分别评分并累计:

（1）绿地率不少于30%,得3分;

（2）室外植物品种不少于40种（严寒地区不少于30种）,色彩配置得当,得3分;

（3）设置不小于500 m²的屋顶绿化或不小于200 m²的垂直绿化,得3分;

（4）人员长期停留的房间,每50 m²不少于一株绿色植物,得2分。

入口大堂中有植物或水景布景,有休息座椅,有放置雨伞的设施,得6分。

设有用于静思、宣泄或心理咨询等作用的心理调整房间,得6分。

3）适老

充分考虑老年人的使用安全与方便,评价总分值为12分,应按下列规则分别评分并累计:

（1）老人活动区、公共活动区、公共卫生间、走廊、楼梯均采用防滑铺装,得4分;

（2）标识系统采用大字标识,得4分;

（3）建筑公共区和老人用房间墙面无尖锐突出物,老人用房间的墙、柱、家具等处的阳角均为圆角,设有安全抓杆或扶手,得4分。

建筑内设置无障碍电梯,评价分值为6分。对于地上楼层数大于1层的公共建筑,至少设置1部无障碍电梯;对于住宅建筑,每单元至少设置1部可容纳担架的无障碍电梯。

具有医疗服务和紧急救援的便利条件,评价总分值为12分,应按下列规则分别评分并累计:

（1）场地出入口到达医疗服务点的步行距离不大于500 m,得3分;

（2）配置有基本医学救援设施,得3分;

（3）设有医疗急救绿色通道,得3分;

（4）设有紧急求助呼救系统,得3分。

二、服务

1. 控制项

应制定并实施健康建筑管理制度。应向业主展示室外空气质量、温度、湿度、风级及气象灾害预警的信息。餐饮厨房区设置应规范,食物加工销售场所内部各功能区域应明显划分且应采取适当的分离或分隔措施,并应与非食品加工销售场所分开设置。餐饮厨房区应制定虫害控制措施并定期检查,且检查及处理记录完整。垃圾箱、垃圾收集站(点)不应污染环境。垃圾箱应具有自动启闭箱盖;垃圾箱、垃圾收集站(点)应定期冲洗;垃圾应及时清运、处置。

2. 评分项

1)物业

物业管理机构获得有关管理体系认证,评价总分值为6分,应按下列规则分别评分并累计:

(1)具有 ISO 14001 环境管理体系认证,得3分;

(2)具有 ISO 9001 质量管理体系认证,得3分。

采用无公害的病虫害防治技术,评价分值为6分。

建筑出入口、可开启外窗、新风引入口等10 m半径范围内,以及所有露天平台、天井、阳台、屋顶和其他经常有人活动的建筑外部空间禁止吸烟;若在建筑周边设置吸烟区域,须放置吸烟有害健康的标识,评价分值为6分。

餐饮厨房区制订清洁计划,定期清除废弃物和消毒,评价总分值为9分,应按下列规则分别评分并累计:

(1)餐饮厨房区建立食品加工环境消毒程序和环境微生物监控程序,得3分;

(2)就餐区制订完善的清洁计划,清洁记录完整且对所有用户公开,得3分;

(3)所有清洁产品符合环保要求,得3分。

对空调通风系统和净化设备进行定期检查和清洗,评价总分值为10分,应按下列规则分别评分并累计:

(1)制订空调通风系统和净化设备的检查、清洗和维护计划,得4分;

(2)实施第(1)款中的检查、清洗和维护计划,且记录保存完整,得6分。

每年对不少于30%的典型用户进行健康建筑运行质量满意度调查,制定并执行改进措施,评价分值为8分。

2)公示

开发健康建筑信息服务平台并向建筑使用者无偿提供,有组织地推送健康相关知识、天气信息、活动消息等信息,且对该服务平台进行持续维护,评价分值为10分。

规范预包装食品和致敏物质信息的标示,评价分值为5分。预包装食品的标签标示满足现行国家标准《食品安全国家标准 预包装食品标签通则》(GB 7718—2011)的相关要求;致敏物质用作配料时,在配料表中使用易辨识的名称或在配料表邻近位置对可能导致过敏反应的物质及其制品进行提示。

散装食品的容器或外包装上具有标示食品的名称、生产日期或者生产批号、保质期以及生产经营者名称、地址、联系方式等内容的产品标签,得5分。

3)活动

开展健身宣传,张贴或发放健身宣传资料;定期举办促进生理健康、心理健康的讲座和活动,每季度不少于1次,评价分值为5分。

定期举办亲子、邻里或公益活动,每季度不少于1次,评价分值为5分。

为建筑使用者和管理者提供免费体检服务,每年不少于1次,评价分值为5分。

成立书画、摄影、茶艺、舞蹈等兴趣小组不少于2个,提供活动场地并定期开展活动,每季度不少于1次,评价分值为5分。

4)宣传

编制健康建筑使用手册,并对全体使用者免费发放,评价分值为5分。

宣传健康生活理念,评价总分值为10分,应按下列规则分别评分并累计:

(1)每百人订购不少于1份心理健康、生理健康相关的杂志、报刊或书籍,并摆放于公共空间易于翻阅的位置,得5分;

(2)通过板报、多媒体等方式宣传健康食品、养生等健康生活理念,媒体宣传内容每月至少更新一次,媒体屏幕应置于主要的社区出入口、建筑出入口、大堂和电梯厅,得5分。

第五节 提高与创新

一、一般规定

评价健康建筑时,应按本节规定对加分项进行评价。加分项的附加得分为各加分项得分之和。当附加得分大于10分时,应取为10分。

二、加分项

室内空气质量优于现行国家标准《室内空气质量标准》(GB/T 18883—2002)的规定,评价总分值为2分,应按下列规则分别评分并累计:

(1)TVOC、苯的浓度不高于现行国家标准《室内空气质量标准》(GB/T 18883—2002)规定限值的90%,得1分;

（2）甲醛、二甲苯、臭氧的浓度不高于现行国家标准《室内空气质量标准》（GB/T 18883—2002）规定限值的 70%，得 1 分。

允许不保证 18 d 条件下，室内 $PM_{2.5}$ 日平均浓度不高于 25 μg/m³，评价分值为 1 分。

设有小型农场并运转正常，面积不少于总用地面积的 0.5%且不小于 200 m²，评价分值为 1 分。

建立个性化健身指导系统，为 50%以上的建筑总人数制定运动方案，评价分值为 1 分。

设置与健康相关的互联网服务（如 App、网站、论坛、微信公众号等），评价总分值为 2 分，应按下列规则分别评分并累计：

（1）具有远程医疗服务、健康档案等功能，得 1 分；

（2）具有空气质量、水质、室内外噪声级等定时监测与发布功能，得 1 分。

采取符合健康理念，促进公众身心健康、实现建筑健康性能提升的其他创新，并有明显效益，评价总分值为 4 分。每采取一项有效技术措施，得 1 分，最高得 4 分。

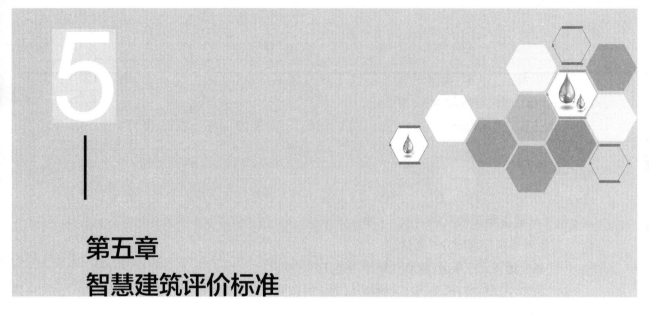

5

第五章
智慧建筑评价标准

第一节　概述

为推动建筑智慧发展,规范智慧建筑评价,制定了智慧建筑评价标准。此标准适用于新建、改建的公共建筑智慧水平评价,通过以评促建,达到安全、高效、节能、环保和可持续发展的目标,居住建筑智慧水平评价可参照执行。

第二节　架构与平台

一、控制项

智慧建筑架构应以物联网技术为基础,满足应用系统云端、本地等多种部署方式的要求。智慧建筑信息服务平台具备高度开放的架构并具备灵活的可扩展性,与子系统连接应采用标准的数据接口和国际通用的通信协议。智慧建筑综合服务平台应对数据进行统一管理,实现信息、资源共享、协同运行、优化管控等功能,支持 Web 客户端和手机 App 等访问。智慧建筑综合服务平台的信息安全应符合国家网络信息安全相关法律和标准要求,面向管理人员、运维人员、物业人员、个人用户等提供分级权限管理。

二、评分项

(1)智慧建筑综合服务平台应具有集成建筑设备管理系统、公共安全系统、信息设施系统及信息化应用等子系统的能力,实现对各类子系统全生命周期的集中监控、联动和管理

等。评价总分值为 15 分,应按下列规则分别评分并累计:

①集成了建筑设备管理系统,得 5 分;

②集成了公共系统,得 5 分;

③集成了信息设施系统,得 2 分;

④集成了信息系统,得 3 分。

（2）现场网关、控制器等硬件设备支持在线升级,现场控制器能在不依赖网络情况下独立工作。评价总分值为 10 分,应按下列规则分别评分并累计:

①现场网关、控制器等设备支持在线升级,得 5 分;

②现场控制器子系统能在不依赖网络情况下独立工作,得 5 分。

（3）平台支持用户快速开发和部署物联网应用服务。评价总分值为 15 分,应按下列规则分别评分并累计:

①具备设备接入及设备管理功能,得 5 分;

②支持 TCP/IP、MQTT 等通用协议,得 3 分;

③具备设备鉴权及权限管理功能,得 3 分;

④具有运维日志、系统运维数据异常报警及诊断日志等功能,得 4 分。

（4）平台遵循模块化建设原则,对智慧建筑各业务进行抽象建模,业务数据与业务逻辑解耦平台数据和应用解耦,实现模块化设计,评价总分值为 10 分,应按下列规则分别评分并累计:

①数据、业务和管理解耦设计,得 6 分;

②平台数据和应用分层设计,实现模块化设计,得 4 分。

（5）平台二次开发支持积木式图形组态,快速构建用户界面,支持自定义的系统运行策略。评价总分值为 10 分,应按下列规则分别评分并累计:

①支持图形组态构建用户系统,得 4 分;

②支持自定义运行策略,得 3 分;

③支持新的应用系统集成接入,得 3 分。

（6）基于建筑信息模型（BIM）、地理信息系统（Geographic Information System, GIS）等,实现设备、空间环境等全生命周期的三维可视化监测和管理。评价总分值为 10 分,应按下列规则分别评分并累计:

①采用建筑信息模型（BIM）、理信息系统（GIS）等实现设备工艺、空间画面等的三维展示,得 5 分;

②三维画面等与现实场景的设备运行参数、环境参数等信息真实对应、显示直观,得 5 分。

（7）平台具有与智慧园区、智慧城市等上一级平台对接的功能。评价总分值为 10 分,应按下列规则分别评分并累计:

①具有与智慧园区、智慧城市等上一级平台对接的功能,得5分;

②实现与智慧园区、智慧城市等上一级平台对接并获得具体应用,得5分。

(8)平台满足数据实时展示、历史数据分析、决策服务。评价总分值为10分,应按下列规则分别评分并累计:

①各子系统数据实时展示,得3分;

②对历史数据可视化展示、态势分析,得4分;

③有决策服务,得3分。

(9)平台具有数据共享、数据智能分析及融合的具体应用,效果明显。评价总分值为10分。应按下列规则分别评分并累计:

①数据共享案例每项1分,最高5分;

②数据智能分析及融合案例每项1分,最高5分。

第三节 绿色与节能

一、控制项

智慧建筑综合服务平台应实现建筑用电设备、空间环境、建筑能耗等相关数据获取、存储及数据可视化展示,具有智慧用能优化控制策略,实现建筑设备全局用能优化控制,有效降低建筑能耗。设置能源管理系统、实现对建筑能耗的分类、分项、分级监测,且具有用能分析功能。垂直电梯应采取群控、变频调速或能量反馈等节能措施;自动扶梯应采用变频感应启动等节能控制措施。

二、评分项

(1)主要建筑用电设备均接入智慧建筑综合服务平台,统一管理和控制。评价总分值为30分,应按下列规则分别评分并累计:

①接入平台的设备应包括冷热源、供暖通风和空气调节、给水排水、变配电、照明、空调末端等,每接入一项得2分,最高16分;

②监控模式应与建筑设备的运行工艺相适应,并应满足对设备或子系统实时监控、管理及节能优化的要求,每接入一项得2分,最高14分。

(2)采用节能型电气设备、节能型工艺措施、有效的节能控制措施。评价总分值为30分,应按下列规则分别评分并累计:

①三相配电变压器、水泵、风机等设备选型均满足国家现行相关标准的节能评价值的要求,得10分;

②照明采用节能灯具,公共区域采用智能照明自动控制,得 8 分;

③通过优化控制空调冷源的部分负荷性能系数、电冷源综合制冷性能系数应符合现行国家标准《公共建筑节能设计标准》(GB 50189—2015)的规定,得 6 分;

④空调水系统水力平衡自动控制,得 6 分。

(3)合理利用可再生能源,构建多能源互补集成系统。评价总分值为 15 分,应按下列规则分别评分并累计:

①具有可再生能源利用案例,效果明显,得 10 分;

②构建多能源互补集成系统并有效管控,得 5 分。

(4)汽车充电桩采用物联网管控。评价总分值为 10 分,应按下列规则分别评分并累计:

①汽车充电桩数量满足国家有关规定要求,得 5 分;

②采用智能充电桩,通过物联网管理系统实现智慧充电和管理,得 5 分。

(5)定期对建筑运营效果进行评估,并根据评估结果进行运行策略优化。评价总分值为 15 分,应按下列规则分别评分并累计:

①制订建筑运营节能效果评估的技术方案和计划,得 5 分;

②定期开展节能诊断评估,并根据评估结果制定优化方案并实施,得 10 分。

第四节　安全与安防

一、控制项

智慧建筑综合服务平台应集成综合安防功能,实现相关子系统之间的联动。火灾自动报警系统的配置及功能应符合国家现行标准规定。消防和安防系统应具有第三方检测报告和验收报告。

二、评分项

(1)视频安防监控系统视频图像数据应支持有效显示记录、检索与回放。评价总分值为 15 分,应按下列规则分别评分并累计:

①视频存储量和记录/回放带宽与检索能力应满足安全防范要求,并记录相关事件的音视频、时间、地点等信息,得 5 分;

②按照不同业务要求设定保存周期,保存时间满足有关标准要求,得 5 分;

③根据业务需求和条件,实现敏感人员、异常事件的视频浓缩及摘要,实现事后录像的快速定位和回放,得 5 分。

(2)设置应急响应系统且配置与上一级应急响应系统互联的通信接口。评价总分值为

10分,应按下列规则分别评分并累计:

①具有完备的应急响应预案,并定期进行演练,得5分;

②具有与上一级应急响应系统互联的通信接口,得5分。

（3）安防系统采用专用传输网络。评价总分值为10分,应按下列规则分别评分并累计:

①采用与公共数据传输网络物理隔离的专用智能网（控制网）传输的方式,得10分;

②共用公共数据传输网络,通过虚拟局域网（Virtual Local Area Network，VLAN）虚拟划分专网传输的方式,得6分。

（4）位于建筑物出入口、电梯间、楼梯口、电梯内等关键位置的视频监控具备智能检测功能。评价总分值为15分,应按下列规则分别评分并累计:

①支持人脸识别应用,具有人脸登记、人脸抓拍、人脸智能曝光、人脸识别与报警、人脸检索、人脸巡更等功能,每实现一项功能得1分,最高得8分;

②支持客流统计分析、人员定位,得7分。

（5）监控中心设置满足规范要求,机房面积、位置合理,自身防护措施完备,制度健全。评价总分值为15分,应按下列规则分别评分并累计:

①机房设为禁区,机房位置和空间布局符合规范要求,得5分;

②监控中心应有保证自身安全的防护措施和进行内外联络的通信手段,并应设置紧急报警装置和留有向上一级接处警中心报警的通信接口,得5分;

③制度健全,制定完整的运维保障体制机制和管理办法,得5分。

（6）安全防范系统具有系统防破坏能力。评价总分值为15分,应按下列规则分别评分并累计:

①入侵和紧急报警系统应具备防拆、断路、短路等报警功能,得4分;

②系统供电暂时中断恢复供电后,系统应能自动恢复原有工作状态,该功能应能人工设定,得3分;

③系统宜有自检功能,对系统、设备、传输链路进行监测,得3分;

④系统宜对故障、欠压等异常状态进行报警,得3分;

⑤高风险保护对象的安全防范系统宜配置受意外电磁攻击的防护措施,得2分。

（7）具备智慧预警功能。评价总分值为20分,应按下列规则分别评分并累计:

①整合建筑各类监控系统和视频资源,建立公共安全预警系统,得10分;

②支持异常事件的智能检测报警,每实现一项异常事件报警功能得2分,最高可得8分;

③支持手机App应用,能够动态监控接收预警信息、立体呈现联网建筑的公共安全状态,并根据设置权限能够进行相应处置,得2分。

第五节　高效与便捷

一、控制项

　　智慧建筑综合服务平台应通过系统集成和大数据应用,为人们提供一站式服务。管理人员、运维人员、物业人员、个人用户均可通过平台提供相应便捷服务。信息接入、综合布线等信息设施系统设置合理、完善,符合国家有关标准要求并满足建筑信息化建设需求。专业类建筑具有先进的相应专业信息化系统,功能满足业务需求。

二、评分项

　　(1)具有智慧物业管理系统,实现客产增值服务、设备全生命期管理等功能。评价总分值为20分,应按下列规则分别评分并累计:

　　①物业管理实现一站式客户增值服务,有专用App,得10分;

　　②集成有工作流管理功能,得5分;

　　③具有设备全生命期管理,具有设备工作状态查询、统计等功能,得5分。

　　(2)出入口人员、车辆无感通过,具有人员和车辆信息统计查询功能,收费车辆缴费便捷。评价总分值为15分,应按下列规则分别评分并累计:

　　①出入口人员、车辆无感通过,得5分;

　　②具有车辆和人员数据统计和分析功能,得5分;

　　③收费车辆缴费便捷,得5分。

　　(3)办公自动化系统高效便捷。评价总分值为10分,按下列规则分别评分并累计:

　　①办公自动化系统功能齐全,符合本单位需要,支持网上公文发布、网上审批等业务。得5分;

　　②具有办公自动化专用App,支持移动办公,得3分;

　　③充分利用视频会议系统,得2分。

　　(4)基于物联网技术实现智慧空间或智能家居。评价总分值为15分,应按下列规则分别评分并累计:

　　①通过Web或专用App实现室内电器设备远程控制,如饮水机、热水器、空调(末端)、照明等设备,每远程控制一项得2分,最高得6分;

　　②通过Web或专用App显示室内环境信息、设备运行状态、能耗等数据,每项得2分,最高得6分;

③能实时接收报警信息,得3分。

（5）具有人员定位和室内导航服务。评价总分值为10分,应按下列规则分别评分并累计:

①人员定位与BIM/CIS等融合,提供室内导航,得5分;

②人员定位与停车系统融合,实现反向寻车,得5分。

（6）信息查询及发布系统功能完备。评价总分值为10分,应按下列规则分别评分并累计:

①在建筑公共区域向公众提供必要的信息发布,得5分;

②根据需要,设置必要的标识引导及信息查询服务,得5分。

（7）无线网络按需覆盖。评价总分值为10分,应按下列规则分别评分并累计:

①无线网络按需覆盖,得5分;

②人员流动场所移动信号全覆盖,得5分。

（8）设置公共广播系统并具备完整的业务广播、背景广播和紧急广播功能。评价总分值为10分,应按下列规划分别评分并累计:

①设置紧急广播系统,满足发生火灾或其他紧急情况时全楼广播的需要,得6分;

②设置业务广播,满足业务广播或背景音乐广播的需要,得4分。

第六节　健康与舒适

一、控制项

设置室内环境质量监控系统,自然通风、气流组织、热湿环境、空气品质、室内光环境和室内声环境等各项指标符合国家有关标准。在地下车库设置与排风设备联动的一氧化碳浓度监测装置。

二、评分项

（1）设置空气质量监控系统,通过建筑公共区域的信息发布屏或智慧建筑App,向公众提供室内空气质量信息。评价总分值为30分,应按下列规则分别评分并累计:

①具有监测PM_{10}、$PM_{2.5}$、CO_2、CO浓度等的空气质量监测系统,数据实时显示且存储至少一年的历史数据,得15分;

②具有室内空气质量控制功能,有主要监测指标越限报警功能,得10分;

③对室内空气质量表观指数进行定期发布,得5分。

（2）设置水质在线监测系统。评价总分值为25分,应按下列规则分别评分并累计:

①设置水质在线监测系统,监测生活饮用水、管道直饮水、游泳池水、非传统水源、空调冷却水的水质指标,得 15 分;

②各类用水水质的各项监测实时数据接入智慧建筑综合服务平台,有越限报警功能,其数据库应能记录连续一年以上的运行数据,能随时供用户查询,得 10 分。

(3)空调、通风等设备通过自动控制,使得室内人工冷热源热湿环境满足现行国家标准《民用建筑室内热湿环境评价标准》(GB/T 50785—2012)的要求。评价总分值为 25 分,应按下列规则分别评分并累计。

①通过空调、通风等设备的自动控制,热湿环境整体评价等级达到Ⅱ级,得 8 分;达到Ⅰ级,得 15 分。

②设置可调节遮阳设施,改善室内热舒适度,得 10 分。

(4)室内光环境采用智能照明控制系统时,按需进行自动调节。评价总分值为 20 分,应按下列规则分别评分并累计:

①智能照明系统按需自动调节照度调节后的天然采光和人工照明的总照度不低于各采光等级所规定的室内天然光照度值,得 12 分;

②照明控制系统与遮阳装置联动,得 8 分。

第七节　创新与特色

(1)获得绿色建筑运行标识的建筑在依照本标准进行智慧水平评价时,加分应符合下列规定,本项总得分为 10 分。

①获得绿色建筑二星运行标识,得 4 分。

②获得绿色建筑三星运行标识,得 10 分。

(2)满足国家电网建筑用电负荷需求侧响应需求。评价总分值为 10 分,应按下列规则分别评分并累计:

①与当地电网综合能源服务平台对接,实现相关数据实时共享,得 4 分;

②具有相应的用电负荷预测及需求侧响应策略,得 3 分;

③有电力负荷需求侧响应实际案例,得 3 分。

(3)具有设备预测性维护功能。评价总分值为 10 分,应按下列规则分别评分并累计:

①设置大型设备健康指数,衡量设备健康性能,建立设备健康档案,录入设备健康基础数据,系统能够按照规则自动对设备健康做评估打分,能给出设备健康报告,得 4 分;

②具有设备故障诊断的模型和算法,有效实现预测性故障诊断,得 4 分;

③通过设置阈值,系统自动预警,得 2 分。

(4)智慧建筑综合服务平台与相关设备间的数据传输应通过加密方式实现。评价总分值为 10 分,应按下列规则分别评分并累计:

①数据安全保护采用国产密码算法,得 5 分;

②智慧建筑网关等设施集成安全芯片,得 5 分。

（5）将 5G、大数据、人工智能、区块链、数字孪生等技术应用在智慧建筑的其他特色与创新应用,每项最高 10 分,最多不超过 6 项。

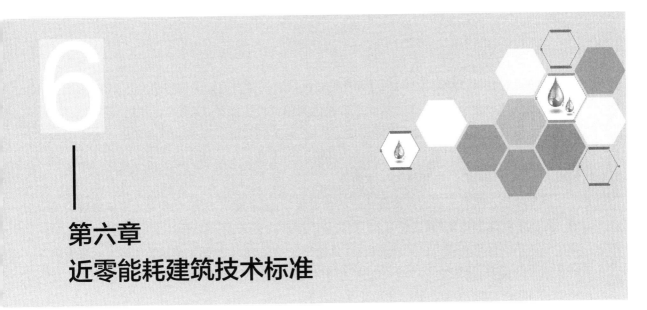

第六章
近零能耗建筑技术标准

第一节　概述

一、发展历程

我国的建筑节能工作经历了 30 年的发展,现阶段建筑节能 65% 的设计标准已经基本普及,建筑节能工作减缓了我国建筑能耗随城镇建设发展而持续高速增长的趋势,并提高了人们居住、工作和生活环境的质量。在全球齐力推动建筑节能工作迈向下一阶段的过程中,很多国家针对近零能耗建筑提出了相似但不同的定义,主要有超低能耗建筑、近零能耗建筑、(净)零能耗建筑。

我国近零能耗建筑标准体系的建立,既要和我国 1986 年到 2016 年的建筑节能 30%、50%、65% 的三步走战略进行合理衔接,又要和我国 2025、2035、2050 中长期建筑能效提升目标有效关联;既要和主要国际组织和发达国家的名词保持基本一致,为今后从并跑走向领跑奠定基础,也要形成我国自有技术体系,指导建筑节能相关行业发展。

二、基本定义

在迈向零能耗建筑的过程中,根据能耗目标实现的难易程度表现为三种形式,即超低能耗建筑、近零能耗建筑及零能耗建筑。其中,超低能耗建筑的节能水平略低于近零能耗建筑,是近零能耗建筑的初级表现形式;零能耗建筑能够达到能源产需平衡,是近零能耗建筑的高级表现形式。超低能耗建筑、近零能耗建筑、零能耗建筑三者之间在控制指标上相互关联,在技术路径上具有共性要求,如图 6-1 所示。

近零能耗建筑以能耗为控制目标,首先通过被动式建筑设计降低建筑冷热需求,提高建筑用能系统效率降低能耗,在此基础上再通过利用可再生能源,实现超低能耗、近零能耗和零能耗。近零能耗建筑以超低能耗建筑为基础,是达到零能耗建筑的准备阶段。近零能耗建筑在满足能耗控制目标的同时,其室内环境参数应满足较高的热舒适水平,具有健康、舒适的室内环境是近零能耗建筑的基本前提。

超低能耗建筑是实现近零能耗建筑的预备阶段,除节能水平外,均满足近零能耗建筑要求。超低能耗建筑是较"低能耗建筑"更高节能标准的建筑,是现阶段不借助可再生能源,依靠建筑技术的优化利用可以实现的目标,其建筑能效在 2016 年国家建筑节能标准水平上有较大水平的提升,建筑室内环境更加舒适,其供暖、通风、空调、照明、生活热水、电梯能耗应较 2016 年国家建筑节能设计标准降低 50% 以上。

零能耗建筑是近零能耗建筑发展的更高层次。零能耗建筑并不是指建筑能耗为零,而是在近零能耗建筑基础上,通过充分利用可再生能源,实现建筑用能与可再生能源产能的平衡。可再生能源产能包括建筑本体及周边的可再生能源的产能量,建筑周边的可再生能源通常指区域内同一业主或物业公司所拥有或管理的区域,可将可再生能源发电通过专用输电线路输送至建筑使用。

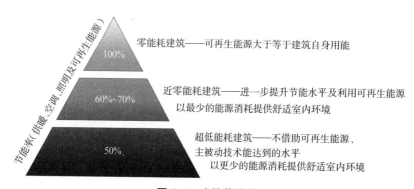

图 6-1　建筑节能率

三、标准适用及相关规定

本近零能耗建筑标准适用于近零能耗建筑的设计、施工、运行和评价,是民用建筑的统一要求,适用于新建居住建筑和公共建筑,也适用于改造的居住建筑和公共建筑。

综合国内外发展经验,在建筑迈向更低能耗的方向上,基本技术路径是一致的,即通过被动式设计降低建筑冷热需求和提升主动式能源系统的能效达到超低能耗。在此基础上,利用可再生能源对建筑能源消耗进行平衡和替代达到近零能耗。有条件时,宜实现零能耗。

第二节　室内环境参数

一、室内热湿环境

以满足人体热舒适为目的,室内热湿环境也制定了相应的参数。室内热湿环境主要是指建筑室内的温度、相对湿度(表6-1),这些参数直接影响室内的热舒适水平和建筑能耗,其他工艺性建筑空间的室内环境参数则按具体工艺要求确定。

表6-1　建筑主要房间室内热湿环境参数

室内热湿环境参数	冬季	夏季
温度(℃)	≥20	≤26
相对湿度(%)	≥30	≤60

注:(1)冬季室内相对湿度不参与设备选型和能效指标的计算。
　　(2)当严寒地区不设置空调设施时,夏季室内热湿环境参数可不参与设备选型和能效指标的计算;当夏热冬暖和温和地区不设置供暖设施时,冬季室内热湿环境参数可不参与设备选型和能效指标的计算。

近零能耗建筑具有很好的气密性并利用新风热回收系统实现热交换,在冬季室内外温差较大的地区比普通建筑在保持室内相对湿度方面具有明显优势,可以有效避免冬季由于冷风渗透造成的室内空气相对湿度的降低。

当然,在一些气候区,近零能耗建筑可以不使用主动供暖或供冷系统也可以保证室内有很好的舒适度。即在严寒地区,一些近零能耗建筑可以仅通过被动式技术就可以保证夏季室内拥有良好的室内环境,或是在夏热冬暖和部分温和气候区,良好的围护结构使得冬季不必采用主动供暖系统,以改善冬季室内温度偏低的情况。

二、空气质量

室内空气质量也是室内的主要环境影响因素,衡量室内空气质量的一个重要标准是新风量。本标准规定居住建筑主要房间的室内新风量不应小于30 m³/(h·人)。

近零能耗建筑应当具备良好的自然通风能力。宜通过自然通风和机械通风相结合的方式,向室内提供充足的新鲜空气。当室外空气参数适宜通风时,自然通风可向室内提供充足的空气,保证室内良好的空气品质。当室外空气不适宜通风时,如室外温度过高或过低、雾霾严重,近零能耗建筑的机械通风系统可向室内提供充足的新鲜空气,保证全年室内良好的空气品质。

三、噪声

居住建筑室内噪声昼间不应大于 40 dB（A），夜间不应大于 30 dB（A）。酒店类建筑的室内噪声级、其他建筑类型的室内允许噪声级应符合现行国家标准的规定。

世界卫生组织（World Health Organization，WHO）通过对噪声与烦恼程度、语言交流、信息提取、睡眠干扰等关系的调研以及对噪声传递的研究，发布了噪声限值指南，见表6-2。

表6-2　世界卫生组织对住宅室内噪声的推荐值

具体环境	考虑因素	测量时段（h）	等效声级 dB（A）
住宅室内	语言干扰和烦恼程度	昼、晚 16	35
卧室	睡眠干扰	夜间 8	30

室内噪声不仅和建筑所处的声功能区、周边噪声源的情况有关，而且和建筑本身的隔声设计密切相关。近零能耗建筑采用高性能的建筑部品，应具有较好的隔声能力。根据国内外的标准和现有隔声技术情况，确定了近零能耗建筑应具备较高水平的室内声环境。

总之，近零能耗建筑应通过技术手段控制室内自身的噪声源和来自室外的噪声。因为室内噪声源一般为通风空调设备、电器设备等；室外噪声源则包括来自建筑外部的噪声，如周边交通噪声、社会生活噪声、工业噪声等，所以设计过程中应计算外墙、楼板、分户墙、门窗的隔声性能，验证建筑室内的声环境是否满足要求。

第三节　能效指标

能效指标是判别建筑是否达到近零能耗建筑标准的约束性指标。能效指标中能耗的范围为供暖、通风、空调、照明、生活热水、电梯系统的能耗和可再生能源利用量。能效指标包括建筑能耗综合值、可再生能源利用率和建筑本体性能指标三部分，三者需要同时满足要求。

能效指标确定主要基于以下原则：第一，在现有建筑节能水平上大幅度提高，尤其在严寒和寒冷地区，对于居住建筑可不采用传统供暖系统，夏热冬冷地区在不设置供暖设施的前提下，冬季室内环境大幅改善；第二，建筑实际能耗在现有基础上大幅度降低；第三，能耗水平基本与国际相近气候区持平。能效指标是在对典型建筑模型优化分析计算基础上，结合国内外工程实践，经综合比较确定得出的。指标确定的控制逻辑为通过充分利用自然资源、采用高性能的围护结构、自然通风等被动式技术降低建筑用能需求。在此基础上，利用高效的供暖、空调及照明技术降低建筑的供暖空调和照明系统的能源消耗，同时建筑内使用高效的用能设备和利用可再生能源，降低建筑总能源消耗。

表 6-3 和表 6-4 列出了近零能耗居住建筑和公共建筑的能效指标。

表 6-3　近零能耗居住建筑能效指标

建筑能耗综合值		$\leqslant$55 kW·h/(m²·a)或$\leqslant$6.8 kgce/(m²·a)				
建筑本体性能指标	供暖年耗热量[kW·h/(m²·a)]	严寒地区	寒冷地区	夏热冬冷地区	温和地区	夏热冬暖地区
		$\leqslant$18	$\leqslant$15	$\leqslant$8		$\leqslant$5
	供冷年耗热量[kW·h/(m²·a)]	$\leqslant$3+1.5×WDH_{20}+2.0×DDH_{28}				
	建筑气密性(换气次数 N_{50})	$\leqslant$0.6		$\leqslant$1.0		
	可再生能源利用率	$\geqslant$10%				

注:(1)建筑本体性能指标中的照明、生活热水、电梯系统能耗通过建筑能耗综合值进行约束,不做分项限值要求;

(2)本表适用于居住建筑中的住宅类建筑,面积的计算基准为套内使用面积;

(3)WDH_{20}(Wet-bulb Degree Hours 20 ℃)为一年中室外湿球温度高于 20 ℃时刻的湿球温度与 20 ℃差值的逐时累计值(单位:kK·h,千度小时);

(4)DDH_{28}(Dry-bulb Degree Hours 28 ℃)为一年中室外干球温度高于 28 ℃时刻的干球温度与 28 ℃差值的逐时累计值(单位:kK·h,千度小时)。

表 6-4　近零能耗公共建筑能效指标

建筑综合节能率		$\geqslant$60%				
建筑本体性能指标	建筑本体节能率	严寒地区	寒冷地区	夏热冬冷地区	温和地区	夏热冬暖地区
		$\geqslant$30%		$\geqslant$20%		
	建筑气密性(换气次数 N_{50})	$\leqslant$1.0		—		
	可再生能源利用率	$\geqslant$10%				

注:本表也适用于非住宅类居住建筑。

由于不同气候区不同类型的公共建筑能耗强度差别很大,分气候区和建筑类型约束绝对能耗强度,以建筑综合节能率作为近零能耗建筑的约束性指标,能提高能效指标的适用性和有效性。不同地区部分城市的近零能耗建筑的建筑能耗综合值见表 6-5。

表 6-5　近零能耗公共建筑的建筑能耗综合值　　单位:kW·h/(m²·a)

城市	小型办公建筑	大型办公建筑	小型酒店建筑	大型酒店建筑	商场建筑	医院建筑	学校建筑（教学楼）	学校建筑（图书馆）
哈尔滨	64	75	69	81	113	119	64	65
沈阳	58	70	66	80	113	114	63	61
北京	59	73	71	85	127	123	74	65
驻马店	57	76	75	90	139	128	82	70
上海	57	79	78	96	148	135	87	74
武汉	55	75	77	90	148	131	81	74

城市	小型办公建筑	大型办公建筑	小型酒店建筑	大型酒店建筑	商场建筑	医院建筑	学校建筑（教学楼）	学校建筑（图书馆）
成都	55	75	76	87	149	135	86	73
韶关	60	84	86	104	172	148	98	81
广州	65	92	95	119	197	173	112	94
昆明	12	58	60	67	113	104	54	54

注：表中数据基于典型建筑计算确定，其中，小型办公建筑和小型酒店建筑为建筑面积小于1 000 m²的板式建筑，其他类型建筑为建筑面积大于2 000 m²的典型建筑。

除了近零能耗居住和公共建筑的能效指标，本标准同样给出了超低能耗居住和公共建筑的能效指标，见表6-6和表6-7。

表6-6 超低能耗居住建筑能效指标

建筑能耗综合值		≤65 kW·h/(m²·a)或≤8.0 kgce/(m²·a)				
建筑本体性能指标	供暖年耗热量[kW·h/(m²·a)]	严寒地区	寒冷地区	夏热冬冷地区	温和地区	夏热冬暖地区
		≤30	≤20	≤10		≤5
	供冷年耗热量[kW·h/(m²·a)]	≤3.5+2.0×WDH_{20}+2.2×DDH_{28}				
	建筑气密性（换气次数 N_{50}）	≤0.6		≤1.0		

注：（1）建筑本体性能指标中的照明、生活热水、电梯系统能耗通过建筑能耗综合值进行约束，不做分项限值要求；

（2）本表适用于居住建筑中的住宅类建筑，面积的计算基准为套内使用面积；

（3）WDH_{20}（Wet-bulb Degree Hours 20 ℃）为一年中室外湿球温度高于20 ℃时刻的湿球温度与20 ℃差值的逐时累计值（单位：kK·h，千度小时）；

（4）DDH_{28}（Dry-bulb Degree Hours 28 ℃）为一年中室外干球温度高于28 ℃时刻的干球温度与28 ℃差值的逐时累计值（单位：kK·h，千度小时）。

表6-7 超低能耗公共建筑能效指标

建筑综合节能率		≥50%				
建筑本体性能指标	建筑本体节能率	严寒地区	寒冷地区	夏热冬冷地区	温和地区	夏热冬暖地区
		≥25%		≥20%		
	建筑气密性（换气次数 N_{50}）	≤1.0		—		
	可再生能源利用率	≥10%				

注：本表也适用于非住宅类居住建筑。

对于零能耗建筑，它的本质是以年为平衡周期，极低的建筑终端能源消耗全部由本体和周边可再生能源产能补偿。不同类型的能源应折算到标准煤当量。建筑本体和周边未被建筑消耗的可再生能源可以输出到电网或提供给其他建筑使用，用来平衡建筑终端能耗中由

建筑环境与能源工程技术标准概论

外界提供的能耗。实现零能耗,极低的建筑终端能源消耗量是基础,建筑本体和周边充足的可再生能源产能则是必要条件。

第四节　技术参数和技术措施

一、技术参数

1. 围护结构

近零能耗建筑标准对围护结构也进行了详细的技术参数规定。因为近零能耗建筑节能设计以能效指标为能耗约束目标,因此根据不同地区和不同建筑的具体情况,非透光围护结构的传热系数限值不应该是唯一的,可以通过结合其他部位的节能设计要求进行调整,见表6-8。

表 6-8　居住建筑非透光围护结构平均传热系数

围护结构部位	传热系数 $K[kW \cdot h/(m^2 \cdot a)]$				
	严寒地区	寒冷地区	夏热冬冷地区	夏热冬暖地区	温和地区
屋面	0.10~0.15	0.10~0.20	0.15~0.35	0.25~0.40	0.20~0.40
外墙	0.10~0.15	0.15~0.20	0.15~0.40	0.30~0.80	0.20~0.80
地面及外挑楼板	0.15~0.30	0.20~0.40	—	—	—

相对居住建筑来说,公共建筑的非透光围护结构传热系数推荐值范围更宽,要求更低一些。表6-9列出了20 000 m²以下的公共建筑的推荐参考值范围,而对于20 000 m²以上公共建筑其参考意义相对变弱。

表 6-9　公共建筑非透光围护结构平均传热系数

围护结构部位	传热系数 $K[kW \cdot h/(m^2 \cdot a)]$				
	严寒地区	寒冷地区	夏热冬冷地区	夏热冬暖地区	温和地区
屋面	0.10~0.20	0.10~0.30	0.15~0.35	0.30~0.60	0.20~0.60
外墙	0.10~0.25	0.10~0.30	0.15~0.40	0.30~0.80	0.20~0.80
地面及外挑楼板	0.20~0.30	0.25~0.40	—	—	—

近零能耗建筑标准也对分隔供暖空间和非供暖空间的非透光围护结构平均传热系数做了相关规定(表6-10),补充说明的是这里所指的非供暖空间不含室外空间。

表 6-10　分隔供暖空间和非供暖空间的非透光围护结构平均传热系数

围护结构部位	传热系数 $K[kW \cdot h/(m^2 \cdot a)]$	
	严寒地区	寒冷地区
楼板	0.20~0.30	0.30~0.50
隔墙	1.00~1.20	1.20~1.50

当然,近零能耗建筑对气密性也有较高要求。其外门窗气密性能应符合下列规定:外窗气密性能不宜低于 8 级;外门、分隔供暖空间与非供暖空间的户外气密性能不宜低于 6 级。抗风压性能指标和水密性能指标与建筑外门窗使用地区、建筑高度等密切相关,但与节能性能无直接相关性,故符合相应标准规定即可。

近零能耗建筑外窗热工性能要求应区分居住建筑和公共建筑。冬季供暖地区应提高冬季建筑外窗的综合太阳得热系数以减少供暖能耗,居住建筑与公共建筑的相关参数见表 6-11 和表 6-12。夏季空调地区应降低夏季综合太阳得热系数以减少制冷能耗。而夏热冬暖地区的东西向不宜设置透光幕墙。

表 6-11　居住建筑外窗(包括透光幕墙)传热系数和太阳得热系数

性能参数		严寒地区	寒冷地区	夏热冬冷地区	夏热冬暖地区	温和地区
传热系数 $K[kW \cdot h/(m^2 \cdot a)]$		≤1.0	≤1.2	≤2.0	≤2.5	≤2.0
太阳得热系数 SHGC	冬季	≥0.45	≥0.45	≥0.40	—	≥0.40
	夏季	≤0.30	≤0.30	≤0.30	≤0.15	≤0.30

注:太阳得热系数为包括遮阳(不含内遮阳)的综合太阳得热系数。

表 6-12　公共建筑外窗(包括透光幕墙)传热系数和太阳得热系数

性能参数		严寒地区	寒冷地区	夏热冬冷地区	夏热冬暖地区	温和地区
传热系数 $K[kW \cdot h/(m^2 \cdot a)]$		≤1.2	≤1.5	≤2.2	≤2.8	≤2.2
太阳得热系数 SHGC	冬季	≥0.45	≥0.45	≥0.40	—	—
	夏季	≤0.30	≤0.30	≤0.15	≤0.15	≤0.30

注:太阳得热系数为包括遮阳(不含内遮阳)的综合太阳得热系数。

建筑中外门占围护结构比例较小,本标准中规定,严寒地区和寒冷地区外门透光部分宜符合上表中外窗(包括透光幕墙)的规定;严寒地区外门非透光部分的传热系数 K 不宜大于

1.2 W/（ m²·K）,寒冷地区外门非透光部分的传热系数 K 不宜大于 1.5 W/（ m²·K）。

分隔供暖与非供暖空间的户门多为室内空间与户外公共楼梯间的门,本标准中规定,严寒地区分隔供暖与非供暖空间的户门的传热系数 K 不宜大于 1.3 W/（ m²·K）,寒冷地区分隔供暖与非供暖空间的户门的传热系数 K 不宜大于 1.6 W/（ m²·K）。

门窗洞口尺寸的非标准化是阻碍我国建筑门窗工业化发展的重要瓶颈,近零能耗建筑是我国建筑节能发展的重要方向,本标准在建筑门窗标准化方面也做出示范引导。门窗洞口尺寸应符合现行国家标准《建筑门窗洞口尺寸系列》（ GB/T 5824—2021 ）规定的建筑门洞口尺寸和窗洞口尺寸,并应优先选用现行国家标准《建筑门窗洞口尺寸协调要求》（ GB/T 30591—2014 ）规定的常用标准规格的门、窗洞口尺寸。

外窗和遮阳主要解决保温、隔热、采光等问题,由于我国地域广大,气候复杂,因此各地进行外窗和遮阳装置性能选择时,应综合考虑夏季遮阳、冬季得热和天然采光的需求。

2. 能源设备和系统

当采用分散式房间空气调节器作为冷热源时,宜采用转速可控型产品,其能效等级应参考国家标准《房间空气调节器能效限定值及能效等级》（ GB 21455—2019 ）中能效等级的一级要求,见表 6-13。

表 6-13 分散式房间空气调节器能效指标

类型	制冷季节能源消耗效率[W·h/（ W·h）]
单冷式	5.40
热泵型	4.50

对于居住建筑,当供暖热源为燃气时,考虑分散式系统具有较高能效,且为了适应居住的使用习惯,便于控制,采用户式燃气供暖热水炉是一种较好的技术方案,其热效率见表 6-14。

表 6-14 户式燃气供暖热水炉的热效率

类型		热效率
户式供暖热水炉	η_1	99%
	η_2	95%

注:η_1 为供暖炉额定热负荷和部分热负荷（ 热水状态为 50% 的额定热负荷,供暖状态为 30% 的额定热负荷 ）下两个热效率值中的较大值,η_2 为较小值。

为提高能源利用效率,空气源热泵性能系数在现行节能设计标准建议值上均有所提高,见表 6-15。

表 6-15　空气源热泵机组性能参数

类型	低环境温度名义工况下的性能参数 COP
热风型	2.00
热水型	2.30

当采用多联式空调(热泵)机组时,它的制冷综合性能系数 $IPLV(C)$ 数值应比国家标准《公共建筑节能设计标准》(GB 50189—2015)的要求大幅提高,见表 6-16。目前,主流厂家的高能效产品的制冷综合性能系数均超过 6.0。多联式空调(热泵)机组的全年性能系数 APF 能更好地考核多联机在制冷及制热季节的综合节能性,见表 6-17。

表 6-16　多联式空调(热泵)机组制冷综合性能系数

类型	制冷综合性能系数 $IPLV(C)$
多联式空调(热泵)	6.0

表 6-17　多联式空调(热泵)机组能源效率等级指标

类型	能效等级 APF[W·h/(W·h)]
多联式空调(热泵)	4.5

近年来,我国锅炉设计制造水平有了很大的提高,为保证运行效率也提出了相关要求,见表 6-18。

表 6-18　燃气锅炉的热效率

性能参数	锅炉额定蒸发量 D(t/h)/额定热功率 Q(MW)	
	$D{\leq}2.0/Q{\leq}1.4$	$D{>}2.0/Q{>}1.4$
锅炉的热效率	≥92%	≥94%

提高制冷、制热性能系数是降低建筑供暖、空调能耗的主要途径之一。故必须对设备的效率提出设计要求,见表 6-19 和表 6-20。

表 6-19　冷水(热泵)机组的制冷性能参数

类型	性能参数 COP(W/W)
水冷式	6.00
风冷或蒸发冷却式	3.40

表 6-20 冷水(热泵)机组的综合部分负荷性能系数

类型	综合部分负荷性能系数 IPLV
水冷式	7.50
风冷或蒸发冷却式	4.00

热回收效率是评价热回收装置换热性能的主要指标。风热回收装置换热性能应符合下列规定:显热型显热交换效率不应低于 75%;全热型全热交换效率不应低于 70%。设计师可依据性能化设计原则和项目实际情况,选取新风热回收装置类型和性能参数。

随着建筑供冷供暖需求的下降,通风能耗占比逐渐提高,单位风量耗功率也是评价的主要参数。对居住建筑而言,户式热回收装置单位风量风机耗功率不应高于 0.45 W/(m²·h),新风单位风量耗功率不应大于 0.45 W/(m³·h)。对于公共建筑而言,单位风量耗功率满足相关规定即可。

对于新风热回收系统,应设置空气净化装置,装置对大于或等于 0.5 μm 细颗粒物的一次通过计数效率宜高于 80%,且不应低于 60%,其等级应满足《空气过滤器》(GB/T 14295—2019)的相关效率要求,在能量交换部件排风侧迎风面应布置过滤效率不低于 C4 的过滤装置,在新风侧迎风面应布置过滤效率不低于 Z1 的过滤装置,且过滤装置可以便捷地更换或清洗。

二、技术措施

1. 设计

1)性能化设计方法

近零能耗建筑设计是以最大限度降低建筑能源消耗为目标,在建造成本、工期、技术可行性、持有成本、建筑耐久性、设计建造水平等约束下,进行优化决策的设计过程。它应以目标为导向,以"被动优先,主动优化"为原则,结合不同地区气候、环境、人文特征,根据具体建筑使用功能要求,采用性能化的设计方法,因地制宜地制订近零能耗建筑技术策略。

性能化设计强调使用协同设计的组织形式。协同设计明确设计协调人,对设计进程进行总体协调,建筑及各专业、成本管理、开发单位、建设单位等各方形成协同设计工作小组,对项目进行全面把控。

性能化设计方法应贯穿近零能耗建筑设计的全过程。建筑的关键性能参数选取基于性能定量分析结果,而不是从规范中直接选取,它应根据本标准规定的室内环境参数和能效指标要求,并应利用能耗模拟计算软件等工具,优化确定建筑设计方案。性能化设计与传统的指令性设计差异见表 6-21。

表 6-21　性能化设计与指令式设计的差异

性能化设计	指令性设计
面向建筑性能,给出满足性能目标的参数和指标要求	直接从规范中选定设计参数
关注设计、建造及运行全过程	主要关注建筑设计
所提供的措施只要是能证明合适的就允许采用,为设计提供创造空间	原则上采用规范中所规定的方法或措施
强调建筑整体有机集成	重视细节,轻视整体

近零能耗建筑的性能化设计是与建筑设计流程相协调的。这重点明确了性能化设计的流程。其中定量化设计分析与优化是其主要内容,如图 6-2 所示。

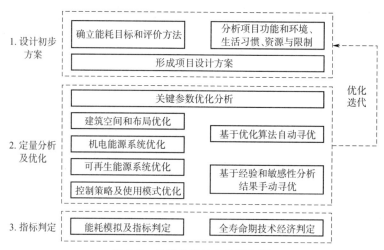

图 6-2　性能化设计方法框架图

性能化设计应以定量分析及优化为核心,应对建筑和设备的关键参数进行建筑负荷及能耗的敏感性分析,并在此基础上,结合建筑全寿命期的经济效益分析,进行技术措施和性能参数的优化选取。

2)规划与建筑方案设计

城市及建筑群的规划设计与建筑节能关系密切。城市及建筑群的总体规划应有利于营造适宜的微气候。应通过优化建筑空间布局,合理选择和利用景观、生态绿化等措施,夏季增强自然通风、减少热岛效应,冬季增加日照,避免冷风对建筑的影响。建筑的主朝向宜为南北朝向,主入口宜避开冬季主导风向。

而建筑方案设计应根据建筑功能和环境资源条件,以气候环境适应性为原则,以降低建筑供暖年耗热量和供冷年耗冷量为目标,充分利用天然采光、自然通风以及围护结构保温隔热等被动式建筑设计手段降低建筑的用能需求。

建筑设计宜采用简洁的造型、适宜的体形系数和窗墙比、较小的屋顶透光面积比例。体形系数越小,单位建筑面积对应的外表面积越小,外围护结构的传热损失越少。窗墙面积比既是影响建筑能耗的重要因素,也受到建筑日照、采光、自然通风等满足室内环境要求的制约。外窗和屋顶透光部分的传热系数远大于外墙,窗墙面积比越大,外窗在外墙面上的面积比例越高,越不利于建筑节能,因此在近零能耗建筑设计时,应考虑外窗朝向的不同对窗墙比的要求。

夏季过多的太阳得热会导致冷负荷上升,因此外窗应考虑采取遮阳措施。遮阳设计应根据房间的使用要求、窗口朝向及建筑安全性综合考虑。可采用可调或固定等遮阳措施,也可采用可调节太阳得热系数的调光玻璃进行遮阳。南向宜采用可调节外遮阳、可调节中置遮阳或水平固定外遮阳的方式。东向和西向外窗宜采用可调节外遮阳设施。

建筑进深对建筑照明能耗影响较大,建筑进深选择应考虑天然采光效果。进深较大的房间,应设置采光中庭、采光竖井、光导管等设施,改善天然采光效果。

地下空间宜采用设置采光天窗、采光侧窗、下沉式广场(庭院)、光导管等措施,充分利用自然光。这些措施可改善地下车库等地下空间的采光,减少照明光源的使用,降低照明能耗。

建筑设计宜采用建筑光伏一体化系统。在近零能耗建筑设计时,宜结合建筑立面及屋顶造型效果,设置单晶硅、多晶硅、薄膜等多种光伏组件,充分利用太阳能资源。

3)热桥处理

在近零能耗建筑节能设计时,必须对围护结构热桥进行处理,近零能耗建筑中的热桥影响占比远远超过普通节能建筑,因此热桥处理是实现建筑超低能耗目标的关键因素之一。在建筑围护结构设计时,应进行消除或削弱热桥的专项设计,围护结构保温层应连续。

外墙热桥处理应符合下列规定。①结构性悬挑、延伸等宜采用与主体结构部分断开的方式。②外墙保温为单层保温时,应采用锁扣方式连接;为双层保温时,应采用错缝粘结方式。③墙角处宜采用成型保温构件。④保温层采用锚栓时,应采用断热桥锚栓固定。⑤应避免在外墙上固定导轨、龙骨、支架等可能导致热桥的部件;确需固定时,应在外墙上预埋断热桥的锚固件,并宜采用减少接触面积、增加隔热间层及使用非金属材料等措施降低传热损失。⑥穿墙管预留孔洞直径宜大于管径100 mm以上;墙体结构或套管与管道之间应填充保温材料。

外遮阳在需要可靠连接的同时也成为破坏窗墙结合部保温构造的潜在危险因素之一,因此外遮阳的设计必须与外墙和外窗的节能设计联合起来。外门窗及其遮阳设施热桥处理应符合下列规定。①外门窗安装方式应根据墙体的构造方式进行优化设计,当墙体采用外保温系统时,外门窗可采用整体外挂式安装,门窗框内表面宜与基层墙体外表面齐平,门窗位于外墙外保温层内;装配式夹心保温外墙,外门窗宜采用内嵌式安装方式;外门窗与基层墙体的连接件应采用阻断热桥的处理措施。②外门窗外表面与基层墙体的连接处宜采用防水透汽材料密封,门窗内表面与基层墙体的连接处应采用气密性材料密封。③窗户外遮阳设计应与主体建筑结构可靠连接,连接件与基层墙体之间应采取阻断热桥的处理措施。

屋面热桥处理,应符合下列规定。①屋面保温层应与外墙的保温层连续,不得出现结构性热桥;当采用分层保温材料时,应分层错缝铺贴,各层之间应有粘结。②屋面保温层靠近室外一侧应设置防水层;屋面结构层上,保温层下应设置隔汽层;屋面隔汽层设计及排气构造设计应符合现行国家标准《屋面工程技术规范》(GB 50345—2012)的规定。③女儿墙等突出屋面的结构体,其保温层应与屋面、墙面保温层连续,不得出现结构性热桥;女儿墙、土建风道出风口等薄弱环节,宜设置金属盖板,以提高其耐久性,金属盖板与结构连部位,应采取避免热桥的措施。④穿屋面管道的预留洞口宜大于管道外径 100 mm 以上;伸出屋面外的管道应设置套管进行保护,套管与管道间应填充保温材料。⑤落水管的预留洞口宜大于管道外径 100 mm 以上,落水管与女儿墙之间的空隙宜使用发泡聚氨酯进行填充。

地下室和地面热桥处理应符合下列规定。①地下室外墙外侧保温层应与地上部分保温层连续,并应采用吸水率低的保温材料;地下室外墙外侧保温层应延伸到地下冻土层以下,或完全包裹住地下结构部分;地下室外墙外侧保温层内部和外部宜分别设置一道防水层,防水层应延伸至室外地面以上适当距离。②无地下室时,地面保温与外墙保温应连续、无热桥。

4)建筑气密性

在围护结构设计时,也应进行气密性专项设计。建筑围护结构气密层应连续并包围整个外围护结构,建筑设计施工图中应明确标注气密层的位置。

对近零能耗建筑来说,在正常的设计和施工条件下,外门窗的气密性对建筑整体的气密性影响较大,做好外门窗的气密性是实现建筑整体气密性目标的基础之一。所以建筑设计应选用气密性等级高的外门窗,外门窗与门窗洞口之间的缝隙应做气密性处理。气密层设计应依托密闭的围护结构层,并应选择适用的气密性材料。

围护结构洞口、电线盒、管线贯穿处等易发生气密性问题的部位应进行节点设计,并应对气密性措施进行详细说明;穿透气密层的电力管线等宜采用预埋穿线管等方式,不应采用桥架敷设方式;不同围护结构的交界处以及排风等设备与围护结构交界处应进行密封节点设计,并应对气密性措施进行详细说明。

5)供热供冷系统

选择供热供冷系统的冷热源时,应综合经济技术因素进行性能参数优化和方案比选,并宜符合下列规定。①严寒地区采用分散供暖时,可采用燃气供暖炉;采用集中供暖时,宜以地源热泵、工业余热或生物质锅炉为热源,并采用低温供暖方式。②寒冷地区、夏热冬冷地区宜采用地源热泵或空气源热泵。③夏热冬暖地区宜采用磁悬浮机组等更高能效的供冷设备。

应对供热供冷系统进行性能参数优化设计,性能参数优化可包括冷热源机组的性能系数、输配和末端系统形式、热回收机组的热回收效率等关键影响因素。

供热供冷系统设计应符合下列规定:①应优先选用高能效等级的产品,并应提高系统能效;②应有利于直接或间接利用自然冷源;③应考虑多能互补集成优化;④应根据建筑负荷灵活调节;⑤应优先利用可再生能源;⑥应兼顾生活热水需求。

建筑暖通空调系统的负荷变化幅度较大,满负荷运行时间占比不高,进行变负荷调节时往往为变速调节。而在各种变速调节形式中,变频调速的节能效果最佳,所以循环水泵、通风机等用能设备应采用变频调速。另外,变频调速还具有启动方便、延长设备寿命、运行噪声低等附加收益。

近零能耗建筑热湿比出现变化时,采用传统冷冻除湿方法进行新风处理,可能导致送风温度过低,需要对新风进行再热处理,因而导致能耗增加,因此需要优化确定。应根据建筑冷热负荷特征,优化确定新风再热方案或采取适宜的除湿技术措施。除冷冻除湿外,还包括液体除湿、固体吸附式除湿、转轮除湿和膜法除湿等方式。

6)新风热回收及通风系统

近零能耗建筑应设置新风热回收系统,新风热回收系统设计应考虑全年运行的合理性及可靠性。

高效新风热回收系统通过排风和新风之间的能量交换,回收利用排风中的能量,进一步降低供暖供冷需求,是实现近零能耗目标的必要技术措施。

新风热回收装置类型应结合其节能效果和经济性综合考虑确定,设计时应采用高效热回收装置。新风热回收装置按换热类型分为全热回收型和显热回收型两类。由于能量回收原理和结构不同,有板式、转轮式、热管式和溶液吸收式等多种形式。

新风热回收系统宜设置低阻高效的空气净化装置。在室外空气质量不理想时,在新风热回收系统中设置低阻高效的空气净化装置,不仅可为室内提供更加洁净的新鲜空气,也可有效降低室外污染空气对室内空气品质的影响;同时也可减缓热回收装置因积尘造成的换热效率下降。

严寒和寒冷地区新风热回收系统应采取防冻及防结霜措施,当新风温度过低时,热交换装置容易出现冷凝水结冰或结霜,堵塞蓄热体气流通道或者阻碍蓄热体旋转,影响热回收效果。可安装温度传感器,当进风温度低于限定值时,启动预加热装置,降低转轮转速或开启旁通阀门。

居住建筑新风系统宜分户独立设置,并应按用户需求供应新风量。设计中也可以根据户型面积、房屋产权及管理形式进行合理设计。

新风系统宜设置新风旁通管,当室外温湿度适宜时,新风可不经过热回收装置直接进入室内。设置旁通管,可以根据最小经济温差(焓差)控制新风热回收装置的开启,降低能耗。

在与室外连通的新风、排风和补风管路上,均应设置保温密闭型电动风阀,并应与系统联动。新风热回收、排油烟机等机组未开启时,与室外连通的风管上设置的保温密闭型电动风阀应关闭严密,不得漏风。

居住建筑厨房宜设置独立补风系统,并应符合下列规定:①补风宜从室外直接引入,补风管道应保温,并应在入口处设保温密闭型电动风阀,且电动风阀应与排油烟机联动;②补风口应尽可能设置在灶台附近。厨房在做饭时间会产生大量的油烟和水蒸气,且瞬时通风量大,应设立独立的排油烟补风系统,降低厨房排油烟导致的冷热负荷。故厨房宜安装闭门器,避免厨房通风影响其他房间的气流组织和送排风平衡。设计中,应对补风管道尺寸进行校核,避免补风口流速过高造成的噪声问题,也要防止结露,不影响油烟排放效果。

7)照明与电梯

照明时,应选择高效节能光源和灯具,并宜选择 LED 光源。当选用 LED 光源时,其性能稳定性、一致性方面应满足相关标准的要求。在降低照明能耗的同时,应保障视觉健康,光源颜色的选取应满足现行国家标准《建筑照明设计标准》(GB 50034—2013)的要求。

电梯能耗是建筑能耗的主要组成部分。电梯系统应采用节能的控制及拖动系统,并应符合下列规定:①当设有两台及以上电梯集中排列时,应具备群控功能;②电梯无外部召唤,且电梯轿厢内一段时间无预设指令时,应自动关闭轿厢照明及风扇;③宜采用变频调速拖动方式,高层建筑电梯系统可采用能量回馈装置。

8)监测与控制

为分析建筑各项能耗水平和能耗结构是否合理,监测关键用能设备能耗和效率,需要在系统设计时考虑建筑内各能耗环节均实现独立分项计量。

应设置室内环境质量和建筑能耗监测系统,对建筑室内环境关键参数和建筑分类分项能耗进行监测和记录,并应符合下列规定。①公共建筑应按用能核算单位和用能系统,以及用冷、用热、用电等不同用能形式,进行分类分项计量;居住建筑应对公共部分的主要用能系统进行分类分项计量,并宜对典型户的供暖供冷、生活热水、照明及插座的能耗进行分项计量,计量户数不宜少于同类型总户数的 2%,且不少于 5 户。②应对建筑主要功能空间的室内环境进行监测,对于公共建筑,宜分层、分朝向、分类型进行监测;对于居住建筑,宜对典型户的室内环境进行监测,计量户数不宜少于同类型总户数的 2%,且不少于 5 户。③当采用可再生能源时,应对其单独进行计量。④应对数据中心、食堂、开水间等特殊用能单位进行独立计量。⑤应对冷热源、输配系统、照明系统等关键用能设备或系统能耗进行重点计量。⑥宜对室外温湿度、太阳辐照度等气象参数进行监测。⑦宜对公共建筑使用人数进行统计。

楼宇自控系统可对建筑内的主要用能设备进行自动控制,是建筑节能的手段。应根据末端用冷、用热、用水等使用需求,自动调节主要供应设备和系统的运行工况。近零能耗建筑楼宇自控系统应实现传感、执行、控制、管理等功能。

近零能耗建筑应采用智能照明控制系统,实现照明系统的低能耗运行。智能照明控制系统中宜设置照度、人体存在等感应探测器,实现建筑照明的按需供给。

近零能耗建筑需要更精细的节能控制,节能控制宜以主要房间或功能区域为控制单元,实现暖通空调、照明和遮阳的整体集成和优化控制,并宜具有下列功能:①在一个系统内集成并收集温度、湿度、空气质量、照度、人体在室信息等与室内环境控制相关的物理量;②包含房间的遮阳控制、照明控制、供冷、供热和新风末端设备控制,相互之间优化联动控制;③在满足室内环境参数需求的前提下,以降低房间综合能耗为目的,自动确定房间控制模式,或根据用户指令执行不同的空间场景模式控制方案。

当有多种能源供给时,应根据系统能效对比等因素进行优化控制。采用可再生能源系统时,应优先利用可再生能源。

由于近零能耗建筑具有密闭性较好的围护结构,当外窗关闭时,新风系统成为室内外空气的主要交换通道,新风机组的运行控制应符合下列规定:①宜根据室内二氧化碳浓度变化,实现相应的设备启停、风机转速及新风阀开度调节;②宜设置压差传感器检测过滤器压差变化;③宜根据最小经济温差(焓差)控制新风热回收装置的旁通阀,或联动外窗开启进行自然通风;④严寒和寒冷地区的新风热回收装置应具备防冻保护功能;⑤宜提供触摸屏、移动端操作软件等便捷的人机界面。

根据室内二氧化碳浓度变化,进行相应的风机控制,是目前按需供应新风降低通风能耗的主要控制方式。在我国近零能耗建筑中,对于人员密集场所二氧化碳的体积浓度控制可参照表6-22取值。

表6-22 人员密集场所室内二氧化碳体积浓度要求

适用场所	室内二氧化碳体积浓度(1×10^{-6})
人员长期停留区域	900
人员短期停留区域	1 200

严寒和寒冷地区应采取防冻保护措施,当新风温度过低时,热交换装置容易出现冷凝水结冰,堵塞蓄热体气流通道或者阻碍蓄热体旋转。可在排风侧安装温度传感器,当进风温度低于限定值时,使用启动预加热装置、降低转轮转速或开启旁通阀门等措施。

2. 施工质量控制

建筑施工单位应针对热桥处理、气密性保障等关键环节制定专项施工方案,并进行现场实际操作示范。

围护结构保温工程是一个系统工程,在建筑围护结构保温工程施工时,应选用配套供应的保温系统材料和专业化施工工艺。对外保温结构体系,其型式检验报告中应包括外保温系统耐候性检验项目。

围护结构保温施工应符合下列规定。①保温施工应在基层处理、结构预埋件安装完成且验收合格后进行;在外墙保温施工前,外门窗应安装完毕并验收合格。②保温层应粘贴平整且无缝隙,其固定方式不应产生热桥;采用岩棉带薄抹灰外保温系统时,岩棉带的宽度不宜小于200 mm。③围护结构上的悬挑构件、穿墙和出屋面的管线及套管等部位应进行热桥处理。④装配式夹心保温外墙板的竖缝和横缝均应做热桥处理。

外门窗(包括天窗)应整窗进场。外门窗安装应符合下列规定:①安装前结构工程应已验收合格且门窗结构洞口应平整,门窗结构洞口尺寸允许偏差应符合表6-23的规定;②外门窗与基层墙体的连接件应进行阻断热桥的处理;③门窗洞口与窗框连接处应进行防水密封处理;④窗底应安装窗台板散水,窗台板两端及底部与保温层之间的缝隙应做密封处理;门洞窗洞上方应安装滴水线条。

表6-23　建筑门窗洞口尺寸允许偏差

项目	允许偏差(mm)
洞口宽度、高度	±10
洞口对角线	≤10
洞口的表面平整度、垂直度、洞口的平面位置、标高	≤10

当设计有外遮阳时,应在外窗安装完成后且外保温尚未施工时确定外遮阳的固定位置,并安装连接件。连接件与基层墙体之间应进行阻断热桥的处理。

围护结构气密性处理应符合下列规定:①气密性材料的材质应根据粘贴位置基层的材质和是否需要抹灰覆盖气密性材料进行选择;②建筑结构缝隙应进行封堵;③围护结构不同材料交界处,穿墙和出屋面管线、套管等空气渗漏部位应进行气密性处理;④气密性施工应在热桥处理之后进行。

装配式结构气密性处理应符合下列规定:①装配式剪力墙结构外墙板内叶板竖缝宜采用现浇混凝土密封方式,横缝应采用高强度灌浆料密封;②装配式框架结构外墙板内叶板竖缝和横缝均宜采用柔性保温材料封堵,并应在室内侧进行气密性处理;③外叶板竖缝和横缝处夹心保温层表面宜先设置防水透汽材料,再从板缝口填充直径略大于缝宽的通长聚乙烯棒,板缝口宜灌注耐候硅酮密封胶进行封堵;④装配式夹心外墙板与结构柱、梁之间的竖缝和横缝应在室内侧设置防水隔汽层,再进行抹灰等处理。

施工过程中宜对热桥及气密性关键部位进行热工缺陷和气密性检测,查找漏点并应及时修补。可借助红外摄像仪,对外门窗与墙体连接部位、外挑结构、女儿墙、管道穿外墙和屋面部位以及外围护结构上固定件的安装部位等典型热桥部位的处理效果进行检查。对门窗与墙连接等典型部位或典型房间进行局部气密性检测,及时发现薄弱环节,改善补救。在施工过程中,气密性检测可采用压差法或示踪气体法。

机电系统施工应符合下列规定:①机电系统安装应避免产生热桥和破坏气密层;②风系统所有敞开部位均应做防尘保护;③机组安装及管道施工过程中应做消声隔振处理。

机电系统施工除应符合国家现行施工质量验收规范外,还应重点控制以下环节。

①穿出气密区域的管道和电线等均应预留并做好断桥和气密性处理,避免因机电系统施工产生新热桥和影响围护结构的气密性;水系统管道、管件等均应做良好保温,尤其应做

好三通、紧固件和阀门等部位的保温,避免产生热桥。

②施工期间风系统所有敞开部位均应做防尘保护,包括风道、新风机组和过滤器。

③新风机安装应固定平稳,并有防松动措施,吊装时应有减振措施;风管与新风机应采用软管连接;室内管道固定支架与管道接触处应设置隔声垫,防止噪声产生及扩散,也可避免产生热桥;室内排水管道及其透气管均应进行隔声处理,可采用外包保温材料的方式进行隔声。

主要材料及设备进场时,应进行质量检查和验收,并符合设计要求。主要材料及设备宜包括下列内容:①保温材料,外墙保温材料进场检查项目,见表6-24;②外门窗、建筑幕墙(含采光顶)及外遮阳设施,外门窗、建筑幕墙(含采光顶)及外遮阳设施进场检查项目见表6-25;③防水透汽材料、气密性材料;④供暖与空调系统设备;⑤照明设备;⑥太阳能热利用或太阳能光伏发电系统设备等。

表6-24 外墙保温材料进场检查项目

序号	材料名称		检查项目
1	保温板	模塑聚苯板、挤塑聚苯板、硬泡聚氨酯板	厚度、导热系数、表观密度、垂直于板面的抗拉强度(仅限墙体)、燃烧性能、压缩强度(仅限地面、屋面)
		岩棉带	厚度、导热系数、表观密度、垂直于表面的抗拉强度、酸度系数
		真空绝热板	单位面积质量、导热系数、垂直于板面抗拉强度
2	复合保温板等墙体节能定型产品		传热系数或热阻、单位面积质量、拉伸粘结强度、燃烧性能(不燃材料除外)
3	保温砌块等墙体节能定型产品		传热系数或热阻、抗压强度、吸水率
4	反射隔热材料		太阳光反射比、半球发射率

表6-25 外门窗、建筑幕墙(含采光顶)及外遮阳设施进场检查项目

序号	材料名称	检查项目
1	外门窗	气密性、传热系数、中空玻璃的密封性能及露点、玻璃的太阳得热系数、可见光透射比
2	建筑幕墙(含采光顶)	幕墙玻璃的可见光透射比、传热系数、太阳得热系数、中空玻璃的露点;隔热型材的抗拉强度、抗剪强度
3	透光、部分透光遮阳材料	太阳光透射比、太阳光反射比
4	外遮阳设施	遮阳系数、抗风荷载

各道工序之间应进行交接检验,上道工序合格后方可进行下道工序,并做好隐蔽工程记录和影像资料。隐蔽工程检查应包括下列内容。

①外墙基层及其表面处理、保温层的敷设方式、厚度和板材缝隙填充情况,锚固件安装与热桥处理,网格布铺设情况,穿墙管线保温密封处理等。

②屋面、地面基层及其表面处理、保温层的敷设方式、厚度和板材缝隙填充质量,防水层

（隔汽、透汽）设置,雨水口部位、出屋面管道、穿地面管道的处理等。

③门窗、遮阳系统安装方式,门窗框与墙体结构缝的保温处理,窗框周边气密性处理,连接件与基层墙体间的断热桥措施等。

④女儿墙、窗框周边、封闭阳台、出挑构件、预埋支架等重点部位的施工做法。

在建筑主体施工结束,门窗安装完毕,内外抹灰完成后,精装修施工开始前,应进行建筑气密性检测,检测结果应满足气密性指标要求。

设备系统施工完成后,应进行联合试运转和调试,并应对供暖通风空调与照明系统节能性能以及可再生能源系统性能进行检测,检测结果应符合设计要求。

3. 运行与管理

建筑运行管理单位应针对高性能围护结构、新风热回收系统以及建筑用能系统的调节与控制制订专项运行管理方案,并应编制相应运行管理手册。运行管理手册应包含建筑围护结构构造特点及日常维护要求,设备系统的特点、使用条件、运行模式、参数记录及维护要求,二次装修应注意的事项等所有与建筑运行、维护、管理相关的信息。

建筑的运行与管理应在保证设备安全和满足室内环境设计参数的前提下,选择最利于建筑节能的运行方案,并应符合下列规定:①应立足建筑设计,充分利用建筑构件和设备的功能实施控制调节;②应根据室外气象参数和建筑实际使用情况做出动态运行策略调整。

建筑正式投入使用的第一个年度,应进行建筑能源系统调适。系统调适应符合下列规定:①应覆盖主要的季节性工况和部分负荷工况;②应覆盖中控系统及所有联动工作的用能系统和建筑构件;③系统调适宜从正式投入使用开始延续至第三个完整年度结束;④建筑使用过程中,当建筑使用功能发生重大改变或对用能系统进行改造后,应在建筑恢复使用的第一个年度重新进行系统调适。在这里,“调适”包含了建筑竣工验收后的初步“调试”。“调试”是工程竣工后确认系统各部分联合运转正常的工作环节,即对各个系统在安装、单机试运转、性能检测、系统联合试运转的整个过程中,采用规定的方法完成监测、调整和平衡工作。“调适”的重点工作在于建筑正常投入使用后在各典型季节性工况和部分负荷工况下,通过验证和调整,确保各用能系统可以按设计实现相应的控制动作,保证建筑正常高效运转。

在建筑使用过程中,应对建筑围护结构保温系统及气密性保障等关键部位进行维护和检验,并应符合下列规定:①应避免在外墙或屋面上固定物体,保护保温系统完整性,如确需固定,则必须采取防止产生热桥的措施;②应注意外墙内表面的抹灰层、屋面防水隔汽层及外窗密封条是否完好,气密层是否遭到破坏,若发生气密层破坏,应及时修补或更换密封条;③应定期检查外门窗关闭是否严密、中空玻璃是否漏气、锁扣等五金部件是否松动及其磨损情况,每年应对门窗活动部件和易磨损部分进行保养;④当建筑的门窗洞口或其他气密部位进行了改造或施工时,竣工后应对建筑气密性重新进行测定;⑤宜定期对围护结构热工性能进行检验,对于热工性能减退明显的部位应及时进行整改。

近零能耗建筑是以高性能围护结构为技术前提的,因此建筑围护结构保温和气密性能维护是建筑日常运行管理的重点工作。

在建筑使用过程中,应根据建筑的能耗数据、建筑的使用情况记录和气象数据,调整运行策略或使用方式。必要时,应对建筑用能系统进行再调适。近零能耗建筑各系统实现理想的节能运行是一个在调适中不断完善的过程,当系统状况与实际使用需求出现较大偏差时,应进行全面的再调适。

过渡季宜关闭新风系统,采用自然通风方式。新风机组的运行管理应符合下列规定:①应根据过滤器两侧压差变化及时清理或更换过滤装置;②应每两年检查一次热回收装置的性能,必要时及时更换,保证热回收效率;③当供暖、制冷设备开启时,宜根据最小经济温差(焓差)控制新风热回收装置的旁通阀开闭。

建筑运行管理单位应对建筑运行参数进行记录和数据分析,并应符合下列规定:①除满足本标准对各项能耗数据的记录要求外,尚应记录建筑同期的人员使用情况、室外环境参数等信息;②每年应对建筑运行数据进行分析,并应与上一年度相应数据进行纵向比对分析,或与相同气候区、相同功能的近零能耗建筑运行数据进行横向比对分析;③能耗数据宜向社会公布。

建筑运行管理单位应编制用户使用手册,并应对业主及使用者进行宣传贯彻。在公共空间,应设公告牌,将与节能有关的用户注意事项等信息进行明示。

第五节　评价

一、一般规定

为保证近零能耗建筑的实施质量,推动其健康发展,需要通过评价技术,对近零能耗建筑进行评价,评价应贯穿设计、施工及运行全过程。

建筑的能效指标是以单栋建筑为基准设计和确定的,因此评价应以单栋建筑为对象,相关评价也应基于整栋建筑。

应按本标准的能效指标要求进行分类评价,并应符合下列规定:①当未达到近零能耗建筑能效指标要求时,应进行超低能耗建筑评价;②当优于近零能耗建筑能效指标要求,且符合规定时,应进行零能耗建筑评价。

在本章分别给出了近零能耗建筑、超低能耗建筑和零能耗建筑的能效指标要求,当建筑没有达到近零能耗建筑的要求时,可按照超低能耗建筑的能效指标对其是否达到超低能耗建筑的要求给予评价;当建筑优于近零能耗建筑能效指标的要求且满足标准时,则可对其是否达到零能耗建筑的要求进行评价。

二、评价方法与判定

施工图设计文件审查通过后,应进行施工图审核和建筑能效指标核算,并应符合下列规定。

（1）施工图审核应重点核查围护结构关键节点构造及做法和采取的节能措施等,并应符合下列规定:①围护结构关键节点构造及做法应符合保温及气密性要求;②应采用新风热回收系统。

（2）居住建筑应核算供暖年耗热量、供冷年耗冷量、可再生能源利用率和建筑能耗综合值。

（3）公共建筑应核算建筑本体节能率、可再生能源利用率和建筑综合节能率。

建筑竣工验收前,应对下列内容进行评价。

（1）应对建筑气密性进行检测,检测方法及检测结果应符合标准规定。

（2）应对围护结构热工缺陷进行检测,受检内表面因缺陷区域导致的能耗增加比值应小于 5%,且单块缺陷面积应小于 $0.3 \ m^2$。当受检内表面的检测结果满足此规定时,应判为合格否则应判为不合格。

（3）应对新风热回收装置性能进行检测,并应符合下列规定。①对于额定风量大于 $3\ 000\ m^3/h$ 的热回收装置,应进行现场检测。②对于额定风量小于或等于 $3\ 000\ m^3/h$ 的热回收装置应进行现场抽检,送至实验室检测。同型号、同规格的产品抽检数量不得少于 1 台,检测方法应符合现行国家标准《热回收新风机组》（GB/T 21087—2020）的规定。对于获得高性能节能标识（或认证）且在标识（或认证）有效期内的产品,提供证书可免于现场抽检。

（4）应按现行国家标准《建筑节能工程施工质量验收标准》（GB 50411—2019）对外墙保温材料、门窗等关键产品（部品）进行现场抽检,其性能应符合设计要求。对获得高性能节能标识（或认证）且在标识（或认证）有效期内的产品,提供证书可免于现场抽检。

（5）若施工阶段影响建筑能耗的因素发生改变,则应重新核算。

建筑投入正常使用一年后,应对公共建筑进行室内环境检测和运行能效指标评估,并宜对居住建筑进行室内环境检测和运行能效指标评估。通过运行效果评估可以改进和优化建筑的实际运行。对于公共建筑应进行运行评估,而对于居住建筑由于运行情况复杂,宜进行运行评估。

室内环境检测参数应包括室内温度、湿度、热桥部位内表面温度、新风量、室内 $PM_{2.5}$ 含量和室内环境噪声,公共建筑室内环境检测参数还宜包括 CO_2 浓度和室内照度。检测结果应符合设计要求。

运行能效指标评估应符合下列规定:①评估时间应以一年为一个周期;②公共建筑应以

建筑综合节能率为评估指标,且应直接采用分项计量的能耗数据,并对其计量仪表进行校核后采用;③居住建筑应以建筑能耗综合值为评估指标,并以栋或典型用户电表、气表等计量仪表的实测数据为依据,经计算分析后采用。

第三篇

民用建筑节能设计标准

7

第七章
公共建筑节能设计标准

第一节　建筑与建筑热工

一、一般规定

1.建筑热工设计的气候分区

我国建筑热工设计分区具体分为以下五个：严寒地区、寒冷地区、夏热冬冷地区、夏热冬暖地区和温和地区。

不同分区的代表城市见表7-1。

表7-1　代表城市建筑热工设计分区

气候分区及气候子区		代表城市
严寒地区	严寒A区	博克图、伊春、呼玛、海拉尔、满洲里、阿尔山、玛多、黑河、嫩江、海伦、齐齐哈尔、富锦、
	严寒B区	哈尔滨、牡丹江、大庆、安达、佳木斯、二连浩特、多伦、大柴旦、阿勒泰、那曲
	严寒C区	长春、通化、延吉、通辽、四平、抚顺、阜新、沈阳、本溪、鞍山、呼和浩特、包头、鄂尔多斯、赤峰、额济纳旗、大同、乌鲁木齐、克拉玛依、酒泉、西宁、日喀则、甘孜、康定
寒冷地区	寒冷A区	丹东、大连、张家口、承德、唐山、青岛、洛阳、太原、阳泉、晋城、天水、榆林、延安、宝鸡、银川、平凉、兰州、喀什、伊宁、阿坝、拉萨、林芝、北京、天津、石家庄、保定、邢台、济南、德州、兖州、郑州、安阳、徐州、运城、西安、咸阳、吐鲁番、库尔勒、哈密
	寒冷B区	
夏热冬冷地区	夏热冬冷A区	南京、蚌埠、盐城、南通、合肥、安庆、九江、武汉、黄石、岳阳、汉中、安康、上海、杭州、宁波、温州、宜昌、长沙、南昌、株洲、永州、赣州、韶关、桂林、重庆、达县、万州、涪陵、南充、宜宾、成都、遵义、凯里、绵阳、南平
	夏热冬冷B区	
夏热冬暖地区	夏热冬暖A区	福州、莆田、龙岩、梅州、兴宁、英德、河池、柳州、贺州、泉州、厦门、广州、深圳、湛江、汕头、南宁、北海、梧州、海口、三亚
	夏热冬暖B区	

气候分区及气候子区		代表城市
温和地区	温和 A 区	昆明、贵阳、丽江、会泽、腾冲、保山、大理、楚雄、曲靖、泸西、屏边、广南、兴义、独山
	温和 B 区	瑞丽、耿马、临沧、澜沧、思茅、江城、蒙自

2. 建筑群的总体规划和总平面设计

建筑群的总体规划应考虑减轻热岛效应。建筑的总体规划和总平面设计应有利于自然通风和冬季日照。建筑的主朝向宜选择本地区最佳朝向或适宜朝向,且宜避开冬季主导风向。

建筑设计应遵循被动节能措施优先的原则,充分利用天然采光、自然通风,结合围护结构保温隔热和遮阳措施,降低建筑的用能需求。

建筑总平面设计及平面布置应合理确定能源设备机房的位置,缩短能源供应输送距离。同一公共建筑的冷热源机房宜位于或靠近冷热负荷中心位置集中设置。

建筑设计应充分利用天然采光。天然采光不能满足照明要求的场所,宜采用导光、反光等装置将自然光引入室内。

二、建筑设计

1. 严寒和寒冷地区公共建筑体形系数

严寒和寒冷地区公共建筑体形系数见表 7-2。

表 7-2　严寒和寒冷地区公共建筑体形系数

单栋建筑面积 $A(\mathrm{m}^2)$	建筑体形系数
$300 < A \leqslant 800$	$\leqslant 0.50$
$A > 800$	$\leqslant 0.40$

建筑面积应按各层外墙外包线围成的平面面积的总和计算,包括半地下室的面积,不包括地下室的面积;建筑体积应按与计算建筑面积所对应的建筑物外表面和底层地面所围成的体积计算。

在夏热冬冷和夏热冬暖地区,建筑体形系数对空调和供暖能耗也有一定的影响,但由于室内外的温差远不如严寒和寒冷地区大,尤其是对部分内部发热量很大的商场类建筑,还存在夜间散热问题,所以不对体形系数提出具体的要求,但也应考虑建筑体形系数对能耗的影响。

2.建筑的窗墙面积比

严寒地区甲类公共建筑各单一立面窗墙面积比(包括透光幕墙)均不宜大于0.60;其他地区甲类公共建筑各单一立面窗墙面积比(包括透光幕墙)均不宜大于0.70。

窗墙面积比的确定要考虑的因素,最主要的是不同地区冬、夏季日照情况(日照时间长短、太阳总辐射强度、阳光入射角大小)、季风影响、室外空气温度、室内采光设计标准以及外窗开窗面积与建筑能耗等因素。

单一立面窗墙面积比的计算要求:凸凹立面朝向应按其所在立面的朝向计算;楼梯间和电梯间的外墙和外窗均应参与计算;外凸窗的顶部、底部和侧墙的面积不应计入外墙面积;当外墙上的外窗、顶部和侧面为不透光构造的凸窗时,窗面积应按窗洞口面积计算;当凸窗顶部和侧面透光时,外凸窗面积应按透光部分实际面积计算。

甲类公共建筑单一立面窗墙面积比小于0.40时,透光材料的可见光透射比不应小于0.60;甲类公共建筑单一立面窗墙面积比大于等于0.40时,透光材料的可见光透射比不应小于0.40。

3.建筑的遮阳

夏热冬暖、夏热冬冷、温和地区的建筑各朝向外窗(包括透光幕墙)均应采取遮阳措施;寒冷地区的建筑宜采取遮阳措施。设置外遮阳的要求:东西向宜设置活动外遮阳,南向宜设置水平外遮阳;建筑外遮阳装置应兼顾通风及冬季日照;对严寒地区未提出遮阳要求。

采取遮阳措施的原因:通过外窗透光部分进入室内的热量是造成夏季室温过热使空调能耗上升的主要原因,因此为了节约能源,应对窗口和透光幕墙采取遮阳措施。

4.建筑的通风

建筑通风被认为是消除室内空气污染、降低建筑能耗的最有效手段。当采用通风可以满足消除余热余湿要求时,应优先使用通风措施,可以大大降低空气处理的能耗。当利用通风可以排除室内的余热、余湿或其他污染物时,宜采用自然通风、机械通风或复合通风的通风方式。

考虑单一立面外窗(包括透光幕墙)的有效通风换气面积时,甲类公共建筑外窗(包括透光幕墙)应设可开启窗扇,其有效通风换气面积不宜小于所在房间外墙面积的10%;当透光幕墙受条件限制无法设置可开启窗扇时,应设置通风换气装置;乙类公共建筑外窗有效通风换气面积不宜小于窗面积的30%。

外窗(包括透光幕墙)的有效通风换气面积应为开启扇面积和窗开启后的空气流通界面面积的较小值。

建筑中庭通常是指建筑内部的庭院空间,其最大的特点是形成具有位于建筑内部的"室外空间",是建筑设计中营造一种与外部空间既隔离又融合的特有形式,或者说是建筑内部环境分享外部自然环境的一种方式,在考虑建筑中庭的通风时,应充分利用自然通风降温,并可设置机械排风装置加强自然补风。

5. 建筑的外门

建筑的外门有保温隔热要求,故严寒地区建筑的外门应设置门斗;寒冷地区建筑面向冬季主导风向的外门应设置门斗或双层外门,其他外门宜设置门斗或应采取其他减少冷风渗透的措施;夏热冬冷、夏热冬暖和温和地区建筑的外门应采取保温隔热措施。

设置门斗的原因:公共建筑的性质决定了它的外门开启频繁;在严寒和寒冷地区的冬季,外门的频繁开启造成室外冷空气大量进入室内,导致供暖能耗增加。设置门斗可以避免冷风直接进入室内,在节能的同时,也提高门厅的热舒适性。除了严寒和寒冷地区之外,其他气候区也存在类似的现象,因此也应该采取各种可行的节能措施。

6. 人员长期停留房间的内表面可见光反射比

人员长期停留房间的内表面可见光反射比宜符合表 7-3 的规定。

表 7-3　人员长期停留房间的内表面可见光反射比

房间内表面位置	可见光反射比
顶棚	0.7~0.9
墙面	0.5~0.8
地面	0.3~0.5

房间内表面反射比高,对照度的提高有明显作用。可参照国家标准《建筑采光设计标准》(GB 50033—2013)的相关规定执行。

三、围护结构热工设计

1. 建筑围护结构热工性能的参数计算

建筑围护结构热工性能的参数计算应符合下列规定:①外墙的传热系数应为包括结构性热桥在内的平均传热系数,平均传热系数应按现行国家标准《民用建筑热工设计规范》(GB 50176—2016)规定的面积加权的计算方法进行计算;②外窗(包括透光幕墙)的传热系数应按现行国家标准《民用建筑热工设计规范》(GB 50176—2016)的有关规定计算;(3)当设置外遮阳构件时,外窗(包括透光幕墙)的太阳得热系数应为外窗(包括透光幕墙)本身的太阳得热系数与外遮阳构件的遮阳系数的乘积,外窗(包括透光幕墙)本身的太阳得热系数和外遮阳构件的遮阳系数应按现行国家标准《民用建筑热工设计规范》(GB 50176—2016)的有关规定计算。

围护结构设置保温层后,其主断面的保温性能比较容易保证,但梁、柱、窗口周边和屋顶突出部分等结构性热桥的保温通常比较薄弱,不经特殊处理会影响建筑的能耗,因此本标准规定的外墙传热系数是包括结构性热桥在内的平均传热系数。

2. 建筑的气密性

建筑外门、外窗的气密性分级应符合国家标准《建筑外门窗气密、水密、抗风压性能检测方法》(GB/T 7106—2019)的相关规定,并应满足 10 层及以上建筑外窗的气密性不应低于 7 级,10 层以下建筑外窗的气密性不应低于 6 级,严寒和寒冷地区外门的气密性不应低于 4 级的要求。

建筑幕墙的气密性应符合国家标准《建筑幕墙》(GB/T 21086—2007)中第 5.1.3 条的规定且不应低于 3 级。

第二节　供暖通风与空气调节

一、一般规定

1. 严寒和寒冷地区供暖系统形式的选择

严寒 A 区和严寒 B 区的公共建筑宜设热水集中供暖系统,对于设置空气调节系统的建筑,不宜采用热风末端作为唯一的供暖方式。

对于严寒 C 区和寒冷地区的公共建筑,供暖方式应根据建筑等级、供暖期天数、能源消耗量和运行费用等因素,经技术经济综合分析比较后确定。

2. 系统热媒温度的选取要求

系统冷热媒温度的选取应符合现行国家标准《民用建筑供暖通风与空气调节设计规范》(GB 50736—2012)的有关规定。在经济技术合理时,冷媒温度宜高于常用设计温度,热媒温度宜低于常用设计温度。

提倡低温供暖、高温供冷的目的为提高冷热源效率;充分利用天然冷热源和低品位热源,尤其在利用可再生能源的系统中优势更为明显;与辐射末端等新型末端配合使用以提高房间舒适度。

3. 空调装置或系统分散设置的情况

分散设置的空调装置或系统是指单一房间独立设置的蒸发冷却方式或直接膨胀式空调系统(或机组),包括为单一房间供冷的水环热泵系统或多联机空调系统。

符合下列情况之一时,宜采用分散设置的空调装置或系统:①全年所需供冷、供暖时间短或采用集中供冷、供暖系统不经济;②需设空气调节的房间布置分散;③设有集中供冷、供暖系统的建筑中,使用时间和要求不同的房间;④需增设空调系统,而难以设置机房和管道的既有公共建筑。

直接膨胀式与蒸发冷却式空调系统(或机组)的冷、热源的原理不同:直接膨胀式采用的是冷媒通过制冷循环而得到需要的空调冷、热源或空调冷、热风;而蒸发冷却式则主要依靠天然的干燥冷空气或天然的低温冷水来得到需要的空调冷、热源或空调冷、热风,在这一过程中没有制冷循环的过程。直接膨胀式空调系统又包括了风冷式和水冷式两类。这种分散式的系统更适宜应用在部分时间部分空间供冷的场所。

4.温湿度独立控制空调系统节能设计

采用温湿度独立控制空调系统时,应根据气候特点,经技术经济分析论证,确定高温冷源的制备方式和新风除湿方式,宜考虑全年对天然冷源和可再生能源的应用措施,不宜采用再热空气处理方式。

温湿度独立控制空调系统特点:由温度与湿度两套独立的空调系统组成,分别控制着空调区的温度与湿度;通常空调区的湿负荷是由送入的干燥新风来负担,空调区的显热负荷是由室内的末端装置来负担;末端装置所需要的高温冷源可由多种方式获得;其冷媒供水温度应高于常规冷却除湿联合进行时的冷媒供水温度要求。因此,即便采用人工冷源,系统制冷能效比也高于常规系统,因此冷源效率得到了大幅提升。

二、冷源与热源

1.供暖空调冷源与热源选择的基本原则

冷源与热源包括冷热水机组、建筑内的锅炉和换热设备、蒸发冷却机组、多联机、蓄能设备等。供暖空调冷源与热源的选择应根据建筑规模、用途、建设地点的能源条件、结构、价格以及国家节能减排和环保政策的相关规定来确定,供暖空调冷源与热源应根据建筑规模、用途、建设地点的能源条件、结构、价格以及国家节能减排和环保政策的相关规定,通过综合论证确定,并应符合下列规定。

(1)有可供利用的废热或工业余热的区域,热源宜采用废热或工业余热。当废热或工业余热的温度较高、经技术经济论证合理时,冷源宜采用吸收式冷水机组。

(2)在技术经济合理的情况下,冷、热源宜利用浅层地能、太阳能、风能等可再生能源。当采用可再生能源受到气候等原因的限制无法保证时,应设置辅助冷、热源。

(3)不具备本条第(1)、(2)款的条件,但有城市或区域热网的地区,集中式空调系统的供热热源宜优先采用城市或区域热网。

(4)不具备本条第(1)、(2)款的条件,但城市电网夏季供电充足的地区,空调系统的冷源宜采用电动压缩式机组。

(5)不具备本条第(1)~(4)款的条件,但城市燃气供应充足的地区,宜采用燃气锅炉、燃气热水机供热或燃气吸收式冷(温)水机组供冷、供热。

(6)不具备本条第(1)~(5)款条件的地区,可采用燃煤锅炉、燃油锅炉供热,蒸汽吸收式冷水机组或燃油吸收式冷(温)水机组供冷、供热。

(7)夏季室外空气设计露点温度较低的地区,宜采用间接蒸发冷却冷水机组作为空调系统的冷源。

（8）天然气供应充足的地区,当建筑的电力负荷、热负荷和冷负荷能较好匹配,能充分发挥冷、热、电联产系统的能源综合利用效率且经济技术比较合理时,宜采用分布式燃气冷热电三联供系统。

（9）全年进行空气调节,且各房间或区域负荷特性相差较大,需要长时间向建筑同时供热和供冷时,经技术经济比较合理时,宜采用水环热泵空调系统供冷、供热。

（10）在执行分时电价、峰谷电价差较大的地区,经技术经济比较,采用低谷电能够明显起到对电网"削峰填谷"和节省运行费用时,宜采用蓄能系统供冷、供热。

（11）夏热冬冷地区以及干旱缺水地区的中、小型建筑宜采用空气源热泵或土壤源地源热泵系统供冷、供热。

（12）有天然地表水等资源可供利用,或者有可利用的浅层地下水且能保证100%回灌时,可采用地表水或地下水地源热泵系统供冷、供热。

（13）具有多种能源的地区,可采用复合式能源供冷、供热。

2.锅炉的相关要求

锅炉供暖设计时,单台锅炉的设计容量应以保证其具有长时间较高运行效率的原则确定,实际运行负荷率不宜低于 50%;在保证锅炉具有长时间较高运行效率的前提下,各台锅炉的容量宜相等;当供暖系统的设计回水温度小于或等于 50℃ 时,宜采用冷凝式锅炉。以便能在满足全年变化的热负荷前提下,达到高效节能运行的要求。

厨房、洗衣、高温消毒以及工艺性湿度控制等必须采用蒸汽的热负荷;蒸汽热负荷在总热负荷中的比例大于 70%且总热负荷不大于 1.4 MW 时必须采用蒸汽的热负荷,其余情况不应采用蒸汽锅炉作为热源。

3.关键性指标

1)冷水机组台数、单机制冷量要求及总装机容量

集中空调系统的冷水(热泵)机组台数及单机制冷量(制热量)选择,应能适应负荷全年变化规律,满足季节及部分负荷要求。机组不宜少于两台,且同类型机组不宜超过 4台;当小型工程仅设一台时,应选调节性能优良的机型,并能满足建筑最低负荷的要求。

2)综合部分负荷性能 IPLV 计算公式及检测条件

电机驱动的蒸汽压缩循环冷水(热泵)机组的综合部分负荷性能系数应按下式计算:

$$IPLV = 1.2\% \times A + 32.8\% \times B + 39.7\% \times C + 26.3\% \times D \qquad (7-1)$$

式中　IPLV——电机驱动的蒸汽压缩循环冷水(热泵)机组的综合部分负荷性能系数;

　　A——100%负荷时的性能系数(W/W),冷却水进水温度 30℃/冷凝器进气干球温度 35℃;

　　B——75%负荷时的性能系数(W/W),冷却水进水温度 26℃/冷凝器进气干球温度 31.5℃;

　　C——50%负荷时的性能系数(W/W),冷却水进水温度 23℃/冷凝器进气干球温度

28 ℃；

D——25%负荷时的性能系数（W/W），冷却水进水温度 19 ℃/冷凝器进气干球温度 24.5 ℃。

$IPLV$ 是对机组 4 个部分负荷工况条件下性能系数的加权平均值，相应的权重综合考虑了建筑类型、气象条件、建筑负荷分布以及运行时间，是根据 4 个部分负荷工况的累积负荷百分比得出的。

水冷定频机组的综合部分负荷性能系数 $IPLV$ 不应低于表 7-4 中的数值；水冷变频离心式冷水机组的综合部分负荷性能系数 $IPLV$ 不应低于表 7-4 中水冷离心式冷水机组限值的 1.30 倍；水冷变频螺杆式冷水机组的综合部分负荷性能系数 $IPLV$ 不应低于表 7-4 中水冷螺杆式冷水机组限值的 1.15 倍。

表 7-4　冷水（热泵）机组的综合部分负荷性能系数

类型		名义制冷量 CC（kW）	综合部分负荷性能系数 $IPLV$					
			严寒 A、B 区	严寒 C 区	温和地区	寒冷地区	夏热冬冷地区	夏热冬暖地区
水冷	活塞式/涡旋式	$CC \leqslant 528$	4.90	4.90	4.90	4.90	5.05	5.25
	螺杆式	$CC \leqslant 528$	5.35	5.45	5.45	5.45	5.55	5.65
		$528 < CC \leqslant 1\,163$	5.75	5.75	5.75	5.85	5.90	6.00
		$CC > 1\,163$	5.85	5.95	6.10	6.20	6.30	6.30
	离心式	$CC \leqslant 1\,163$	5.15	5.15	5.25	5.35	5.45	5.55
		$1\,163 < CC \leqslant 2\,110$	5.40	5.50	5.55	5.60	5.75	5.85
		$CC > 2\,110$	5.95	5.95	5.95	6.10	6.20	6.20
风冷或蒸发冷却	活塞式/涡旋式	$CC \leqslant 50$	3.10	3.10	3.10	3.10	3.20	3.20
		$CC > 50$	3.35	3.35	3.35	3.35	3.40	3.45
	螺杆式	$CC \leqslant 50$	2.90	2.90	2.90	3.00	3.10	3.10
		$CC > 50$	3.10	3.10	3.10	3.20	3.20	3.20

3）空调系统的电冷源综合制冷性能系数 $SCOP$

空调系统的电冷源综合制冷性能系数 $SCOP$ 不应低于表 7-5 中的数值。对多台冷水机组、冷却水泵和冷却塔组成的冷水系统，应将实际参与运行的所有设备的名义制冷量和耗电功率综合统计计算，当机组类型不同时，其限值应按冷量加权的方式确定。

表 7-5　空调系统的电冷源综合制冷性能系数

类型		名义制冷量 CC（kW）	综合制冷性能系数 SCOP（W/W）					
			严寒 A、B 区	严寒 C 区	温和地区	寒冷地区	夏热冬冷地区	夏热冬暖地区
水冷	活塞式/涡旋式	CC≤528	3.3	3.3	3.3	3.3	3.4	3.6
	螺杆式	CC≤528	3.6	3.6	3.6	3.6	3.6	3.7
		528<CC<1 163	4.0	4.0	4.0	4.0	4.1	4.1
		CC>1 163	4.0	4.1	1.2	4.4	4.4	4.4
	离心式	CC≤1 163	4.0	4.0	4.0	4.1	4.1	4.2
		1 163<CC<2 110	4.1	4.2	4.2	4.4	4.4	4.5
		CC≥2 110	4.5	4.5	4.5	4.5	4.6	4.6

4. 空气源热泵机组

空气源热泵机组的选型原则为应具有先进可靠的融霜控制,融霜时间总和不应超过运行周期时间的 20%;冬季设计工况下,冷热风机组性能系数 COP 不应小于 1.8,冷热水机组性能系数 COP 不应小于 2.0;冬季寒冷、潮湿的地区,当室外设计温度低于当地平衡点温度时,或当室内温度稳定性有较高要求时,应设置辅助热源;对于同时供冷、供暖的建筑,宜选用热回收式热泵机组。

空气源、风冷、蒸发冷却式冷水（热泵）式机组室外机的设置,应确保进风与排风通畅,在排出空气与吸入空气之间不发生明显的气流短路;应避免污浊气流的影响;噪声和排热应符合周围环境要求;应便于对室外机的换热器进行清扫。

5. 多联机空调系统

除具有热回收功能型或低温热泵型多联机系统外,多联机空调系统的制冷剂连接管等效长度应满足对应制冷工况下满负荷时的能效比 EER 不低于 2.8 的要求。

"制冷剂连接管等效长度"是指室外机组与最远室内机之间的气体管长度与该管路上各局部阻力部件的等效长度之和。

6. 冷凝水和冷凝热回收的要求

采用蒸汽为热源,经济技术经济比较合理时,应回收用汽设备产生的凝结水。凝结水回收系统应采用闭式系统。

对常年存在生活热水需求的建筑,当采用电动蒸汽压缩循环冷水机组时,宜采用具有冷凝热回收功能的冷水机组。

三、输配系统

1. 集中供暖系统

集中供暖系统采用热水作为热媒。在系统的热力入口处及供水或回水管的分支管路上，应根据水力平衡要求设置水力平衡装置。设置水力平衡装置后，可以通过对系统水力分布的调整与设定，保持系统的水力平衡，提高系统输配效率，保证获得预期的供暖效果，达到节能的目的。

当集中供暖系统采用变流量水系统时，循环水泵宜采用变速调节控制。

在选配集中供暖系统的循环水泵时，应计算集中供暖系统耗电输热比 $EHR\text{-}h$ 并应标注在施工图的设计说明中。集中供暖系统耗电输热比应按下式计算：

$$EHR\text{-}h = 0.003\,096 \sum (G \times H/\eta_b)/Q \leqslant A(B + \alpha \sum L)/\Delta T \qquad (7\text{-}2)$$

式中　$EHR\text{-}h$——集中供暖系统耗电输热比；

$\quad G$——每台运行水泵的设计流量（m³/h）；

$\quad H$——每台运行水泵对应的设计扬程（mH$_2$O）；

$\quad \eta_b$——每台运行水泵对应的设计工作点效率；

$\quad Q$——设计热负荷（kW）；

$\quad \Delta T$——设计供回水温差（℃），按表 7-6 选取；

$\quad A$——与水泵流量有关的计算系数，按表 7-7 选取；

$\quad B$——与机房及用户的水阻力有关的计算系数，一级泵系统时取 17，二级泵系统时取 21；

$\quad \sum L$——热力站至供暖末端（散热器或辐射供暖分集水器）供回水管道的总长（m）；

$\quad \alpha$——与 $\sum L$ 有关的计算系数，当 $\sum L \leqslant 400$ m 时，$\alpha = 0.011\,5$，当 400 m$< \sum L <1\,000$ m 时，$\alpha = 0.003\,833 + 3.067/\sum L$，当 $\sum L \geqslant 1\,000$ m 时，$\alpha = 0.006\,9$。

表 7-6　ΔT 值　　　　　　　　　　　　　　　　　　　　　　单位：℃

冷水系统	热水系统			
	严寒	寒冷	夏热冬冷	夏热冬暖
5	15	15	10	5

表 7-7　A 值

设计水泵流量 G	$G \leqslant 60$ m³/h	60 m³/h$< G \leqslant 200$ m³/h	$G > 200$ m³/h
A 值	0.004 225	0.003 858	0.003 749

2. 空调水系统

1)集中空调冷(热)水系统设计原则

当建筑所有区域只要求按季节同时进行供冷和供热转换时,应采用两管制空调水系统;当建筑内一些区域的空调系统需全年供冷,其他区域仅要求按季节进行供冷和供热转换时,可采用分区两管制空调水系统;当空调水系统的供冷和供热工况转换频繁或需同时使用时,宜采用四管制空调水系统。

冷水水温和供回水温差要求一致且各区域管路压力损失相差不大的中小型工程,宜采用变流量一级泵系统;单台水泵功率较大时,经技术经济比较,在确保设备的适应性、控制方案和运行管理可靠的前提下,空调冷水可采用冷水机组和负荷侧均变流量的一级泵系统,且一级泵应采用调速泵。

对系统作用半径较大、设计水流阻力较高的大型工程,空调冷水宜采用变流量二级泵系统。当各环路的设计水温一致且设计水流阻力接近时,二级泵宜集中设置;当各环路的设计水流阻力相差较大或各系统水温或温差要求不同时,宜按区域或系统分别设置二级泵,且二级泵应采用调速泵。

提供冷源设备集中且用户分散的区域供冷的大规模空调冷水系统,当二级泵的输送距离较远且各用户管路阻力相差较大,或者水温(温差)要求不同时,可采用多级泵系统,且二级泵等负荷侧各级泵应采用调速泵。

2)空调水系统的设计和循环水泵

空调水系统布置和管径的选择,应减少并联环路之间压力损失的相对差额。当设计工况下并联环路之间压力损失的相对差额超过15%时,应采取水力平衡措施。

除空调冷水系统和空调热水系统的设计流量、管网阻力特性及水泵工作特性相近的情况外,两管制空调水系统应分别设置冷水和热水循环泵。采用换热器加热或冷却的二次空调水系统的循环水泵宜采用变速调节。

3)空调冷(热)水系统的循环水泵的耗电输冷(热)比

在选配空调冷(热)水系统的循环水泵时,应计算空调冷(热)水系统耗电输冷(热)比并应标注在施工图的设计说明中。

空调冷(热)水系统耗电输冷(热)比应按下式计算:

$$EC(H)R\text{-}a = 0.003\,096 \sum (G \times H/\eta_\text{b})/Q \leqslant A(B + \alpha \sum L)/\Delta T \qquad (7\text{-}3)$$

式中　$EC(H)R\text{-}a$——空调冷(热)水系统循环水泵的耗电输冷(热)比;

G——每台运行水泵的设计流量(m³/h);

H——每台运行水泵对应的设计扬程(mH₂O);

η_b——每台运行水泵对应的设计工作点效率;

Q——设计冷(热)负荷(kW);

ΔT——规定的计算供回水温差(℃),按表7-6选取;

A——与水泵流量有关的计算系数，按表 7-7 选取；

B——与机房及用户的水阻力有关的计算系数，按表 7-8 选取；

α——与 $\sum L$ 有关的计算系数，按表 7-9 或表 7-10 选取；

$\sum L$——从冷热机房出口至该系统最远用户供回水管道的总输送长度(m)。

表 7-8　B 值

系统组成		四管制单冷、单热管道	两管制热水管道
一级泵	冷水系统	28	—
	热水系统	22	21
二级泵	冷水系统	33	—
	热水系统	27	25

表 7-9　四管制冷、热水管道系统的 α 值

系统	管道长度 $\sum L$ 范围(m)		
	$\sum L \leqslant 400$ m	400 m $< \sum L <$ 1000 m	$\sum L \geqslant 1\,000$ m
冷水	$\alpha = 0.02$	$\alpha = 0.016 + 1.6/\sum L$	$\alpha = 0.013 + 4.6/\sum L$
热水	$\alpha = 0.014$	$\alpha = 0.012\,5 + 0.6/\sum L$	$\alpha = 0.009 + 4.1/\sum L$

表 7-10　两管制热水管道系统的 α 值

系统	地区	管道长度 $\sum L$ 范围(m)		
		$\sum L \leqslant 400$ m	400 m $< \sum L <$ 1 000 m	$\sum L \geqslant 1\,000$ m
热水	严寒	$\alpha = 0.009$	$\alpha = 0.007\,2 + 0.72/\sum L$	$\alpha = 0.005\,94 + 2.02/\sum L$
	寒冷			
	夏热冬冷	$\alpha = 0.002\,4$	$\alpha = 0.002 + 0.16/\sum L$	$\alpha = 0.001\,6 + 0.56/\sum L$
	夏热冬暖	$\alpha = 0.003\,2$	$\alpha = 0.002\,6 + 024/\sum L$	$\alpha = 0.001\,6 + 0.56/\sum L$
冷水		$\alpha = 0.02$	$\alpha = 0.016 + 1.6/\sum L$	$\alpha = 0.013 + 4.6/\sum L$

求空调冷(热)水系统耗电输冷(热)比计算参数时，空气源热泵、溴化锂机组、水源热泵等机组的热水供回水温差应按机组实际参数确定；直接提供高温冷水的机组，冷水供回水温差应按机组实际参数确定；多台水泵并联运行时，A 值应按较大流量选取；两管制冷水管道的 B 值应按四管制单冷管道的 B 值选取；多级泵冷水系统，每增加一级泵，B 值可增加 5；多级泵热水系统，每增加一级泵，B 值可增加 4；两管制冷水系统 α 计算式应与四管制冷水系统相同；当最远用户为风机盘管时，应按机房出口至最远端风机盘管的供回水管道总长度减去100 m 确定。

3. 空气调节系统

设计定风量全空气空气调节系统时,宜采取实现全新风运行或可调新风比的措施,并宜设计相应的排风系统。在条件合适的地区应充分利用全空气空调系统的优势,尽可能利用室外天然冷源,最大限度地利用新风降温,提高室内空气品质和人员的舒适度,降低能耗。

当一个空气调节风系统负担多个使用空间时,系统的新风量应按下列公式计算:

$$Y = X/(1 + X - Z) \tag{7-4}$$

$$Y = V_{ot}/V_{st} \tag{7-5}$$

$$X = V_{on}/V_{st} \tag{7-6}$$

$$Z = V_{oc}/V_{sc} \tag{7-7}$$

式中　Y——修正后的系统新风量在送风量中的比例;

X——未修正的系统新风量在送风量中的比例;

Z——新风比需求最大的房间的新风比;

V_{ot}——修正后的总新风量(m^3/h);

V_{st}——总送风量,即系统中所有房间送风量之和(m^3/h);

V_{on}——系统中所有房间的新风量之和(m^3/h);

V_{oc}——新风比需求最大的房间的新风量(m^3/h);

V_{sc}——新风比需求最大的房间的送风量(m^3/h)。

在人员密度相对较大且变化较大的房间,宜根据室内 CO_2 浓度检测值进行新风需求控制,排风量也宜适应新风量的变化以保持房间的正压。

当采用人工冷、热源对空气调节系统进行预热或预冷运行时,新风系统应能关闭;当室外空气温度较低时,应尽量利用新风系统进行预冷。其目的在于减少处理新风的冷、热负荷,降低能量消耗。

空气调节内、外区应根据室内进深、分隔、朝向、楼层以及围护结构特点等因素划分。内、外区宜分别设置空气调节系统,这样不仅方便运行管理,易于获得最佳的空调效果,而且还可以避免冷热抵消,降低能源的消耗,减少运行费用。

风机盘管加新风空调系统的新风宜直接送入各空气调节区,不宜经过风机盘管机组后再送出,否则易造成能源浪费或新风不足。

空气过滤器在设计时性能参数应符合现行国家标准《空气过滤器》(GB/T 14295—2019)的有关规定;宜设置过滤器阻力监测、报警装置,并应具备更换条件;全空气空气调节系统的过滤器应能满足全新风运行的需要。

空气调节风系统不应利用土建风道作为送风道和输送冷、热处理后的新风风道。当受条件限制利用土建风道时,应采取可靠的防漏风和绝热措施。

空气调节冷却水系统在设计时应具有过滤、缓蚀、阻垢、杀菌、灭藻等水处理功能;冷却塔应设置在空气流通条件好的场所;冷却塔补水总管上应设置水流量计量装置;当在室内设置冷却水集水箱时,冷却塔布水器与集水箱设计水位之间的高差不应超过 8 m。

空气调节系统送风温差应根据焓湿图表示的空气处理过程计算确定。空气调节系统采用上送风气流组织形式时,宜加大夏季设计送风温差,且送风高度小于或等于 5 m 时,送风温差不宜小于 5 ℃;送风高度大于 5 m 时,送风温差不宜小于 10 ℃。

空调风系统和通风系统的风量大于 10 000 m³/h 时,风道系统单位风量耗功率 W_s 不宜大于表 7-11 中的数值。风道系统单位风量耗功率应按下式计算:

$$W_s = P/(3\ 600 \times \eta_{cd} \times \eta_F) \quad\quad (7\text{-}8)$$

式中 W_s——风道系统单位风量耗功率[W/(m³/h)];

P——空调机组的余压或通风系统风机的风压(Pa);

η_{cd}——电机及传动效率(%),η_{cd} 取 0.855;

η_F——风机效率(%),按设计图中标注的效率选择。

表 7-11 风道系统单位风量耗功率 W_s 单位:W/(m³/h)

系统形式	W_s 限值
机械通风系统	0.27
新风系统	0.24
办公建筑定风量系统	0.27
办公建筑变风量系统	0.29
商业、酒店建筑全空气系统	0.30

当输送冷媒温度低于其管道外环境温度且不允许冷媒温度有升高,或当输送热媒温度高于其管道外环境温度且不允许热媒温度有降低时,管道与设备应采取保温保冷措施。绝热层的保温层厚度应按现行国家标准《设备及管道绝热设计导则》(GB/T 8175—2008)中经济厚度计算方法计算;供冷或冷热共用时,保冷层厚度应按现行国家标准《设备及管道绝热设计导则》(GB/T 8175—2008)中经济厚度和防止表面结露的保冷层厚度方法计算,并取大值;管道和支架之间,管道穿墙、穿楼板处应采取防止"热桥"或"冷桥"的措施;采用非闭孔材料保温时,外表面应设保护层;采用非闭孔材料保冷时,外表面应设隔汽层和保护层。

严寒和寒冷地区通风或空调系统与室外相连接的风管和设施上应设置可自动连锁关闭且密闭性能好的电动风阀,并采取密封措施。

设有集中排风的空调系统经技术经济比较合理时,宜设置空气-空气能量回收装置。严寒地区采用时,应对能量回收装置的排风侧是否出现结霜或结露现象进行核算。当出现结霜或结露时,应采取预热等保温防冻措施。常用的空气热回收装置性能和适用对象参见表 7-12。

表 7-12　常用空气热回收装置性能和适用对象

项目	热回收装置形式					
	转轮式	液体循环式	板式	热管式	板翅式	溶液吸收式
热回收形式	显热或全热	显热	显热	显热	全热	全热
热回收效率	50%~85%	55%~65%	50%~80%	45%~65%	50%~70%	50%~85%
排风泄漏量	0.5%~10%	0	0~5%	0~1%	0~5%	0
适用对象	风量较大且允许排风与新风间有适量渗透的系统	新风与排风热回收点较多且比较分散的系统	仅需回收显热的系统	含有轻微灰尘或温度较高的通风系统	需要回收全热且空气较清洁的系统	需回收全热并对空气有过滤的系统

有人员长期停留且不设置集中新风、排风系统的空气调节区或空调房间,宜在各空气调节区或空调房间分别安装带热回收功能的双向换气装置。

四、末端系统

夏季空气调节室外计算湿球温度低、温度日较差大的地区,宜优先采用直接蒸发冷却、间接蒸发冷却或直接蒸发冷却与间接蒸发冷却相结合的二级或三级蒸发冷却的空气处理方式。

设计变风量全空气空气调节系统时,应采用变频自动调节风机转速的方式,并应在设计文件中标明每个变风量末端装置的最小送风量。其中,风机是指空调机组内的系统送风机(也可能包括回风机)而不是变风量末端装置内设置的风机。建筑空间高度大于等于 10 m 且体积大于 10 000 m³ 时,宜采用辐射供暖供冷或分层空气调节系统。

散热器宜明装;地面辐射供暖面层材料的热阻不宜大于 0.05 m²·K/W。

机电设备用房、厨房热加工间等发热量较大的房间的通风设计在保证设备正常工作前提下,宜采用通风消除室内余热。机电设备用房夏季室内计算温度取值不宜低于夏季通风室外计算温度,但不包括设备需要较低的环境温度才能正常工作的情况;厨房热加工间宜采用补风式油烟排气罩。采用直流式空调送风的区域,夏季室内计算温度取值不宜低于夏季通风室外计算温度。

五、监测、控制与计量

集中供暖通风与空气调节系统,应进行监测与控制。建筑面积大于 20 000 m² 的公共建筑使用全空气调节系统时,宜采用直接数字控制系统。系统功能及监测控制内容应根据建筑功能、相关标准、系统类型等通过技术经济比较确定。监测控制的内容可包括参数检测、参数与设备状态显示、自动调节与控制、工况自动转换、能量计量以及中央监控与管理等。

采用区域性冷源和热源时,在每栋公共建筑的冷源和热源入口处,应设置冷量和热量计量装置。采用集中供暖空调系统时,不同使用单位或区域宜分别设置冷量和热量计量装置。

锅炉房和换热机房的控制在设计时,应能进行水泵与阀门等设备连锁控制;宜能根据末端需求进行水泵台数和转速的控制;应能根据需求供热量调节锅炉的投运台数和投入燃料量;供水温度应能根据室外温度进行调节;供水流量应能根据末端需求进行调节。

冷热源机房的控制功能应能进行冷水(热泵)机组、水泵、阀门、冷却塔等设备的顺序启停和连锁控制;应能进行冷水机组的台数控制,宜采用冷量优化控制方式;应能进行水泵的台数控制,宜采用流量优化控制方式;二级泵应能进行自动变速控制,宜根据管道压差控制转速,且压差宜能优化调节;应能进行冷却塔风机的台数控制,宜根据室外气象参数进行变速控制;应能进行冷却塔的自动排污控制;宜能根据室外气象参数和末端需求进行供水温度的优化调节;宜能按累计运行时间进行设备的轮换使用;冷热源主机设备 3 台以上的,宜采用机组群控方式;当采用群控方式时,控制系统应与冷水机组自带控制单元建立通信连接。

全空气空调系统的控制应能进行风机、风阀和水阀的启停连锁控制;应能按使用时间进行定时启停控制,宜对启停时间进行优化调整;采用变风量系统时,风机应采用变速控制方式;过渡季宜采用加大新风比的控制方式;宜根据室外气象参数优化调节室内温度设定值;全新风系统送风末端宜采用设置人离延时关闭控制方式。

风机盘管应采用电动水阀和风速相结合的控制方式,宜设置常闭式电动通断阀。公共区域风机盘管的控制应能对室内温度设定值范围进行限制;应能按使用时间进行定时启停控制,宜对启停时间进行优化调整。

以排除房间余热为主的通风系统,宜根据房间温度控制通风设备运行台数或转速,可避免在气候凉爽或房间发热量不大的情况下通风设备满负荷运行的状况发生,既可节约电能,又能延长设备的使用年限。

地下停车库风机宜采用多台并联方式或设置风机调速装置,并宜根据使用情况对通风机设置定时启停(台数)控制或根据车库内的一氧化碳浓度进行自动运行控制,这样有利于在保持车库内空气质量的前提下节约能源。国家相关标准规定:一氧化碳 8 h 时间加权平均允许浓度为 20 mg/m³,短时间接触允许 30 mg/m³。

对间歇运行的空气调节系统,宜设置自动启停控制装置。控制装置应具备按预定时间表、服务区域是否有人等模式控制设备启停的功能。

第三节　给水排水

一、一般规定

给水排水系统的节水设计应符合现行国家标准《建筑给水排水设计标准》(GB 50015—

2019）和《民用建筑节水设计标准》（GB 50555—2010）的有关规定。计量水表应根据建筑类型、用水部门和管理要求等因素进行设置，并应符合现行国家标准《民用建筑节水设计标准》（GB 50555—2010）的有关规定。有计量要求的水加热、换热站室，应安装热水表、热量表、蒸汽流量计或能源计量表。

给水泵应根据给水管网水力计算结果选型，并应保证设计工况下水泵效率处在高效区。给水泵的效率不宜低于现行国家标准《清水离心泵能效限定值及节能评价值》（GB 19762—2007）规定的泵节能评价值。卫生间的卫生器具和配件应符合现行行业标准《节水型生活用水器具》（CJ/T 164—2014）的有关规定。

二、给水与排水系统设计

给水系统应充分利用城镇给水管网或小区给水管网的水压直接供水。经批准可采用叠压供水系统。

二次加压泵站的数量、规模、位置和泵组供水水压应根据城镇给水条件、小区规模、建筑高度、建筑的分布、使用标准、安全供水和降低能耗等因素合理确定，并依据国家标准《建筑给水排水设计标准》（GB 50015—2019）的相关规定。

给水系统的供水方式及竖向分区应根据建筑的用途、层数、使用要求、材料设备性能、维护管理和能耗等因素综合确定。分区压力要求应符合现行国家标准《建筑给水排水设计标准》（GB 50015—2019）和《民用建筑节水设计标准》（GB 50555—2010）的有关规定。

变频调速泵组应根据用水量和用水均匀性等因素合理选择搭配水泵及调节设施，宜按供水需求自动控制水泵启动的台数，保证在高效区运行。

除在地下室的厨房含油废水隔油器（池）排水、中水源水、间接排水以外，地面以上的生活污、废水排水宜采用重力流系统直接排至室外管网。

三、生活热水

集中热水供应系统的热源，宜利用余热、废热、可再生能源或空气源热泵作为热水供应热源。以燃气或燃油作为热源时，宜采用燃气或燃油机组直接制备热水。当最高日生活热水量大于 5 m³ 时，除电力需求侧管理鼓励用电，且利用谷电加热的情况外，不应采用直接电加热热源作为集中热水供应系统的热源。其中，余热包括工业余热、集中空调系统制冷机组排放的冷凝热、蒸汽凝结水热等。

当采用空气源热泵热水机组制备生活热水时，制热量大于 10 kW 的热泵热水机在名义制热工况和规定条件下，性能系数 COP 不宜低于表 7-13 的规定，并应有保证水质的有效措施。

表 7-13　热泵热水机性能系数 COP　　　　　单位：W/W

制热量 H	热水机类型		普通型	低温型
H≥10 kW	一次加热式		4.40	3.70
	循环加热	不提供水泵	4.40	3.70
		提供水泵	4.30	3.60

　　小区内设有集中热水供应系统的热水循环管网服务半径不宜大于 300 m 且不应大于 500 m,水加热、热交换站室宜设置在小区的中心位置。限制热水循环管网服务半径,一是减少管路上热量损失和输送动力损失;二是避免管线过长。管网末端温度降低,管网内容易滋生军团菌。

　　仅设有洗手盆的建筑不宜设计集中生活热水供应系统。设有集中热水供应系统的建筑中,日热水用量设计值大于等于 5 m³ 或定时供应热水的用户宜设置单独的热水循环系统。

　　集中热水供应系统的供水分区宜与用水点处的冷水分区同区,并应采取保证用水点处冷、热水供水压力平衡和保证循环管网有效循环的措施。集中热水供应系统的管网及设备应采取保温措施,保温层厚度应按现行国家标准《设备及管道绝热设计导则》(GB/T 8175—2008)中经济厚度计算方法确定。

　　集中热水供应系统的监测和控制宜对系统热水耗量和系统总供热量进行监测;对设备运行状态宜进行检测及故障报警;对每日用水量、供水温度宜进行监测;对装机数量大于等于 3 台的工程,宜采用机组群控方式。

第四节　电气系统

一、一般规定

　　电气系统的设计应经济合理、高效节能,宜选用技术先进、成熟、可靠,损耗低、谐波发射量少、能效高、经济合理的节能产品。

　　建筑设备监控系统可以自动控制建筑设备的启停,使建筑设备工作在合理的工况下,可以大量节约建筑物的能耗。建筑设备监控系统的设置应符合现行国家标准《智能建筑设计标准》(GB 50314—2015)的有关规定。

二、供配电系统

　　电气系统的设计应根据当地供电条件,合理确定供电电压等级。配变电所应靠近负荷中心、大功率用电设备,在公共建筑中大功率用电设备主要指电制冷的冷水机组。

　　变压器应选用低损耗型,且能效值不应低于现行国家标准《电力变压器能效限定值及能效等级》(GB 20052—2020)中能效标准的节能评价值。

变压器的设计宜保证其运行在经济运行参数范围内。电力变压器经济运行计算可参照现行国家标准《电力变压器经济运行》(GB/T 13462—2008)。配电变压器经济运行计算可参照现行行业标准《配电变压器能效技术经济评价导则》(DL/T 985—2012)。

配电系统三相负荷的不平衡度不宜大于 15%。单相负荷较多的供电系统,宜采用部分分相无功自动补偿装置。容量较大的用电设备,一般指单台 AC380 V 供电的 250 kW 及以上的用电设备,当功率因数较低且离配变电所较远时,宜采用无功功率就地补偿方式。

对大型用电设备、大型可控硅调光设备、电动机变频调速控制装置等谐波源较大设备,宜就地设置谐波抑制装置。当建筑中非线性用电设备较多时,宜预留滤波装置的安装空间。

三、照明

室内照明功率密度(Lighting Power Density,LPD)值应符合现行国家标准《建筑照明设计标准》(GB 50034—2013)的有关规定。建筑夜景照明的照明功率密度限值应符合现行行业标准《城市夜景照明设计规范》(JGJ/T 163—2008)的有关规定。

设计选用的光源、镇流器的能效不宜低于相应能效标准的节能评价值。相关现行国家标准见表 7-14。

表 7-14　光源和镇流器的能效限定值、节能评价值及能效等级的相关国家标准

标准名称	标准编号
《单端荧光灯能效限定值及节能评价值》	GB 19415—2013
《普通照明用双端荧光灯能效限定值及能效等级》	GB 19043—2013
《普通照明用自镇流荧光灯能效限定值及能效等级》	GB 19044—2013
《高压钠灯能效限定值及能效等级》	GB 19573—2004
《金属卤化物灯能效限定值及能效等级》	GB 20054—2015
《管形荧光灯镇流器能效限定值及能效等级》	GB 17896—2012
《高压钠灯用镇流器能效限定值及节能评价值》	GB 19574—2004
《金属卤化物灯用镇流器能效限定值及能效等级》	GB 20053—2015

1)光源的选择

一般照明在满足照度均匀度条件下,宜选择单灯功率较大、光效较高的光源,不宜选用荧光高压汞灯,不应选用自镇流荧光高压汞灯;气体放电灯用镇流器应选用谐波含量低的产品;高大空间及室外作业场所宜选用金属卤化物灯、高压钠灯;除需满足特殊工艺要求的场所外,不应选用白炽灯;走道、楼梯间、卫生间、车库等无人长期逗留的场所,宜选用 LED 灯;疏散指示灯、出口标志灯、室内指向性装饰照明等宜选用 LED 灯;室外景观、道路照明应选

择安全、高效、寿命长、稳定的光源,避免光污染。

2)灯具的选择

使用电感镇流器的气体放电灯应采用单灯补偿方式,其照明配电系统功率因数不应低于 0.9;在满足眩光限制和配光要求条件下,应选用效率高的灯具,并应符合现行国家标准《建筑照明设计标准》(GB 50034—2013)的有关规定;灯具自带的单灯控制装置宜预留与照明控制系统的接口。

照明设计不宜采用漫射发光顶棚。一般照明无法满足作业面照度要求的场所,宜采用混合照明。照明控制应结合建筑使用情况及天然采光状况,进行分区、分组控制;旅馆客房应设置节电控制型总开关;除单一灯具的房间,每个房间的灯具控制开关不宜少于 2 个,且每个开关所控的光源数不宜多于 6 盏;走廊、楼梯间、门厅、电梯厅、卫生间、停车库等公共场所的照明,宜采用集中开关控制或就地感应控制;大空间、多功能、多场景场所的照明,宜采用智能照明控制系统;当设置电动遮阳装置时,照度控制宜与其联动;建筑景观照明应设置平时、一般节日、重大节日等多种模式自动控制装置。

四、电能监测与计量

主要次级用能单位用电量大于等于 10 kW 或单台用电设备大于等于 100 kW 时,应设置电能计量装置。公共建筑宜设置用电能耗监测与计量系统,并进行能效分析和管理。

公共建筑应按功能区域设置电能监测与计量系统。其中,建筑功能区域主要指锅炉房、换热机房等设备机房、公共建筑各使用单位、商店各租户、酒店各独立核算单位、公共建筑各楼层等。公共建筑应按照明插座、空调、电力、特殊用电分项进行电能监测与计量。办公建筑宜将照明和插座分项进行电能监测与计量。冷热源系统的循环水泵耗电量宜单独计量。

第五节 可再生能源应用

一、一般规定

公共建筑的用能应通过对当地环境资源条件和技术经济的分析,结合国家相关政策,优先应用可再生能源。公共建筑可再生能源利用设施应与主体工程同步设计。

当环境条件允许且经济技术合理时,宜采用太阳能、风能等可再生能源直接并网供电。当公共电网无法提供照明电源时,应采用太阳能、风能等发电并配置蓄电池的方式作为照明电源。

现行国家标准《可再生能源建筑应用工程评价标准》(GB/T 50801—2013)对可再生能源建筑应用的评价指标及评价方法均做出了规定,在设计可再生能源应用系统时宜设置相应计量装置,为节能效益评估提供条件。

二、太阳能利用

公共建筑宜采用光热或光伏与建筑一体化系统;光热或光伏与建筑一体化系统不应影响建筑外围护结构的建筑功能,并应符合国家现行标准《民用建筑太阳能热水系统应用技术标准》(GB 50364—2018)、《太阳能供热采暖工程技术标准》(GB 50495—2019)、《民用建筑太阳能空调工程技术规范》(GB 50787—2012)、《建筑光伏系统应用技术标准》(GB/T 51368—2019)的有关规定。

公共建筑设计宜充分利用太阳能。太阳能利用应遵循被动优先的原则。公共建筑利用太阳能同时供热供电时,宜采用太阳能光伏光热一体化系统,它有两种主要模式:水冷却型和空气冷却型。公共建筑设置太阳能热利用系统时,太阳能保证率应符合表7-15的规定。

表7-15 太阳能保证率 f 单位:%

太阳能资源区划	太阳能热水系统	太阳能供暖系统	太阳能空气调节系统
Ⅰ资源丰富区	≥60	≥50	≥45
Ⅱ资源较富区	≥50	≥35	≥30
Ⅲ资源一般区	≥40	≥30	≥25
Ⅳ资源贫乏区	≥30	≥25	≥20

太阳能热利用系统的辅助热源应根据建筑使用特点、用热量、能源供应、维护管理及卫生防菌等因素选择,并宜利用废热、余热等低品位能源和生物质、地热等其他可再生能源。

太阳能集热器和光伏组件的设置应避免受自身或建筑本体的遮挡。在冬至日采光面上的日照时数,太阳能集热器不应少于4h,光伏组件不宜少于3h。

三、地源热泵系统

公共建筑地源热泵系统设计时,应进行全年动态负荷与系统取热量、释热量计算分析,确定地热能交换系统,并宜采用复合热交换系统。地源热泵系统设计应选用高能效水源热泵机组,并宜采取降低循环水泵输送能耗等节能措施,提高地源热泵系统的能效。

水源热泵机组性能应满足地热能交换系统运行参数的要求,末端供暖供冷设备选择应与水源热泵机组运行参数相匹配。

有稳定热水需求的公共建筑,宜根据负荷特点,采用部分或全部热回收型水源热泵机组。全年供热水时,应选用全部热回收型水源热泵机组或水源热水机组。

第八章
居住建筑节能设计标准

第一节　夏热冬冷地区

一、室内热环境设计计算指标与一般规定

1. 室内热环境设计计算指标

室内热环境质量的指标体系包括温度、湿度、风速、壁面温度等多项指标,由于一般住宅极少配备集中空调系统,湿度、风速等参数实际上无法控制,且在室内热环境的诸多指标中,对人体的舒适以及对采暖能耗影响最大的是温度指标,换气指标则是从人体卫生角度考虑必不可少的指标。所以只提及空气温度指标和换气指标。

冬季采暖室内热环境设计计算指标应符合下列规定:卧室、起居室室内设计温度应取18 ℃,换气次数应取 1.0 次/h。 夏季空调室内热环境设计计算指标应符合下列规定:卧室、起居室室内设计温度应取 26 ℃,换气次数应取 1.0 次/h。

2. 一般规定与限值

1）总体布置与设计

组织好室内外的自然通风有利于降低建筑物的实际使用能耗,故建筑群的总体布置、单体建筑的平面、立面设计和门窗的设置应有利于自然通风。太阳辐射得热对建筑能耗的影响很大,南北朝向的建筑夏季可以减少太阳辐射得热,冬季可以增加太阳辐射得热,是最有利的建筑朝向,所以建筑物宜朝向南北或接近朝向南北。

2）体形系数

建筑物体形系数是指建筑物的外表面积与外表面积所包的体积之比。它是表征建筑热工特性的一个重要指标,体形系数过大或过小都有不好的影响,因此应权衡利弊,兼顾不同类型的建筑造型,来确定体形系数。

夏热冬冷地区居住建筑的体形系数在建筑层数小于等于 3 层时,限值为 0.55;建筑层数在 4~11 层时,限值为 0.40;建筑层数大于等于 12 层时,限值为 0.35。

3)窗墙面积比与围护结构

建筑围护结构各部分的传热系数和热惰性指标不应大于表 8-1 规定的限值。

表 8-1 建筑围护结构各部分的传热系数和热惰性指标的限值

围护结构部位		传热系数 K [W/(m²·K)]	
		热惰性指标 $D≤2.5$	热惰性指标 $D>2.5$
体形系数 ≤0.40	屋面	0.8	1.0
	外墙	1.0	1.5
	底面接触室外空气的架空或外挑楼板	1.5	
	分户墙、楼板、楼梯间隔墙、外走廊隔墙	2.0	
体形系数 ≤0.40	户门	3.0(通往封闭空间) 2.0(通往非封闭空间或户外)	
	外窗(含阳台门透明部分)	应符合表 8-2、表 8-3 的规定	
体形系数 >0.40	屋面	0.5	0.6
	外墙	0.8	1.0
	底面接触室外空气的架空或外挑楼板	1.0	
	分户墙、楼板、楼梯间隔墙、外走廊隔墙	2.0	
	户门	3.0(通往封闭空间) 2.0(通往非封闭空间或户外)	
	外室(含阳台门透明部分)	应符合表 8-2、表 8-3 的规定	

不同朝向外窗(包括阳台门的透明部分)的窗墙面积比不应大于表 8-2 规定的限值。不同朝向、不同窗墙面积比的外窗传热系数不应大于表 8-3 规定的限值;综合遮阳系数应符合表 8-3 的规定。当外窗为凸窗时,凸窗的传热系数限值应比表 8-3 规定的限值小 10%;计算窗墙面积比时,凸窗的面积应按洞口面积计算;对凸窗不透明的上顶板、下底板和侧板,应进行保温处理,且板的传热系数不应低于外墙的传热系数的限值要求。

东偏北 30° 至东偏南 60°、西偏北 30° 至西偏南 60° 范围内的外窗应设置挡板式遮阳或可以遮住窗户正面的活动外遮阳,南向的外窗宜设置水平遮阳或可以遮住窗户正面的活动外遮阳。各朝向的窗户,当设置了可以完全遮住正面的活动外遮阳时,应认定满足表 8-3 对外窗遮阳的要求。

表 8-2　不同朝向外窗的窗墙面积比限值

朝向	窗墙面积比
北	0.40
东、西	0.35
南	0.45
每套房间允许一个房间（不分朝向）	0.60

表 8-3　不同朝向、不同窗墙面积比的外窗传热系数和综合遮阳系数

建筑	窗墙面积比	传热系数 $K\,[\,W/(\,m^2\cdot K\,)\,]$	外窗综合遮阳系数 SC_w（东、西向/南向）
体形系数 ≤0.40	窗墙面积比≤0.20	4.7	—/—
	0.20<窗墙面积比≤0.30	4.0	—/—
	0.30<窗墙面积比≤0.40	3.2	夏季≤0.40/夏季≤0.45
	0.40<窗墙面积比≤0.45	2.8	夏季≤0.35/夏季≤0.40
	0.45<窗墙面积比≤0.60	2.5	东、西、南向设置外遮阳夏季≤0.25，冬季≥0.60
体形系数 >0.40	窗墙面积比≤0.20	4.0	—/—
	0.20<窗墙面积比≤0.30	3.2	—/—
	0.30<窗墙面积比≤0.40	2.8	夏季≤0.40/夏季≤0.45
	0.40<窗墙面积比≤0.45	2.5	夏季≤0.35/夏季≤0.40
	0.45<窗墙面积比≤0.60	2.3	东、西、南向设置外遮阳夏季≤0.25，冬季≥0.60

注：（1）表中的"东""西"代表从东或西偏北 30°（含 30°）至偏南 60°（含 60°）的范围，"南"代表从南偏东 30° 至偏西 30° 的范围；

（2）楼梯间、外走廊的窗不按本表规定执行。

同时，外窗可开启面积（含阳台门面积）不应小于外窗所在房间地面面积的 5%，避免"大开窗，小开启"现象。多层住宅外窗宜采用平开窗。为了保证建筑的节能，要求外窗具有良好的气密性能，以避免夏季和冬季室外空气过多地向室内渗漏。建筑物 1~6 层的外窗及敞开式阳台门的气密性等级，不应低于国家标准《建筑外门窗气密、水密、抗风压性能检测方法》（GB/T 7106—2019）中规定的 4 级；7 层及 7 层以上的外窗及敞开式阳台门的气密性等级，不应低于该标准规定的 6 级。

东偏北 30° 至东偏南 60°、西偏北 30° 至西偏南 60° 范围内的外窗应设置挡板式遮阳或可以遮住窗户正面的活动外遮阳，南向的外窗宜设置水平遮阳或可以遮住窗户正面的活动外遮阳。各朝向的窗户，当设置了可以完全遮住正面的活动外遮阳时，应认定满足表 8-3 对外窗遮阳的要求。

此外，建筑围护结构的外表面宜采用浅色饰面材料。平屋顶宜采取绿化、涂刷隔热涂料

等隔热措施。当采用分体式空气调节器（含风管机、多联机）时，室外机的安装位置应符合下列规定：应稳定牢固，不应存在安全隐患；室外机的换热器应通风良好，排出空气与吸入空气之间应避免气流短路；应便于室外机的维护；应尽量减小对周围环境的热影响和噪声影响。

4）围护结构热工性能参数计算

围护结构热工性能参数计算应符合下列规定。

（1）外墙的传热系数应考虑结构性冷桥的影响，取平均传热系数。

（2）当屋顶和外墙的传热系数满足表8-1的限值要求，但热惰性指标 $D \leqslant 2.0$ 时，应按照《民用建筑热工设计规范》（GB 50176—2016）中的方法来验算屋顶和东、西向外墙的隔热设计。

（3）当砖、混凝土等重质材料构成的墙、屋面的面密度 $\rho \geqslant 200 \ kg/m^2$ 时，可不计算热惰性指标，直接认定外墙、屋面的热惰性指标满足要求。

（4）楼板的传热系数可按装修后的情况计算。

（5）窗墙面积比应按建筑开间（轴距离）计算。

（6）窗的综合遮阳系数应按下式计算：

$$SC = SC_C \times SD = SC_B \times (1 - F_K/F_C) \times SD \tag{8-1}$$

式中 SC——窗的综合遮阳系数；

$\qquad SC_C$——窗本身的遮阳系数；

$\qquad SD$——外遮阳的遮阳系数；

$\qquad SC_B$——玻璃的遮阳系数；

$\qquad F_K$——窗框的面积；

$\qquad F_C$——窗的面积；

$\qquad F_K/F_C$——窗框面积比，PVC 塑钢窗或木窗的窗框比可取 0.30，铝合金窗的窗框比可取 0.20，其他框材的窗按相近原则取值。

二、热工性能综合判断

对大量的居住建筑，它们的体形系数、窗墙面积比以及围护结构的热工性能等都能符合上一章的限值要求，这样的居住建筑属于所谓的"典型"居住建筑，它们的采暖、空调能耗已经经过了大量的计算，节能的目标是有保证的，不必进行热工性能综合判断。

但是由于实际情况的复杂性，总会有一些建筑不能全部满足限值要求。对于这样的建筑本标准提供了另外一种具有一定灵活性的办法，判断该建筑是否满足本标准规定的节能要求。这种方法称为"建筑围护结构热工性能的综合判断"。

当体形系数、传热系数、遮阳系数等超过限值时，需通过建筑围护结构热工性能综合判断,确保实现节能目标。

1. 参照建筑

参照建筑是一栋满足本标准节能要求的节能建筑,是用来与设计建筑进行能耗比对的假想建筑,两者必须在形状、大小、朝向以及平面划分等方面完全相同。

参照建筑的构建应符合下列要求:参照建筑的建筑形状、大小、朝向以及平面划分均应与设计建筑完全相同;当设计建筑的体形系数超过限值时,应按同一比例将参照建筑每个开间外墙和屋面的面积分为传热面积和绝热面积两部分,并应使得参照建筑外围护的所有传热面积之和除以参照建筑的体积等于体形系数限值;参照建筑外墙的开窗位置应与设计建筑相同,当某个开间的窗面积与该开间的传热面积之比大于规定时,应缩小该开间的窗面积,并应使得窗面积与该开间的传热面积之比符合规定;当某个开间的窗面积与该开间的传热面积之比小于限值时,该开间的窗面积不应作调整;参照建筑屋面、外墙、架空或外挑楼板的传热系数应取对应的限值,外窗的传热系数应取对应的限值。

从参照建筑的构建规则可以看出,所谓"建筑围护结构热工性能的综合判断"实际上就是允许设计建筑在体形系数、窗墙面积比、围护结构热工性能三者之间进行强弱之间的调整和弥补。

2. 热工性能综合判断

建筑围护结构热工性能的综合判断应以采暖和空调耗电量之和为判据。此处设计建筑和参照建筑的采暖和空调年耗电量应采用动态方法计算,并采用同一版本计算软件,计算时应符合下列规定:

(1)整栋建筑每套住宅室内计算温度,冬季应全天为 18 ℃,夏季应全天为 26 ℃;

(2)采暖计算期应为当年 12 月 1 日至次年 2 月 28 日,空调计算期应为当年 6 月 15 日至 8 月 31 日;

(3)室外气象计算参数应采用典型气象年;

(4)采暖和空调时,换气次数应为 1.0 次/h;

(5)采暖、空调设备为家用空气源热泵空调器,制冷时额定能效比应取 2.3,采暖时额定能效比应取 1.9。

当体形系数大于规定的限值时,应按同一比例将参照建筑每个开间外墙和屋面的面积分为传热面积和绝热面积两部分,并应使得参照建筑外围护的所有传热面积之和除以参照建筑的体积等于对应的体形系数限值。即当体形系数超过规定时,则要求提高建筑围护结构的保温隔热性能,并通过建筑围护结构热工性能综合判断,确保实现节能目标。

当设计建筑的围护结构中的屋面、外墙、架空或外挑楼板、外窗不符合表 8-1 的规定时,必须进行建筑围护结构热工性能的综合判断。

当设计建筑的窗墙面积比或传热系数、遮阳系数不符合表 8-2 和表 8-3 的规定时,必须进行建筑围护结构热工性能的综合判断。

参照建筑外墙的开窗位置应与设计建筑相同,当某个开间的窗面积与该开间的传热面积之比大于表 8-2 的规定时,应缩小该开间的窗面积,并应使得窗面积与该开间的传热面积之比符合表 8-2 的规定。

当某个开间的窗面积与该开间的传热面积之比小于表 8-2 的规定时,该开间的窗面积不应做调整;参照建筑屋面、外墙、架空或外挑楼板的传热系数应取表 8-1 中对应的限值,外窗的传热系数应取表 8-2 和表 8-3 中对应的限值。

三、采暖、空调和通风节能设计

夏热冬冷地区冬季湿冷、夏季酷热。随着经济发展,人民生活水平的不断提高,人们对采暖、空调的需求逐年上升。

居住建筑采暖、空调方式及其设备的选择,应根据当地能源情况,经技术经济分析,及用户对设备运行费用的承担能力综合考虑确定。当居住建筑采用集中采暖、空调系统时,必须设置分室(户)温度调节、控制装置及分户热(冷)量计量或分摊设施。

合理利用能源、提高能源利用率、节约能源是我国的基本国策。用高品位的电能直接用于转换为低品位的热能进行采暖,热效率低、运行费用高,是不合适的。因此,应严格限制设计直接电热进行集中采暖的方式。除当地电力充足和供电政策支持,或者建筑所在地无法利用其他形式的能源外,夏热冬冷地区居住建筑不应设计直接电热采暖。

居住建筑进行夏季供冷、冬季采暖,宜采用下列设备:电驱动的热泵型空调器(机组);燃气、蒸汽或热水驱动的吸收式冷(热)水机组;低温地板辐射采暖方式;燃气(油、其他燃料)的采暖炉采暖等。

当设计采用户式燃气采暖热水炉作为采暖热源时,其热效率应达到国家标准《家用燃气快速热水器和燃气采暖热水炉能效限定值及能效等级》(GB 20665—2015)中的第 2 级。

当设计采用电机驱动压缩机的蒸汽压缩循环冷水(热泵)机组,或采用名义制冷量大于 7 100 W 的电机驱动压缩机单元式空气调节机,或采用蒸汽、热水型溴化锂吸收式冷水机组及直燃型溴化锂吸收式冷(温)水机组作为住宅小区或整栋楼的冷热源机组时,所选用机组的能效比(性能系数)应符合现行国家标准《公共建筑节能设计标准》(GB 50189—2015)中的规定值;当设计采用多联式空调(热泵)机组作为户式集中空调(采暖)机组时,所选用机组的制冷综合性能系数不应低于国家标准《多联式空调(热泵)机组能效限定值及能效等级》(GB 21454—2021)中规定的第 3 级。

当选择土壤源热泵系统、浅层地下水源热泵系统、地表水(淡水、海水)源热泵系统、污水水源热泵系统作为居住区或户用空调的冷热源时,严禁破坏、污染地下资源。

当采用分散式房间空调器进行空调和(或)采暖时,宜选择符合国家标准《房间空气调节器能效限定值及能效等级》(GB 21455—2019)中规定的节能型产品(即能效等级 2 级)。

当然,当技术经济合理时,应鼓励居住建筑中采用太阳能、地热能等可再生能源,以及在居住建筑小区采用热、电、冷联产技术。

在通风设计方面,居住建筑通风设计应处理好室内气流组织、提高通风效率。厨房、卫生间应安装局部机械排风装置。对采用采暖、空调设备的居住建筑,宜采用带热回收的机械换气装置。

第二节　夏热冬暖地区

一、建筑节能设计计算指标与一般规定

1.建筑节能设计计算指标

以一月份的平均温度 11.5 ℃为分界线(等温线),将夏热冬暖地区进一步细分为两个区:等温线的北部为北区、等温线的南部为南区。北区内的建筑节能设计应主要考虑夏季空调,兼顾冬季采暖;南区内的建筑节能设计应考虑夏季空调,可不考虑冬季采暖。

夏季空调室内设计计算指标应按下列规定取值:居住空间室内设计计算温度为 26 ℃,计算换气次数为 1.0 次/h。

北区冬季采暖室内设计计算指标应按下列规定取值:居住空间室内设计计算温度为 16 ℃,计算换气次数为 1.0 次/h。

2.一般规定和限值

夏热冬暖地区的主要气候特征之一表现在夏热季节的 4—9 月盛行东南风和西南风,该地区内陆地区的地面平均风速为 1.1~3.0 m/s,沿海及岛屿风速更大。充分地利用这一风力资源自然降温,就可以相对地缩短居住建筑使用空调降温的时间,达到节能目的。建筑群的总体规划应有利于自然通风和减轻热岛效应。居住建筑的朝向宜采用南北向或接近南北向,有利于自然通风,增加居住舒适度。建筑的平面、立面设计也应有利于自然通风。

北区内,单元式、通廊式住宅的体形系数不宜大于 0.35,塔式住宅的体形系数不宜大于 0.40。

建筑的卧室、书房、起居室等主要房间的房间窗地面积比不应小于 1/7。当房间窗地面积比小于 1/5 时,外窗玻璃的可见光透射比不应小于 0.40。

居住建筑的天窗面积不应大于屋顶总面积的 4%,传热系数不应大于 4.0 W/(m²·K),遮阳系数不应大于 0.40。

居住建筑屋顶和外墙的传热系数和热惰性指标应符合表 8-4 的规定。

表 8-4 屋顶和外墙的传热系数 K[W/(m²·K)]、热惰性指标 D

屋顶	外墙
$0.4<K≤0.9,D≥2.5$	$2.0<K≤2.5,D≥3.0$ 或 $1.5<K≤2.0,D≥2.8$ 或 $0.7<K≤1.5,D≥2.5$
$K≤0.4$	$K≤0.7$

注:(1)$D<2.5$ 的轻质屋顶和东、西墙,还应满足现行国家标准《民用建筑热工设计规范》(GB 50176—2016)所规定的要求;
(2)外墙传热系数 K 和热惰性指标 D 要求中,$2.0<K≤2.5,D≥3.0$ 这一档仅适用于南区。

居住建筑外窗的平均传热系数和平均综合遮阳系数应符合表 8-5 和表 8-6 的规定。

表 8-5 北区居住建筑物外窗平均传热系数和平均综合遮阳系数限值

外窗平均指标	外窗平均传热系数 K[W/(m²·K)]	外窗加权平均综合遮阳系数 S_w			
		平均窗地面积比 $C_{MF}≤0.25$ 或平均窗墙面积比 $C_{MW}≤0.25$	$0.25<$平均窗地面积比 $C_{MF}≤0.30$ 或 $0.25<$平均窗墙面积比 $C_{MW}≤0.30$	$0.30<$平均窗地面积比 $C_{MF}≤0.35$ 或 $0.30<$平均窗墙面积比 $C_{MW}≤0.35$	$0.35<$平均窗地面积比 $C_{MF}≤0.40$ 或 $0.35<$平均窗墙面积比 $C_{MW}≤0.40$
$K≤2.0$, $D≥2.8$	4.0	≤0.3	≤0.2	—	—
	3.5	≤0.5	≤0.3	≤0.2	—
	3.0	≤0.7	≤0.5	≤0.4	≤0.3
	2.5	≤0.8	≤0.6	≤0.6	≤0.4
$K≤1.5$, $D≥2.5$	6.0	≤0.6	≤0.3	—	—
	5.5	≤0.8	≤0.4	—	—
	5.0	≤0.9	≤0.6	≤0.3	—
	4.5	≤0.9	≤0.7	≤0.5	≤0.2
$K≤1.5$, $D≥2.5$	4.0	≤0.9	≤0.8	≤0.6	≤0.4
	3.5	≤0.9	≤0.9	≤0.7	≤0.5
	3.0	≤0.9	≤0.9	≤0.8	≤0.6
	2.5	≤0.9	≤0.9	≤0.9	≤0.7
$K≤1.5$, $D≥2.5$; 或 $K≤0.7$	6.0	≤0.9	≤0.9	≤0.6	≤0.2
	5.5	≤0.9	≤0.9	≤0.7	≤0.4
	5.0	≤0.9	≤0.9	≤0.8	≤0.6
	4.5	≤0.9	≤0.9	≤0.8	≤0.7
	4.0	≤0.9	≤0.9	≤0.9	≤0.7
	3.5	≤0.9	≤0.9	≤0.9	≤0.8

表 8-6　南区居住建筑建筑物外窗平均综合遮阳系数限值

外墙平均指标（$\rho \leq 0.8$）	外窗的加权平均综合遮阳系数 S_{w}				
	平均窗地面积比 $C_{\text{MF}} \leq 0.25$ 或平均窗墙面积比 $C_{\text{MW}} \leq 0.25$	$0.25 <$ 平均窗地面积比 $C_{\text{MF}} \leq 0.30$ 或 $0.25 <$ 平均窗墙面积比 $C_{\text{MW}} \leq 0.30$	$0.30 <$ 平均窗地面积比 $C_{\text{MF}} \leq 0.35$ 或 $0.30 <$ 平均窗墙面积比 $C_{\text{MW}} \leq 0.35$	$0.35 <$ 平均窗地面积比 $C_{\text{MF}} \leq 0.40$ 或 $0.35 <$ 平均窗墙面积比 $C_{\text{MW}} \leq 0.40$	$0.40 <$ 平均窗地面积比 $C_{\text{MF}} \leq 0.45$ 或 $0.40 <$ 平均窗墙面积比 $C_{\text{MW}} \leq 0.45$
$K \leq 2.5$, $D \geq 3.0$	≤ 0.5	≤ 0.4	≤ 0.3	≤ 0.2	—
$K \leq 2.0$, $D \geq 2.8$	≤ 0.6	≤ 0.5	≤ 0.4	≤ 0.3	≤ 0.2
$K \leq 1.5$, $D \geq 2.5$	≤ 0.8	≤ 0.7	≤ 0.6	≤ 0.5	≤ 0.4
$K \leq 1.0$, $D \geq 2.5$; 或 $K \leq 0.7$	≤ 0.9	≤ 0.8	≤ 0.7	≤ 0.6	≤ 0.5

注：（1）外窗包括阳台门；

（2）ρ 为外墙外表面的太阳辐射吸收系数。

外窗平均综合遮阳系数，应为建筑各个朝向平均综合遮阳系数按各朝向窗面积和朝向的权重系数加权平均的数值，并应按下式计算：

$$S_{\text{W}} = \frac{A_{\text{E}} \cdot S_{\text{W,E}} + A_{\text{S}} \cdot S_{\text{W,S}} + 1.25 A_{\text{W}} \cdot S_{\text{W,W}} + 0.8 A_{\text{N}} \cdot S_{\text{W,N}}}{A_{\text{E}} + A_{\text{S}} + A_{\text{W}} + A_{\text{N}}} \qquad (8\text{-}2)$$

式中　A_{E}、A_{S}、A_{W}、A_{N}——东、南、西、北朝向的窗面积；

$S_{\text{W,E}}$、$S_{\text{W,S}}$、$S_{\text{W,W}}$、$S_{\text{W,N}}$——东、南、西、北朝向窗的平均综合遮阳系数。

注：各个朝向的权重系数，东、南朝向取 1.0，西朝向取 1.25，北朝向取 0.8。

居住建筑的东、西向外窗必须采取建筑外遮阳措施，建筑外遮阳系数 SD 不应大于 0.8。

南、北向外窗应采取建筑外遮阳措施，建筑外遮阳系数 SD 不应大于 0.9。当采用水平、垂直或综合建筑外遮阳构造时，外遮阳构造的挑出长度不应小于表 8-7 规定。

表 8-7　建筑外遮阳构造的挑出长度限值　　　　　　　　　　　单位：m

朝向	南			北		
遮阳形式	水平	竖直	综合	水平	竖直	综合
北区	0.25	0.20	0.15	0.40	0.25	0.15
南区	0.30	0.25	0.15	0.45	0.30	0.20

计算窗口的建筑外遮阳系数 SD 时，北区建筑外遮阳系数应取冬季和夏季的建筑外遮阳系数的平均值，南区应取夏季的建筑外遮阳系数。窗口上方的上一楼层阳台或外廊应作为水平遮阳计算；同一立面对相邻立面上的多个窗口形成自遮挡时应逐一窗口计算。典型形

式的建筑外遮阳系数可按表8-8取值。

表 8-8　典型形式的建筑外遮阳系数

遮阳形式	建筑外遮阳系数 SD
可完全遮挡直射阳光的固定百叶遮阳、固定挡板、遮阳板等	0.5
可基本遮挡直射阳光的固定百叶遮阳、固定挡板、遮阳板	0.7
较密的花格	0.7
可完全覆盖的不透明活动百叶遮阳、金属卷帘	0.5
可完全覆盖窗的织物卷帘	0.7

注：位于窗口上方的上一楼层的阳台也作为遮阳板考虑。

各朝向的单一朝向窗墙面积比，南、北向不应大于0.40；东、西向不应大于0.30。当设计建筑的外窗不符合上述规定时，其空调采暖年耗电指数（或耗电量）不应超过参照建筑的空调采暖年耗电指数（或耗电量）。

建筑的空调采暖年耗电量应采用动态逐时模拟的方法计算。空调采暖年耗电量应为计算所得到的单位建筑面积空调年耗电量与采暖年耗电量之和。南区内的建筑物可忽略采暖年耗电量。

外窗（包含阳台门）的通风开口面积不应小于房间地面面积的10%或外窗面积的45%。居住建筑应能自然通风，每户至少应有一个居住房间通风开口和通风路径的设计满足自然通风要求。居住建筑1~9层外窗的气密性能不应低于国家标准《建筑外门窗气密、水密、抗风压性能检测方法》（GB/T 7106—2019）中规定的4级水平；10层及10层以上外窗的气密性能不应低于国家标准《建筑外门窗气密、水密、抗风压性能检测方法》（GB/T 7106—2019）中规定的6级水平。

二、建筑节能设计的综合评价

达到参照建筑的最低要求，建筑就视为满足节能设计标准，那么将所设计的建筑与满足节能要求的参照建筑进行能耗对比计算，若所设计建筑的能耗并不高出按要求设计的节能参照建筑，则同样应该判定所设计建筑满足节能设计标准，即用"对比评定法"对其进行综合评价。

1. 参照建筑的确定

参照建筑应按下列原则确定。

（1）参照建筑的建筑形状、大小和朝向均应与所设计建筑完全相同。

（2）参照建筑各朝向和屋顶的开窗洞口面积应与所设计建筑相同，但当所设计建筑某个朝向的窗（包括屋顶的天窗）洞面积超过前文规定时，参照建筑该朝向（或屋顶）的窗洞口面积应按表 8-1 和前文规定减小。

（3）参照建筑外墙、外窗和屋顶的各项性能指标应为前文规定的最低限值。其中,墙体、屋顶外表面的太阳辐射吸收系数应取 0.7。当所设计建筑的墙体热惰性指标大于 2.5 时,参照建筑的墙体传热系数应取 1.5 W/（m²·K）,屋顶的传热系数应取 0.9 W/（m²·K）,北区窗的传热系数应取 4.0 W/（m²·K）;当所设计建筑的墙体热惰性指标小于 2.5 时,参照建筑的墙体传热系数应取 0.7 W/（m²·K）,屋顶的传热系数应取 0.4 W/（m²·K）,北区窗的传热系数应取 4.0 W/（m²·K）。

2. 综合评价

"对比评定法"是先按所设计建筑的大小和形状设计一个节能建筑,称为参照建筑。将所设计建筑物与参照建筑进行对比计算,若所设计建筑的能耗不比参照建筑高,则认为它满足节能设计标准的要求。若所设计建筑的能耗高于参照建筑,则必须对所设计建筑的有关参数进行调整,再进行计算,直到满足要求为止。

综合评价的指标可采用空调采暖年耗电指数,也可直接采用空调采暖年耗电量,并应符合下列规定。

（1）当采用空调采暖年耗电指数（Electricity Consumption Factor）ECF 作为综合评定指标时,所设计建筑的空调采暖年耗电指数不得超过参照建筑的空调采暖年耗电指数,即应符合下式的规定:

$$ECF \leqslant ECF_{ref} \tag{8-3}$$

式中 ECF——所设计建筑的空调采暖年耗电指数;

ECF_{ref}——参照建筑的空调采暖年耗电指数。

（2）当采用空调采暖年耗电量（Electricity Consumption）EC 指标作为综合评定指标时,在相同的计算条件下,用相同的计算方法,所设计建筑的空调采暖年耗电量不得超过参照建筑的空调采暖年耗电量,即应符合下式的规定:

$$EC \leqslant EC_{ref} \tag{8-4}$$

式中 EC——所设计建筑的空调采暖年耗电量;

EC_{ref}——参照建筑的空调采暖年耗电量。

（3）对节能设计进行综合评价的建筑,其天窗的遮阳系数和传热系数应符合前文的规定,屋顶、东西墙的传热系数和热惰性指标应符合表 8-4 及其他相关规定。

建筑节能设计综合评价指标的计算条件应符合下列规定。

①室内计算温度,冬季应取 16 ℃,夏季应取 26 ℃。

②室外计算气象参数应采用当地典型气象年。

③空调和采暖时,换气次数应取 1.0 次/h。

④空调额定能效比应取 3.0,采暖额定能效比应取 1.7。

⑤室内不应考虑照明得热和其他内部得热。

174

⑥建筑面积应按墙体中轴线计算;计算体积时,墙仍按中轴线计算,楼层高度应按楼板面至楼板面计算;外表面积的计算应按墙体中轴线和楼板面计算。

⑦当建筑屋顶和外墙采用反射隔热外饰面($\rho<0.6$)时,其计算用的太阳辐射吸收系数不得重复计算其当量附加热阻。

建筑的空调采暖年耗电量应采用动态逐时模拟的方法计算。空调采暖年耗电量应为计算所得到的单位建筑面积空调年耗电量与采暖年耗电量之和。南区内的建筑物可忽略采暖年耗电量。

居住建筑的天窗面积不应大于屋顶总面积的 4%,传热系数不应大于 4.0 W/($m^2 \cdot K$),遮阳系数不应大于 0.40。当设计建筑的天窗不符合上述规定时,其空调采暖年耗电指数(或耗电量)不应超过参照建筑的空调采暖年耗电指数(或耗电量)。

居住建筑屋顶和外墙的传热系数和热惰性指标应符合表 8-4 的规定。当设计建筑的南、北外墙不符合表 8-4 的规定时,其空调采暖年耗电指数(或耗电量)不应超过参照建筑的空调采暖年耗电指数(或耗电量)。

当设计建筑的南、北外墙不符合表 8-4 的规定时,其空调采暖年耗电指数(或耗电量)不应超过参照建筑的空调采暖年耗电指数(或耗电量)。

居住建筑外窗的平均传热系数和平均综合遮阳系数应符合表 8-5 和表 8-6 的规定。当设计建筑的外窗不符合表 8-5 和表 8-6 的规定时,建筑的空调采暖年耗电指数(或耗电量)不应超过参照建筑的空调采暖年耗电指数(或耗电量)。

外窗平均综合遮阳系数,应为建筑各个朝向平均综合遮阳系数按各朝向窗面积和朝向的权重系数加权平均的数值,并应按式(8-2)计算。

各朝向的单一朝向窗墙面积比,南、北向不应大于 0.40;东、西向不应大于 0.30。设计建筑的外窗不符合上述规定时,其空调采暖年耗电指数(或耗电量)不应超过参照建筑的空调采暖年耗电指数(或耗电量)。所设计建筑的窗墙比不完全符合上述规定时,采用对比评定法来综合评价判定该建筑是否满足节能要求。采用对比评定法时,参照建筑的各朝向窗墙比必须符合上述规定。

参照建筑外墙、外窗和屋顶的各项性能指标应为居住建筑屋顶和外墙的传热系数和热惰性指标、居住建筑外窗的平均传热系数和平均综合遮阳系数的最低限值。其中,墙体、屋顶外表面的太阳辐射吸收系数应取 0.7。当所设计建筑的墙体热惰性指标大于 2.5 时,参照建筑的墙体传热系数应取 1.5 W/($m^2 \cdot K$),屋顶的传热系数应取 0.9 W/($m^2 \cdot K$),北区窗的传热系数应取 4.0 W/($m^2 \cdot K$);当所设计建筑的墙体热惰性指标小于 2.5 时,参照建筑的墙体传热系数应取 0.7 W/($m^2 \cdot K$),屋顶的传热系数应取 0.4 W/($m^2 \cdot K$),北区窗的传热系数应取 4.0 W/($m^2 \cdot K$)。

三、暖通空调和照明节能设计

居住建筑空调与采暖方式及设备的选择,应根据当地资源情况,充分考虑节能、环保因素,并经技术经济分析后确定。

采用集中式空调(采暖)方式或户式(单元式)中央空调的住宅应进行逐时逐项冷负荷计算;采用集中式空调(采暖)方式的居住建筑,应设置分室(户)温度控制及分户冷(热)量计量设施。

居住建筑进行夏季空调、冬季采暖时,宜采用电驱动的热泵型空调器(机组)、燃气、蒸汽或热水驱动的吸收式冷(热)水机组,或有利于节能的其他形式的冷(热)源。

当设计采用电机驱动压缩机的蒸汽压缩循环冷水(热泵)机组,或采用名义制冷量大于7 100 W 的电机驱动压缩机单元式空气调节机,或采用蒸汽型、热水型溴化锂吸收式冷水机组及直燃型溴化锂吸收式冷(温)水机组作为住宅小区或整栋楼的冷(热)源机组时,所选用机组的能效比(性能系数)应符合现行国家标准《公共建筑节能设计标准》(GB 50189—2015)中的规定值。

当采用多联式空调(热泵)机组作为户式集中空调(采暖)机组时,所选用机组的制冷综合性能系数不应低于现行国家标准《多联式空调(热泵)机组能效限定值及能效等级》(GB 21454—2021)中规定的第 3 级。需要注意的是,居住建筑设计时采暖方式不宜设计采用直接电热设备。

采用分散式房间空调器进行空调和(或)采暖时,宜选择符合现行国家标准《房间空气调节器能效限定值及能效等级》(GB 21455—2019)中规定的能效等级 2 级以上的节能型产品。

当选择土壤源热泵系统、浅层地下水源热泵系统、地表水(淡水、海水)源热泵系统、污水水源热泵系统作为居住区或户用空调(采暖)系统的冷热源时,应进行适宜性分析。

空调室外机的安装位置应避免多台相邻室外机吹出气流相互干扰,并应考虑凝结水的排放和减少对相邻住户的热污染和噪声污染;设计搁板(架)构造时应有利于室外机的吸入、排出气流通畅和缩短室内、外机的连接管路,提高空调器效率;设计安装整体式(窗式)房间空调器的建筑应预留其安放位置。

居住建筑通风宜采用自然通风使室内满足热舒适及空气质量要求;当自然通风不能满足要求时,可辅以机械通风。通风机械设备宜选用符合国家现行标准规定的节能型设备及产品。

居住建筑通风设计应处理好室内气流组织,提高通风效率。厨房、卫生间应安装机械排风装置。

居住建筑公共部位的照明应采用高效光源、灯具并应采取节能控制措施。

第三节 温和地区

一、气候子区与室内节能设计计算指标

温和地区的大部分区域地处低纬高原,"一山分四季、十里不同天"的山地气候特征十分明显和突出,地理距离的远近并不是造成气候差异的唯一因素,直接采用分区图的形式表达区划会比较复杂,带来理解上的偏差,所以二级区划采用表格形式给出典型城镇的区属,边界清晰,且便于标准的执行和管理。温和地区建筑热工设计分区应符合表 8-9 的规定,并应符合现行国家标准《民用建筑热工设计规范》(GB 50176—2016)的规定。

表 8-9 温和地区建筑热工设计分区

温和地区气候子区	分区指标		典型城镇(按 $HDD18$ 值排序)
温和 A 区	$CDD26<10$	$700 \leqslant HDD18 < 2\,000$	会泽、丽江、贵阳、独山、曲靖、兴义、会理、泸西、大理、广南、腾冲、昆明、西昌、保山、楚雄
温和 B 区		$HDD18 < 700$	临沧、蒙自、江城、耿马、普洱、澜沧、瑞丽

注:度日数分采暖度日数(Heating Degree Days)HDD 和供冷度日数(Cooling Degree Days)CDD,采暖度日数是指一年中,当室外逐日平均气温低于 18 ℃时,将低于 18 ℃的度数乘以 1 d,所得出乘积的累加值;供冷度日数是指一年中,当室外逐日平均气温高于 26 ℃时,将高于 26 ℃的度数乘以 1 d,所得乘积的累加值。

冬季供暖室内节能计算指标的取值应符合下列规定:卧室、起居室室内设计计算温度应取 18 ℃,计算换气次数应取 1.0 次/h。

二、建筑和建筑热工节能设计

1. 一般规定

建筑群的总体规划和建筑单体设计,宜利用太阳能改善室内热环境,并宜满足夏季自然通风和建筑遮阳的要求。建筑物的主要房间开窗宜避开冬季主导风向。山地建筑的选址宜避开背阴的北坡地段。 居住建筑的朝向宜为南北向或接近南北向。

居住建筑的屋顶和外墙可采取下列隔热措施:

(1)宜采用浅色外饰面等反射隔热措施;

(2)东、西外墙宜采用花格构件或植物等遮阳;

(3)宜采用屋面遮阳或通风屋顶;

(4)宜采用种植屋面;

(5)可采用蓄水屋面。

对冬季日照率不小于 70%,且冬季月均太阳辐射量不少于 400 MJ/m² 的地区,应进行被

动式太阳能利用设计;对冬季日照率大于 55% 但小于 70%,且冬季月均太阳辐射量不少于 350 MJ/m² 的地区,宜进行被动式太阳能利用设计。

2.围护结构热工设计

温和 A 区居住建筑非透光围护结构各部位的平均传热系数 K_m、热惰性指标 D 应符合表 8-10 的规定;温和 B 区居住建筑非透光围护结构各部位的平均传热系数 K_m 必须符合表 8-11 的规定。

温和 A 区不同朝向外窗(包括阳台门的透明部分)的窗墙面积比不应大于表 8-12 规定 的限值。不同朝向、不同窗墙面积比的外窗传热系数不应大于表 8-13 规定的限值。当外窗 为凸窗时,凸窗的传热系数限值应比表 8-13 的规定提高一档;计算窗墙面积比时,凸窗的面 积应按洞口面积计算。温和 B 区居住建筑外窗的传热系数应小于 4.0 W/(m²·K)。温和地 区的外窗综合遮阳系数必须符合表 8-14 的规定。

表 8-10 温和 A 区围护结构各部位的平均传热系数和热惰性指标限值

围护结构部位		平均传热系数 K_m[(W/m².K)]	
		热惰性指标 D≤2.5	热惰性指标 D>2.5
体形系数≤0.45	屋面	0.8	1.0
	外墙	1.0	1.5
体形系数>0.45	屋面	0.5	0.6
	外墙	0.8	1.0

表 8-11 温和 B 区围护结构各部位的平均传热系数限值

围护结构部位	平均传热系数 K_m[(W/m²·K)]
屋面	1.0
外墙	2.0

表 8-12 温和 A 区不同朝向外窗的窗墙面积比限值

朝向	窗墙面积比
北	0.40
东、西	0.35
南	0.50
水平(天窗)	0.10
每套允许一个房间(非水平间)	0.60

表 8-13　温和 A 区不同朝向、不同窗墙面积比的外窗传热限值

建筑	窗墙面积比	传热系数 $K_m[(W/m^2 \cdot K)]$
体形系数≤0.45	窗墙面积比≤0.30	3.8
	0.30<窗墙面积比≤0.40	3.2
	0.40<窗墙面积比≤0.45	2.8
	0.45<窗墙面积比≤0.50	2.5
体形系数>0.45	窗墙面积比≤0.20	3.8
	0.20<窗墙面积比≤0.30	3.2
	0.30<窗墙面积比≤0.40	2.8
	0.40<窗墙面积比≤0.45	2.5
	0.45<窗墙面积比≤0.50	2.3
水平向（天窗）		3.5

表 8-14　温和地区外窗的综合遮阳系数限值

部位		外窗综合遮阳系数 SC_w	
		夏季	冬季
外窗	温和 A 区	—	南向≥0.50
	温和 B 区	东、西向≤0.40	—
天窗（水平向）		≤0.30	≥0.50

温和 A 区居住建筑 1~9 层的外窗及敞开式阳台门的气密性等级不应低于 4 级；10 层及以上的外窗及敞开式阳台门的气密性等级不应低于 6 级。温和 B 区居住建筑的外窗及敞开阳台门的气密性等级不应低于 4 级。

3. 自然通风设计

居住建筑应根据基地周围的风向、布局建筑及周边绿化景观,设置建筑朝向与主导风向之间的夹角。

温和 B 区居住建筑主要房间宜布置于夏季迎风面,辅助用房宜布置于背风面,建筑进深对自然通风效果影响显著,建筑进深越小越有利于自然通风。对于居住建筑,卧室的合理进深为 4.5 m 左右,不超过 12 m 的户型进深对功能布置是合适的,同时也有利于自然通风所以对于未设置通风系统的居住建筑,户型进深不应超过 12 m。当房间采用单侧通风时,应采取增强自然通风效果的措施。温和 A 区居住建筑的外窗有效通风面积不应小于外窗所在房间地面面积的 5%。

温和 B 区居住建筑的卧室、起居室（厅）应设置外窗,窗地面积比不应小于 1/7,其外窗有效通风面积不应小于外窗所在房间地面面积的 10%。温和 B 区居住建筑宜利用阳台、外廊、天井等增加通风面积,温和 B 区非住宅类居住建筑设计时宜采用外廊。室内通风路径设

计应布置均匀、阻力小,不应出现通风死角、通风短路。当自然通风不能满足室内热环境的基本要求时,应设置风扇调风装置,宜设置机械通风装置,且不应妨碍建筑的自然通风。

4. 遮阳设计

当居住建筑外窗朝向为西向时,应采取遮阳措施。同时,宜通过种植落叶乔木、藤蔓植物,布置花格构件等形成遮阳系统。

温和地区外窗综合遮阳系数应符合表 8-14 中的限值规定。

外窗综合遮阳系数应按下式计算:

$$SC_W = SC_C \times SD = SC_B \times (1 - F_K/F_C) \times SD \qquad (8\text{-}5)$$

式中 SC_W——窗的综合遮阳系数;

SC_C——窗本身的遮阳系数;

SD——外遮阳系数;

SC_B——玻璃的遮阳系数;

F_K——窗框的面积;

F_C——窗的面积;

F_K/F_C——窗框面积比,PVC 塑钢窗或木窗窗框面积比取 0.35,铝合金窗窗框面积比取 0.30,其他框材窗的框窗面积比按实际计算取值。

夏季屋顶水平面太阳辐射强度最大,天窗需尽量避免使用水平玻璃窗,获取光线和冬天屋顶阳光的最好解决办法是使用高侧窗,因为高侧窗可以控制进入室内的阳光。天窗透光围护结构的热工性能较差,传热损失和太阳辐射得热过大,水平天窗直接面对太阳,带来了遮阳的困难,需要像东、西向窗户一样尽量避免。考虑到冬夏季对太阳辐射需求的不同,建议采用活动式遮阳为佳。所以,天窗应设置活动遮阳,宜设置活动外遮阳。窗口上方的出挑阳台、外廊等构件可作为水平遮阳计算。

5. 被动式太阳能利用

被动式太阳能利用宜选用直接受益式太阳房,其设计应符合下列规定:

(1)朝向宜在正南 ±30° 的区间;

(2)应经过计算后确定南向玻璃面积与太阳房楼地面面积之比;

(3)应提供足够的蓄热性能良好的材料;

(4)应设置防止眩光的装置;

(5)屋面天窗应设置遮阳和防风、雨、雪的措施。

被动式太阳房选用的集热窗传热系数应小于 3.2 W/(m²·K),玻璃的太阳光总透射比应大于 0.7,还应提高被动式太阳房围护结构的热稳定性,外窗既可采用夜间保温措施,如温和地区民居有在外窗内侧设置双扇木板的做法,也可采用保温窗帘,如由一层或多层镀铝聚酯薄膜和其他织物一起组成的复合保温窗帘。条件允许情况下,使用低成本的高效窗代替夜间活动保温装置为佳。

三、围护结构热工性能的权衡判断

1. 参照建筑的构建

参照建筑的构建应符合下列规定。

（1）参照建筑的建筑形状、大小、朝向以及平面划分均应与设计建筑完全相同。

（2）参照建筑外墙的开窗位置应与设计建筑相同，当某个开间的窗面积与该开间的传热面积之比大于表 8-12 的规定时，应缩小该开间的窗面积，并应使得窗面积与该开间的传热面积之比符合表 8-12 的规定；当某个开间的窗面积与该开间的传热面积之比不大于表 8-12 的规定时，该开间的窗面积不应作调整。

（3）参照建筑屋面、外墙的传热系数应按表 8-10、表 8-11 选取，外窗的传热系数应按表 8-13 选取。

设计建筑和参照建筑在规定条件下的供暖年耗电量应采用动态方法计算，并应采用同一版本计算软件。

设计建筑和参照建筑的供暖年耗电量的计算应符合下列规定：

（1）室外气象计算参数应符合现行行业标准《建筑节能气象参数标准》（JGJ/T 346—2014）的规定；

（2）供暖额定能效比应取 1.9；

（3）室内内部得热应为 3.8 W/m²。

2. 权衡判断

对温和地区的围护结构热工性能的评价依然使用"对比评定法"。

当温和 A 区设计建筑不符合表 8-10、表 8-11、表 8-12、表 8-13 中的规定时，应按本章中的规定对设计建筑进行围护结构热工性能的权衡判断。进行权衡判断的温和 A 区居住建筑围护结构热工性能基本要求应符合表 8-15 的规定。建筑围护结构热工性能的权衡判断应以供暖年耗电量为依据。设计建筑在规定条件下计算得出的供暖年耗电量不应超过参照建筑在相同条件下计算得出的供暖年耗电量。

表 8-15　温和 A 区居住建筑围护结构热工性能基本要求

围护结构部位		传热系数 K_m[（ W/m²·K ）]	
		热惰性指标 $D \leq 2.5$	热惰性指标 $D > 2.5$
屋面		0.8	1.0
外墙		1.2	1.8
外窗	窗墙面积比≤0.3	3.8	
	窗墙面积比>0.3	3.2	
天窗		3.5	

四、供暖空调节能设计

居住建筑不宜采用空调系统供冷,当采用空调系统供冷时,应符合现行国家标准《公共建筑节能设计标准》(GB 50189—2015)的规定。

供暖方式及其设备的选择,应根据建筑的用能需求结合当地能源情况、用户对设备运行费用的承担能力等进行综合技术经济分析确定,宜选用太阳能、地热能等可再生能源。

当居住建筑采用集中供暖系统时,每个独立调节房间均应设置室温调控装置,并宜采用自动温度控制阀,且集中供暖系统应采用热水作为热媒。

当居住建筑采用空调系统供暖时,其热水系统的设计应符合下列规定:管路布置应满足水力平衡要求,当系统之间压力损失相对差额大于15%时,应根据水力平衡计算配置必要的水力平衡装置;风机盘管机组应配置温控器;当设计采用户式燃气采暖热水炉作为供暖热源时,其能效等级不应低于现行国家标准《家用燃气快速热水器和燃气采暖热水炉能效限定值及能效等级》(GB 20665—2015)中的2级水平。

当采用分散式房间空调器时,不宜选择能效等级低于现行国家标准《房间空气调节器能效限定值及能效等级》(GB 21455—2019)中2级的节能型产品。对采用分体式空气调节器(含风管机)、户式集中空调的居住建筑应统一规划预留室外机安装位置。

对年日照时数大于2 000 h,且年太阳辐射量大于4 500 MJ/m² 的地区,12层及以下的居住建筑,应采用太阳能热水系统。

当选用土壤源热泵热水系统、浅层地下水源热泵系统、地表水(淡水、海水)源热泵系统、污水水源热泵系统作为热源时,不应破坏、污染地下资源。

第四节 严寒和寒冷地区

一、气候区属和设计能耗

严寒和寒冷地区城镇的气候区属应符合现行国家标准《民用建筑热工设计规范》(GB 50176—2016)的规定,严寒地区分为3个二级区(1A、1B、1C区),寒冷地区分为2个二级区(2A、2B区)。

二、建筑与围护结构

1. 一般规定

建筑群的总体布置,单体建筑的平面、立面设计,应考虑冬季利用日照并避开冬季主导风向,严寒和寒冷A区建筑的出入口应考虑防风设计,寒冷B区应考虑夏季通风。

建筑物宜朝向南北或接近朝向南北。建筑物不宜设有三面外墙的房间，一个房间不宜在不同方向的墙面上设置两个或更多的窗。

严寒和寒冷地区居住建筑的体形系数不应大于表 8-16 规定的限值。当体形系数大于表 8-16 规定的限值时，必须进行围护结构热工性能的权衡判断。

表 8-16　体形系数限值

气候区	建筑层数	
	≤3 层	≥4 层
严寒地区（1 区）	0.55	0.30
寒冷地区（2 区）	0.57	0.33

严寒和寒冷地区居住建筑的窗墙面积比不应大于表 8-17 规定的限值。当窗墙面积比大于表 8-17 规定的限值时，必须按本节围护结构热工性能的权衡判断部分的规定进行围护结构热工性能的权衡判断。

表 8-17　窗墙面积比限值

朝向	窗墙面积比	
	严寒地区（1 区）	严寒地区（2 区）
北	0.25	0.30
东、西	0.30	0.35
南	0.45	0.50

注:（1）敞开式的阳台门上部透光部分应计入窗户面积，下部不透光部分不应计入窗户面积；
（2）表中的窗墙面积比应按开间计算；
（3）表中的"北"代表从北偏东小于 60° 至北偏西小于 60° 的范围；"东、西"代表从东或西偏北小于等于 30° 至偏南小于 60° 的范围；"南"代表从南偏东小于等于 30° 至偏西小于等于 30° 的范围。

严寒地区居住建筑的屋面天窗与该房间屋面面积的比值不应大于 0.10，寒冷地区不应大于 0.15。

楼梯间及外走廊与室外连接的开口处应设置窗或门，且该窗和门应能密闭，门宜采用自动密闭措施。严寒 A、B 区的楼梯间宜供暖，设置供暖的楼梯间的外墙和外窗的热工性能应满足本标准要求。非供暖楼梯间的外墙和外窗宜采取保温措施。

采光方面，地下车库等公共空间，优先利用建筑设计实现天然采光，当天然采光不能满足照明要求时，宜设置导光管等天然采光设施，降低照明能耗。

设置采光装置时，采光装置应符合下列规定:采光窗的透光折减系数 T_r 应大于 0.45；导光管采光系统在漫射光条件下的系统效率应大于 0.50。

有采光要求的主要功能房间，室内各表面的加权平均反射比不应低于 0.4。

安装分体式空气源热泵(含空调器、风管机、多联机)时,室外机的安装位置应符合下列规定:应能通畅地向室外排放空气和自室外吸入空气,在排出空气与吸入空气之间不应发生气流短路,可方便地对室外机的换热器进行清扫,应避免污浊气流对室外机组的影响,室外机组应有防积雪和太阳辐射措施,对化霜水应采取可靠措施有组织地排放,对周围环境不得造成热污染和噪声污染。

建筑的可再生能源利用设施应与主体建筑同步设计、同步施工。建筑方案和初步设计阶段的设计文件应有可再生能源利用专篇,施工图设计文件中应注明与可再生能源利用相关的施工与建筑运营管理的技术要求。运行技术要求中宜明确采用优先利用可再生能源的运行策略。

建筑物上安装太阳能热利用或太阳能光伏发电系统,不得降低本建筑和相邻建筑的日照标准。

2.围护结构热工设计

根据建筑物所处城市的气候分区区属的不同,建筑外围护结构的传热系数不应大于表8-18至表8-22规定的限值,周边地面和地下室外墙的保温材料层热阻不应小于表8-18至表8-22规定的限值。

表8-18 严寒A区(1A区)外围护结构热工性能参数限值

围护结构部位		传热系数 $K[W/(m^2 \cdot K)]$	
		≤3层	≥4层
屋面		0.15	0.15
外墙		0.25	0.35
架空或外挑楼板		0.25	0.35
外窗	窗墙面积比≤0.30	1.40	1.40
	0.30<窗墙面积比≤0.45	1.60	1.60
屋面天窗		1.40	
围护结构部位		保温料层热阻 $R(m^2 \cdot K/W)$	
		≤3层	≥4层
周边地面		2.00	2.00
地下室外墙(与土壤接触的外墙)		2.00	2.00

表8-19 严寒B区(1B区)外围护结构热工性能参数限值

围护结构部位	传热系数 $K[W/(m^2 \cdot K)]$	
	≤3层	≥4层
屋面	0.20	0.20
外墙	0.25	0.35

围护结构部位		传热系数 $K[W/(m^2 \cdot K)]$	
		≤3层	≥4层
架空或外挑楼板		0.25	0.35
外窗	窗墙面积比≤0.30	1.40	1.80
	0.30<窗墙面积比≤0.45	1.40	1.60
屋面天窗		1.40	
围护结构部位		保温料层热阻 $R(m^2 \cdot K/W)$	
		≤3层	≥4层
周边地面		1.80	1.80
地下室外墙（与土壤接触的外墙）		2.00	2.00

表8-20 严寒C区（1C区）外围护结构热工性能参数限值

围护结构部位		传热系数 $K[W/(m^2 \cdot K)]$	
		≤3层	≥4层
屋面		0.20	0.20
外墙		0.30	0.40
架空或外挑楼板		0.30	0.40
外窗	窗墙面积比≤0.30	1.60	2.00
	0.30<窗墙面积比≤0.45	1.40	1.80
屋面天窗		1.6	
围护结构部位		保温料层热阻 $R(m^2 \cdot K/W)$	
		≤3层	≥4层
周边地面		1.80	1.80
地下室外墙（与土壤接触的外墙）		2.00	2.00

表8-21 寒冷A区（2A区）外围护结构热工性能参数限值

围护结构部位		传热系数 $K[W/(m^2 \cdot K)]$	
		≤3层	≥4层
屋面		0.25	0.25
外墙		0.35	0.45
架空或外挑楼板		0.35	0.45
外窗	窗墙面积比≤0.30	1.80	2.20
	0.30<窗墙面积比≤0.45	1.50	2.00

续表

屋面天窗	1.80	
围护结构部位	保温料层热阻 R(m²·K/W)	
	≤3 层	≥4 层
周边地面	1.60	1.60
地下室外墙（与土壤接触的外墙）	1.80	1.80

表 8-22 寒冷 B 区(2B 区)外围护结构热工性能参数限值

围护结构部位		传热系数 K[W/(m²·K)]	
		≤3 层	≥4 层
屋面		0.30	0.30
外墙		0.35	0.45
架空或外挑楼板		0.35	0.45
外窗	窗墙面积比≤0.30	1.80	2.20
	0.30<窗墙面积比≤0.45	1.50	2.00
屋面天窗		1.80	
围护结构部位		保温料层热阻 R(m²·K/W)	
		≤3 层	≥4 层
周边地面		1.50	1.50
地下室外墙（与土壤接触的外墙）		1.60	1.60

注:(1)周边地面和地下室外墙的保温材料层不包括土壤和其他构造层；

（2）外墙(含地下室外墙)保温层应深入室外地坪以下，并超过当地冻土层的深度。

根据建筑物所处城市的气候分区区属不同,建筑内围护结构的传热系数不应大于表 8-23 规定的限值;寒冷 B 区(2B 区)夏季外窗太阳得热系数不应大于表 8-24 规定的限值,夏季天窗的太阳得热系数不应大于 0.45。

表 8-23 内围护结构热工性能参数限值

围护结构部位	传热系数 K[W/(m²·K)]			
	严寒 A 区（1 A 区）	严寒 B 区（1B 区）	严寒 C 区（1 C 区）	寒冷 A、B 区（2 A、2B 区）
阳台门下部芯板	1.20	1.20	1.20	1.70
非供暖地下室顶板(上部为供暖房间时)	0.35	0.40	0.45	0.50
分隔供暖与非供暖空间的隔墙、楼板	1.20	1.20	1.50	1.50
分隔供暖非供暖空间的户门	1.50	1.50	1.50	2.00
分隔供暖设计温度温差大于 5 K 的隔墙、楼板	1.50	1.50	1.50	1.50

表 8-24　寒冷 B 区(2B 区)夏季外窗太阳得热系数的限值

外窗的窗墙面积比	夏季太阳得热系数(东、西向)
20%<窗墙面积比≤30%	—
30%<窗墙面积比≤40%	0.55
40%<窗墙面积比≤50%	0.50

围护结构热工性能参数计算应符合下列规定：

(1)外墙和屋面的传热系数是指考虑了热桥影响后计算得到的平均传热系数,平均传热系数的计算应符合现行国家标准《民用建筑热工设计规范》(GB 50176—2016)的规定；

(2)窗墙面积比应按建筑开间计算；

(3)有建筑遮阳时,寒冷 B 区外窗和天窗应考虑遮阳的作用,透光围护结构太阳得热系数与夏季建筑遮阳系数的乘积应满足表 8-24 的要求。

寒冷 B 区建筑的南向外窗(包括阳台的透光部分)宜设置水平遮阳。东、西向的外窗宜设置活动遮阳。当设置了展开或关闭后可以全部遮蔽窗户的活动式外遮阳时,应认定满足表 8-24 对外窗太阳得热系数的要求。严寒地区除南向外不应设置凸窗,其他朝向不宜设置凸窗；寒冷地区北向的卧室、起居室不应设置凸窗,北向其他房间和其他朝向不宜设置凸窗。当设置凸窗时,凸窗凸出(从外墙面至凸窗外表面)不应大于 400 mm；凸窗的传热系数限值应比普通窗降低 15%,且其不透光的顶部、底部、侧面的传热系数应小于或等于外墙的传热系数。当计算窗墙面积比时,凸窗的窗面积应按窗洞口面积计算。外窗及敞开式阳台门应具有良好的密闭性能。严寒和寒冷地区外窗及敞开式阳台门的气密性等级不应低于国家标准《建筑外门窗气密、水密、抗风压性能检测方法》(GB/T 7106—2019)中规定的 6 级。

外窗(门)框(或附框)与墙体之间的缝隙,应采用高效保温材料填堵密实,不得采用普通水泥砂浆补缝。外窗(门)洞口的侧墙面应做保温处理,并应保证窗(门)洞口室内部分的侧墙面的内表面温度不低于室内空气设计温、湿度条件下的露点温度,减小附加热损失。当外窗(门)的安装采用金属附框时,应对附框进行保温处理。

外墙与屋面的热桥部位均应进行保温处理,并应保证热桥部位的内表面温度不低于室内空气设计温、湿度条件下的露点温度,减小附加热损失。变形缝应采取保温措施,并应保证变形缝两侧墙的内表面温度在室内空气设计温、湿度条件下不低于露点温度。地下室外墙应根据地下室不同用途,采取合理的保温措施。应对外窗(门)框周边、穿墙管线和洞口进行有效封堵。应对装配式建筑的构件连接处进行密封处理。

三、围护结构热工性能的权衡判断

建筑围护结构热工性能的权衡判断依然采用对比评定法。当设计建筑的供暖能耗不大于参照建筑时,应判定围护结构的热工性能符合本标准的要求。当设计建筑的供暖能耗大于参照建筑时,应调整围护结构热工性能重新计算,直至设计建筑的供暖能耗不大于参照建筑。

为了保证设计建筑基本的节能性能,避免由于计算误差造成的建筑性能降低而导致的建筑热工性能过低,影响建筑的室内热环境、保证建筑的正常使用。本标准对欲进行围护结构热工性能权衡判断计算的设计建筑,提出了围护结构热工性能最低限要求。这一要求是必须满足的,不得降低,具体要求如下:

(1)窗墙面积比最大值不应超过表 8-25 规定的限值;

表 8-25 窗墙面积比最大值

朝向	严寒地区(1 区)	严寒地区(2 区)
北	0.35	0.40
东、西	0.40	0.45
南	0.55	0.60

(2)屋面、地面、地下室外墙的热工性能应满足表 8-23 规定的限值;
(3)外墙、架空或外挑楼板和外窗传热系数最大值不应超过表 8-26 规定的限值。

表 8-26 外墙、架空或外挑楼板和外窗传热系数最大值

热工区划	外墙 $K[\mathrm{W}/(\mathrm{m}^2 \cdot \mathrm{K})]$	架空或外挑楼板 $K[\mathrm{W}/(\mathrm{m}^2 \cdot \mathrm{K})]$	外窗 $K[\mathrm{W}/(\mathrm{m}^2 \cdot \mathrm{K})]$
严寒 A 区(1A 区)	0.40	0.40	2.0
严寒 B 区(1B 区)	0.45	0.45	2.2
严寒 C 区(1C 区)	0.50	0.50	2.2
严寒 A 区(2A 区)	0.60	0.60	2.5
严寒 B 区(2B 区)	0.60	0.60	2.5

参照建筑的形状、大小、朝向、内部的空间划分、使用功能应与设计建筑完全一致。设计建筑中不符合表 8-16 至表 8-22 规定的参数,参照建筑应按本标准规定取值;参照建筑的其他参数应与设计建筑一致。

建筑物供暖能耗的计算应符合以下基本规定:

(1)能耗计算的时间步长不应大于 1 个月,应计算全年的供暖能耗;
(2)应计算围护结构(包括热桥部位)传热、太阳辐射得热、建筑内部得热、通风热损失四部分形成的负荷,计算中应考虑建筑热惰性对负荷的影响;
(3)围护结构材料的物理性能参数、空气间层热阻、保温材料导热系数的修正系数应按照现行国家标准《民用建筑热工设计规范》(GB 50176—2016)的规定取值;

（4）参照建筑与设计建筑的能耗计算应采用相同的软件和气象数据；

（5）建筑面积应按各层外墙外包线围成的平面面积的总和计算，包括半地下室的面积，不包括地下室的面积。

用于权衡判断计算的软件应具有下列功能：

（1）考虑建筑围护结构蓄热性能的影响；

（2）可以计算换气次数对负荷的影响；

（3）计算 10 个以上建筑空间。

主要计算参数的设置应符合以下规定：室内计算温度为 18 ℃，换气次数为 0.5 次/h，供暖系统运行时间为 00：00—24：00，照明功率密度为 5 W/m²，设备功率密度为 3.8 W/m²，人员设置情况为卧室 2 人、起居室 3 人、其他房间 1 人，室外计算参数应按照现行行业标准《建筑节能气象参数标准》（JGJ/T 346—2014）中的典型气象年取值。

具体来说，严寒和寒冷地区居住建筑的体形系数大于表 8-16 规定的限值时，必须进行围护结构热工性能的权衡判断；居住建筑的窗墙面积比大于表 8-17 规定的限值时，必须进行围护结构热工性能的权衡判断；根据建筑物所处城市的气候分区区属不同，建筑外围护结构的传热系数不应大于表 8-18 至表 8-22 规定的限值，周边地面和地下室外墙的保温材料层热阻不应小于表 8-18 至表 8-22 规定的限值。当建筑外围护结构的热工性能参数不满足上述规定时，必须进行围护结构热工性能的权衡判断。

四、供暖、通风、空气调节和燃气

1. 一般规定

供暖和空气调节系统的施工图设计，必须对每一个供暖、空调房间进行热负荷和逐项逐时的冷负荷计算。

居住建筑的热、冷源方式及设备的选择，应根据节能要求，考虑当地资源情况、环境保护、能源效率及用户对供暖运行费用可承受的能力等综合因素，经技术经济分析比较确定。

对于供暖热源来说，居住建筑供暖热源应采用高能效、低污染的清洁供暖方式，并应符合下列规定：

（1）有可供利用的废热或低品位工业余热的区域，宜采用废热或工业余热；

（2）技术经济条件合理时，应根据当地资源条件采用太阳能、热电联产的低品位余热、空气源热泵、地源热泵等可再生能源建筑应用形式或多能互补的可再生能源复合应用形式；

（3）不具备前两个条件，但在城市集中供热范围内时，应优先采用城市热网提供的热源。

只有当符合下列条件之一时，才允许采用电直接加热设备作为供暖热源：

（1）无城市或区域集中供热，且采用燃气、煤、油等燃料受到限制，同时无法利用热泵供暖的建筑；

（2）利用可再生能源发电，且其发电量能满足建筑自身电加热用电量需求的建筑；

（3）利用蓄热式电热设备在夜间低谷电进行供暖或蓄热，且不在用电高峰和平段时间启用的建筑；

（4）电力供应充足，且当地电力政策鼓励用电供暖时。

需要注意，当采用电直接加热设备作为供暖热源时，应分散设置。

集热系统效率是衡量太阳能集热系统将太阳能转化为热能的重要指标，受集热器产品热性能、蓄热容积和系统控制措施等诸多因素影响。为促进能源资源节约利用，必须对集热系统效率提出要求。太阳能热利用系统设计应根据工程所采用的集热器性能参数、气象数据以及设计参数计算太阳能热利用系统的集热系统效率 η，且宜符合表 8-27 的规定。

表 8-27　太阳能热利用系统的集热系统效率 η　　　　　　　　　　单位:%

太阳能热水系统	太阳能供暖系统	太阳能空调系统
$\eta \geqslant 42$	$\eta \geqslant 35$	$\eta \geqslant 30$

居住建筑的集中供暖系统，应按热水连续供暖进行设计。居住区内的商业、文化及其他公共建筑的供暖形式，可根据其使用性质、供热要求经技术经济比较后确定。公共建筑的供暖系统应与居住建筑分开，并应具备分别计量的条件。

集中供暖系统的热量计量应符合下列规定：

（1）锅炉房和热力站的总管上，应设置计量总供热量的热量计量装置；

（2）建筑物的热力入口处，必须设置热量表，作为该建筑物供暖耗热量的结算点；

（3）室内供暖系统根据设备形式和使用条件设置热计量装置。

本标准对供暖空调系统有温控要求。用户能够根据自身的用热需求，利用供暖系统中的调节阀主动调节和控制室温，是实现按需供热、行为节能的前提条件。所以除末端只设手动风量开关的小型工程外，供暖系统均应具备室温自动调控功能。

本标准对集中供冷系统应用也有限制。严寒和寒冷地区居住建筑的夏季空调几乎全部为间歇使用，且不同用户之间同时使用系数低，如果在居住建筑中采用多户共用冷源的集中空调，系统将长时间在较低比例部分负荷状态下运行，造成能源浪费。因此出于节能考虑，除集中供暖的热源可兼作冷源的情况外，居住建筑不宜设多户共用冷源的集中供冷系统。

当暖通空调系统输送冷媒温度低于其管道外环境温度且不允许冷媒温度有升高，或当输送热媒温度高于其管道外环境温度且不允许热媒温度有降低时，管道与设备应采取保温保冷措施；绝热层的设置应符合下列规定。

（1）保温层厚度应按现行国家标准《设备及管道绝热设计导则》（GB/T 8175—2008）中经济厚度计算方法计算。

（2）供冷或冷热共用时，保冷层厚度应按现行国家标准《设备及管道绝热设计导则》

（GB/T 8175—2008）中经济厚度和防止表面结露的保冷层厚度方法计算，并取大值。

（3）管道与设备绝热厚度及风管绝热层最小热阻可按现行国家标准《公共建筑节能设计标准》（GB 50189—2015）中的规定选用。

（4）管道和支架之间，管道穿墙、穿楼板处应采取防止热桥的措施。

（5）采用非闭孔材料保温时，外表面应设保护层；采用非闭孔材料保冷时，外表面应设隔汽层和保护层。

除此之外，全装修居住建筑中单个燃烧器额定热负荷不大于 5.23 kW 的家用燃气灶具的能效限定值应符合表 8-28 的规定。

表 8-28　家用燃气灶具的能效限定值

类型		热效率 η（%）
大气式灶	台式	62
	嵌入式	59
	集成灶	56
红外线灶	台式	64
	嵌入式	61
	集成灶	58

2.热源、换热站及管网

锅炉的选型，应与当地长期供应的燃料种类相适应。在名义工况和规定条件下，锅炉的设计热效率不应低于表 8-29 至表 8-31 规定的限值。

表 8-29　燃液体燃料、天然气锅炉名义工况下的热效率

锅炉类型及燃料种类		锅炉热效率（%）
燃油燃气锅炉	重油	50
	轻油	90
	燃气	92

表 8-30　燃生物质锅炉名义工况下的热效率

燃料种类	锅炉额定蒸发量 D（t/h）/额定热功率 Q（MW）	
	$D \leqslant 10/Q \leqslant 7$	$D > 10/Q > 7$
	锅炉热效率（%）	
生物质	80	86

表 8-31　燃煤锅炉名义工况下的热效率

锅炉类型及燃料种类		锅炉额定蒸发量 D(t/h)/额定热功率 Q(MW)	
		D≤20/Q≤14	D>20/Q>14
		锅炉热效率(%)	
层状燃烧锅炉	Ⅲ类烟煤	82	84
流化床燃烧锅炉		88	88
室燃(煤粉)锅炉产品		88	88

燃气锅炉房的设计,应符合下列规定。

（1）供热半径应根据区域的情况、供热规模、供热方式及参数等条件合理确定,供热规模不宜过大。当受条件限制供热面积较大时,应经技术经济比较后确定,采用分区设置热力站的间接供热系统。

（2）模块式组合锅炉房,宜以楼栋为单位设置,不应多于 10 台,每个锅炉房的供热量宜在 1.4 MW 以下。当总供热面积较大,且不能以楼栋为单位设置时,锅炉房应分散设置。

（3）直接供热的燃气锅炉,其热源侧的供、回水温度和流量限定值与负荷侧在整个运行期对供、回水温度和流量的要求不一致时,应按热源侧和用户侧配置二次泵水系统。

（4）燃气锅炉应安装烟气回收装置。

在有条件采用集中供热或在楼内集中设置燃气热水机组(锅炉)的高层建筑中,不宜采用户式燃气供暖炉(热水器)作为供暖热源。当采用户式燃气炉作为热源时,应设置专用的进气及排烟通道,并应符合下列规定:燃气炉自身应配置有完善且可靠的自动安全保护装置;应具有同时自动调节燃气量和燃烧空气量的功能,并应配置有室温控制器;配套供应的循环水泵的工况参数,应与供暖系统的要求相匹配。

当采用户式燃气供暖热水炉作为供暖热源时,其热效率不应低于现行国家标准《家用燃气快速热水器和燃气采暖热水炉能效限定值及能效等级》(GB 20665—2015)中 2 级能效的要求。

采用空气源热泵机组供热时,冬季设计工况下机组制热性能系数 COP 应满足:寒冷地区冷热风机组制热性能系数 COP 不应小于 2.0,冷热水机组制热性能系数 COP 不应小于 2.2;严寒地区冷热风机组制热性能系数 COP 不宜小于 1.8,冷热水机组制热性能系数 COP 不宜小于 2.0。

为了提高热源的运行效率,减少输配能耗,便于运行管理和控制,应尽可能降低一次网回水温度。对燃气锅炉热源,回水温度低可以有效实现排烟的潜热回收;对热电联产热源,回水温度低可以有效回收冷凝余热,提高总热效率;对工业余热热源,回水温度低可以有效回收低品位余热;采用换热站方式时,一般回水温度在 40 ℃以下,吸收式换热方式还可以更低。换热站宜采用间接连接的一、二次水系统,且服务半径不宜过大;条件允许时,宜设楼宇式换热站或在热力入口设置混水装置;一次水设计供水温度不宜高于 130 ℃,回水温度不应高于 50 ℃。

当供暖系统采用变流量水系统时,循环水泵宜采用变速调节方式。水泵采用变频调速是目前比较成熟可靠的节能方式。从水泵变速调节的特点来看,水泵的额定容量越大,则总体效率越高,变频调速的节能潜力越大;同时,随着变频调速台数的增加,投资和控制的难度加大。

在选配集中供暖系统的循环水泵时,应计算循环水泵的耗电输热比 EHR,并应标注在施工图的设计说明中。循环水泵的耗电输热比应按下式计算:

$$EHR = 0.003\,096 \sum (G \cdot H/\eta_b)/Q \qquad (8\text{-}6)$$

式中　EHR——循环水泵的耗电输热比;

　　　G——每台运行水泵的设计流量(m³/h);

　　　H——每台运行水泵对应的设计扬程(mH₂O);

　　　η_b——每台运行水泵对应的设计工作点效率;

　　　Q——设计热负荷(kW)。

循环水泵的耗电输热比还应符合下式的要求:

$$EHR \leqslant A(B + a\sum L)/\Delta T \qquad (8\text{-}7)$$

式中　A——与水泵流量有关的计算系数,按表 8-32 选取;

　　　B——与机房及用户的水阻力有关的计算系数,一级泵系统 $B = 20.4$,二级泵系统 $B = 24.4$;

　　　a——与 $\sum L$ 有关的计算系数;

　　　$\sum L$——室外主干线(包括供回水管)总长度(m);

　　　ΔT——设计供回水温差(℃)。

a 的值按如下规定选取或计算:当 $\sum L \leqslant 400$ m 时, $a = 0.011\,5$;当 400 m$< \sum L < 1\,000$ m 时,$a = 0.003\,833 + 3.067/\sum L$;当 $\sum L \geqslant 1\,000$ m 时,$a = 0.006\,9$。

表 8-32　A 值

设计水泵流量 G	$G \leqslant 60$ m³/h	$200 \geqslant$m³/h $G > 60$ m³/h	$G > 200$ m³/h
A 取值	0.004 225	0.003 868	0.003 749

供热系统水力不平衡的现象现在依然很严重,而水力不平衡是造成供热能耗浪费的主要原因之一,同时水力平衡又是保证其他节能措施能够可靠实施的前提,因此对系统节能而言,首先应该做到水力平衡,而且必须强制要求系统达到水力平衡。室外管网应进行水力平衡计算,且应在热力站和建筑物热力入口处设置水力平衡装置。

水力平衡装置的设置和选择,应符合下列规定。

(1)阀门调节性能和压差范围,应符合相应产品标准的要求。

(2)当采用静态水力平衡阀时,应根据阀门流通能力及两端压差,选择确定平衡阀的直径与开度。

(3)当采用自力式流量控制阀时,应根据设计流量进行选型;自力式流量控制阀的流量指示准确度应满足现行国家标准《采暖空调用自力式流量控制阀》(GB/T 29735—2013)的要求。

(4)采用自力式压差控制阀时,应根据所需控制压差选择与管路同尺寸的阀门,同时应确保其流量不小于设计最大值;自力式压差控制阀的压差控制性能应满足现行行业标准《采暖空调用自力式压差控制阀》(JG/T 383—2012)的要求。

(5)当选择自力式流量控制阀、自力式压差控制阀、动态平衡电动两通阀或动态平衡电动调节阀时,应保持阀权度 $S = 0.3 \sim 0.5$。

除此之外,建筑物热力入口还应设水过滤器,并应根据室外管网的水力平衡要求和建筑物内供暖系统所采用的调节方式,确定采用的水力平衡阀门或装置的类型,并应符合下列规定。

(1)热力站出口总管上,不应串联设置自力式流量控制阀;当有多个分环路时,各分环路总管上可根据水力平衡的要求设置静态水力平衡阀。

(2)定流量水系统的各热力入口,可按照本标准中的相关规定设置静态水力平衡阀,或自力式流量控制阀。

(3)变流量水系统的各热力入口,应根据水力平衡的要求和系统总体控制设置的情况,设置压差控制阀,但不应设置自力式定流量阀。

锅炉房采用计算机自动监测与控制不仅可以提高系统的安全性,确保系统能够正常运行,而且还可以取得以下效果:全面监测并记录各运行参数,降低运行人员工作量,提高管理水平;对燃烧过程和热水循环过程进行有效的控制调节,并使锅炉在高效率运行,大幅度地节省运行能耗,并减少大气污染;能根据室外气候条件和用户需求变化及时改变供热量,提高并保证供暖质量,降低供暖能耗和运行成本。

新建锅炉房将以燃气锅炉为主,在锅炉房设计时,应采用计算机自动监测与控制。

当供热锅炉房设计采用自动监测与控制的运行方式时,应满足下列规定:

(1)计算机自动监测系统应具备全面、及时地反映锅炉运行状况的功能;

(2)应随时测量室外的温度和整个热网的需求,按照预先设定的程序,通过改变投入燃料量实现锅炉供热量调节;

(3)应通过对锅炉运行参数的分析,及时对运行状态做出判断;

(4)应建立各种信息数据库,对运行过程中的各种信息数据进行分析,并应能够根据需要打印各类运行记录,保存历史数据;

（5）锅炉房、热力站的动力用电、水泵用电和照明用电应分别计量。

对于未采用计算机进行自动监测与控制的锅炉房和换热站,应设置供热量控制装置。设置供热量控制装置(如气候补偿器)的主要目的是对供热系统进行总体调节,使锅炉运行参数在保持室内温度的前提下,随室外空气温度的变化随时进行调整,始终保持锅炉房的供热量与建筑物的需热量基本一致,实现按需供热;达到最佳的运行效率和最稳定的供热质量。设置供热量控制装置后,还可以通过在时间控制器上设定不同时间段的不同室温,节省供热量;合理地匹配供水流量和供水温度,节省水泵电耗,保证恒温阀等调节设备正常工作;还能够控制一次水回水温度,防止回水温度过低,降低锅炉寿命。

3. 室内供暖系统

集中供暖系统应以热水为热媒。室内的供暖系统的制式,宜采用双管系统,或共用立管的分户独立循环系统。当采用共用立管系统时,在每层连接的户数不宜超过 3 户,立管连接的户内系统总数不宜多于 40 个。当采用单管系统时,应在每组散热器的进出水支管之间设置跨越管,散热器应采用低阻力两通或三通调节阀。

室内供暖系统的供回水温度应符合下列要求:散热器系统供水温度不应高于 80 ℃,供回水温差不宜小于 10 ℃;低温地面辐射供暖系统户(楼)内的供水温度不应高于 45 ℃,供、回水温差不宜大于 10 ℃。

采用低温地面辐射供暖的集中供热小区,锅炉或换热站不宜直接提供温度低于 60 ℃的热媒。当外网提供的热媒温度高于 60 ℃时,宜在楼栋的供暖热力入口处设置混水调节装置。当设计低温地面辐射供暖系统时,宜按主要房间划分供暖环路。在每户分水器的进水管上,应设置水过滤器。

为了保证供暖系统的运行效果。在供暖季平均水温下,重力循环作用压力约为设计工况下的最大值的 2/3。室内热水供暖系统的设计应进行水力平衡计算,并应采取措施使设计工况下各并联环路之间(不包括公共段)的压力损失差额不大于 15%;在水力平衡计算时,要计算水冷却产生的附加压力,其值可取设计供、回水温度条件下附加压力值的 2/3。

4. 通风和空气调节系统

通风和空气调节系统设计应结合建筑设计,首先确定全年各季节的自然通风措施,并应做好室内气流组织,提高自然通风效率,减少机械通风和空调的使用时间。当在大部分时间内自然通风不能满足降温要求时,宜设置机械通风或空气调节系统,设置的机械通风或空气调节系统不应妨碍建筑的自然通风。

当采用房间空气调节器时,设备能效不应低于现行国家标准《房间空气调节器能效限定值及能效等级》(GB 21455—2019)规定的能效等级 2 级。

当采用多联机空调系统或其他形式集中空调系统时,空调系统冷源能效和输配系统能效应满足现行国家标准《公共建筑节能设计标准》(GB 50189—2015)的规定值。

集中空调系统在选配水系统的循环水泵时,应按现行国家标准《公共建筑节能设计标准》(GB 50189—2015)的规定计算循环水泵的耗电输冷(热)比,并应标注在施工图的设计说明中。

当采用双向换气的新风系统时,宜设置新风热回收装置,并应具备旁通功能。新风系统设置具备旁通功能的热回收段时,应采用变频风机。新风热回收装置的选用及系统设计应满足下列要求:

(1)新风能量回收装置在规定工况下的交换效率,应符合现行国家标准《热回收新风机组》(GB/T 21087—2020)的规定;

(2)根据卫生要求新风与排风不可直接接触的系统,应采用内部泄漏率小的回收装置;

(3)可根据最小经济温差(焓差)控制热回收旁通阀;

(4)应进行新风热回收装置的冬季防结露校核计算;

(5)新风热回收系统应具备防冻保护功能。

五、给水排水

1. 建筑给水排水

设有供水可靠的市政或小区供水管网的建筑,应充分利用供水管网的水压直接供水。市政管网供水压力不能满足供水要求的多层、高层建筑的各类供水系统应竖向分区,且应符合下列规定:各分区的最低卫生器具配水点的静水压力不宜大于 0.45 MPa;各加压供水分区宜分别设置加压泵,不宜采用减压阀分区;分区内低层部分应设减压设施保证用水点供水压力不大于 0.20 MPa,且不应小于用水器具要求的最低压力。

常用的加压供水方式包括高位水箱供水、气压供水、变频调速供水和管网叠压供水等,从节能节水的角度比较,这四种常用的供水方式中,高位水箱和管网叠压供水占有优势。但在工程设计中,在考虑节能节水的同时,还需兼顾其他因素,例如顶层用户的水压要求、市政水压等供水条件、供水的安全性、用水的二次污染等问题。所以应结合市政条件、建筑物高度、安全供水、用水系统特点等因素,综合考虑选用合理的加压供水方式。应根据管网水力计算选择和配置供水加压泵,保证水泵工作时高效率运行。应选择具有随流量增大,扬程逐渐下降特性的供水加压泵。给水泵的效率不应低于国家现行标准规定的泵节能评价值。水泵房宜设置在建筑物或建筑小区的中心部位以减少输送管网长度;条件许可时,水泵吸水水池(箱)宜减少与用水点的高差,尽量高位设置。地面以上的污、废水宜采用重力流直接排入室外管网。

2. 生活热水系统

居住建筑的生活热水系统宜分散设置。当采用集中生活热水系统时,其热源应按下列原则选用:

（1）应优先采用工业余热、废热、太阳能和地热；

（2）除有其他用汽要求外，不应采用燃气或燃油锅炉制备蒸汽，通过热交换后作为生活热水的热源或辅助热源；

（3）当有其他热源可利用时，不应采用直接电加热作为生活热水系统的主体热源。

集中热水系统应在用水点处采用冷水、热水供水压力平衡和稳定的措施。

采用户式燃气炉作为生活热水热源时，其热效率不应低于现行国家标准《家用燃气快速热水器和燃气采暖热水炉能效限定值及能效等级》（GB 20665—2015）中规定的 2 级能效要求。

以燃气作为生活热水热源时，应采用燃气热水锅炉直接制备热水；采用空气源热泵热水机组制备生活热水时，制热量大于 10 kW 的热泵热水机在名义制热工况和规定条件下，性能系数 COP 不应低于表 8-33 的规定，并应有保证水质的有效措施。

表 8-33　热泵热水机性能系数 *COP*　　　　　　　　　　　　　　　　单位：W/W

制热量	热水机形式		普通型	低温型
H≥10 kW	一次加热式		4.40	3.70
	循环加热	不提供水泵	4.40	3.70
		提供水泵	4.30	3.60

集中热水供应系统的监测和控制应符合下列规定：

（1）对系统热水耗量和系统总供热量值应进行监测；

（2）对设备运行状态应进行检测及故障报警；

（3）对每日用水量、供水温度应进行监测；

（4）装机数量大于等于 3 台的工程，应采用机组群控方式。

由于过高的供水温度不利于节能，集中生活热水加热器的设计供水温度不应高于 60 ℃。集中生活热水的供水温度越高，管内外温差和热损失越大。同时为防止结垢，给出设计温度的上限。在保证配水点水温的前提下，可根据热水供水管线长度、管道保温等情况确定合适的供水温度，以缩小管内外温差，减少热损失，节约能源。

同时，生活热水水加热设备的选择和设计应符合下列规定：

（1）被加热水侧阻力不宜大于 0.01 MPa；

（2）安全可靠、构造简单、操作维修方便；

（3）热媒入口管应装自动温控装置。

为保证热水系统的热损失，减少热水能耗，需要对系统中的主要部件进行保温。供回水管、加热器、储水箱是热水系统的主要部件，做好保温可以降低热水系统的能耗。所以生活热水供回水管道、水加热器、贮水箱（罐）等均应保温，直埋管道应埋设在冰冻线以下，以避免冬季管道破裂,保障供水安全。

当无条件采用工业余热、废热作为生活热水的热源时,住宅应根据当地太阳能资源设置太阳能热水系统,并应符合下列规定:对寒冷地区,12层及其以下的住宅,所有用户均宜设置太阳能热水系统;12层以上住宅,宜为其中12个楼层的用户设置太阳能热水系统;当有其他热源条件可以利用时,太阳能热水系统不应直接采用电能作为辅助热源;当无其他热源条件而采用电能作为辅助热源时,不应采用集中辅助热源形式。

为避免使用热水时需要放空大量冷水而造成水和能源的浪费,集中生活热水系统应设循环加热系统。故集中生活热水系统应采用机械循环,保证干管、立管中的热水循环。集中生活热水系统热水表后或户内热水器不循环的热水供水支管,长度不宜超过8 m。

有计量要求的水加热、换热站室,应安装计量装置。

六、电气

1. 一般规定

变电所、配电室的位置应靠近用电负荷中心。

变压器低压侧应设置集中无功补偿装置。100 kV·A及以上高压供电的电力用户,功率因数不宜低于0.95;其他电力用户,功率因数不宜低于0.90。变压器等电气设备应采用符合国家现行相关能效标准的节能评价值。

2. 电能计量与管理

居住建筑电能表的设置应符合下列规定:居住建筑电源侧应设置电能表;每套住宅应设置电能表;公用设施应设置用于能源管理的电能表。同时,居住建筑需要对用电情况分项计量时,配电箱内安装的用于能源管理的电能表宜采用模数化导轨安装的直接接入静止式交流有功电能表。

建筑冷热源系统循环水泵耗电量宜单独计量。当采用集中冷源时,制冷机耗电量应单独计量。

3. 用电设施

电梯、水泵等大功率用电设备应采取节电控制措施。两台及以上电梯集中排列时,应设置群控措施。电梯应具备无外部召唤且轿厢内一段时间无预置指令时,自动转为节能运行模式的功能。

全装修居住建筑每户设计照明功率密度值应满足现行国家标准《建筑照明设计标准》(GB 50034—2013)规定的现行值。具有天然采光的区域,灯具布置及控制方式应与采光设计相协同。

全装修设计选择家用电器时,宜采用达到中国能效标识二级以上等级的节能产品。

全装修居住建筑宜采用智能照明控制系统。照明设备和家用电器的谐波含量,应符合现行国家标准《电磁兼容 限值 谐波电流发射限值(设备每相输入电流≤16 A)》(GB 17625.1—2012)规定的谐波电流限值要求。

在走廊、楼梯间、门厅、电梯厅、停车库等场所照明应采用 LED 等高效节能照明产品,并应能够根据不同区域、不同时段的照明需求进行节能控制。在居住小区道路照明和景观照明系统设计中应采用节能灯具和节能自动控制措施,有条件时宜设置太阳能光伏发电系统。

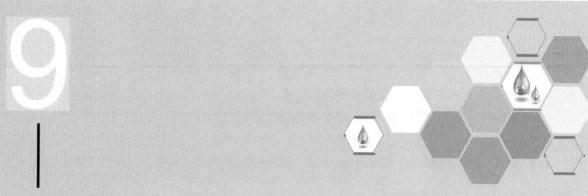

9

第九章
民用建筑供暖通风与空气调节设计规范

第一节　室内空气和室外设计计算参数

一、室内空气设计参数

　　与室内空气设计参数主要包括:供暖室内设计温度、舒适性空调室内设计参数、工艺性空调室内设计参数以及在不同场景下最低新风量的要求。

　　供暖与空调的室内热舒适性应按现行国家标准《热环境的人类工效学通过计算 PMV 和 PPD 指数与局部热舒适准则对热舒适进行分析测定与解释》(GB/T 18049—2017)的有关规定执行,采用预计平均热感觉指数(平均预测评价)(Predicted Mean Vote)PMV 和预计不满意者的百分数(Predicted Percentage of Dissatisfied)PPD 评价。热舒适度等级划分应按表 9-1 采用。

表 9-1　不同热舒适度等级对应的 *PMV*、*PPD* 值

热舒适度等级	PMV	PPD
I 级	$-0.5 \leqslant PMV \leqslant 0.5$	$\leqslant 10\%$
II 级	$-1 \leqslant PMV < 0.5, 0.5 < PMV \leqslant 1$	$\leqslant 27\%$

　　其中, PMV 指数是以人体热平衡的基本方程式以及心理生理学主观热感觉的等级为出发点,考虑了人体热舒适感诸多有关因素的全面评价指标;PPD 指数为预计处于热环境中的群体对于热环境不满意的投票平均值。

1. 供暖室内设计温度

供暖空调系统设计时,室内设计温度和相对湿度应符合,主要房间供暖设计温度不应低

于 18 ℃,设置值班供暖房间不应低于 5 ℃;人员长期逗留区域空调设计温度不应高于 28 ℃,且相对湿度不应高于 60%,或空调设计温度不应高于 26 ℃,且相对湿度不应高于 70%;人员短期逗留区域空调供冷工况室内设计参数应比长期逗留区域提高 1~2 ℃,供热工况应降低 1~2 ℃;采用非集中供暖空调系统的建筑,应具有保障室内热环境的措施或预留条件;工艺性空调区应满足工艺对室内温度、湿度的要求。

供暖、通风与空气调节设计应满足人员新风量需求及对空气质量的要求,且设计最小新风量应满足表 9-2、表 9-3 的规定。

表 9-2　民用建筑主要房间每人所需最小新风量

建筑类型	新风量[m³/(h·人)]	新风量[m³/(m²·h)]
办公室	30	—
客房	30	—
多功能厅	20	—
大堂、四季厅、咖啡厅	10	—
宴会厅、餐厅	20	—
游艺厅	30	—
美容室	45	—
理发室	20	—
住宅	—	2

表 9-3　高密人群建筑每人所需最小新风量　　　　　　　　单位:m³/(h·人)

建筑类型	人员密度 PF		
	$PF \leqslant 0.4$ 人/m²	0.4 人/m²$< PF \leqslant 1.0$ 人/m²	$PF > 1.0$ 人/m²
影剧院、音乐厅、大会厅	14	12	11
商场、超市	19	16	15
博物馆、展览厅	19	16	15
公共交通等候室	19	16	15
歌厅	23	20	19
酒吧	30	25	23
保龄球房	30	25	23
体育馆	19	16	15
健身房	40	38	37
教室	28	24	22
图书馆	20	17	16

考虑到不同地区居民生活习惯不同,分别对严寒和寒冷地区、夏热冬冷地区主要房间的供暖室内设计温度进行规定。根据国内外有关研究结果以及在满足舒适的条件下尽可能节

能的原则,将严寒和寒冷地区的冬季供暖设计温度定在 18~24 ℃。而对于冬季空气加湿问题,由于集中加湿耗能较大,因此不对供暖建筑做湿度要求。对于夏热冬冷地区,由于并非所有建筑物都供暖,人们衣着服装热阻计算值略高,因此综合考虑,确定夏热冬冷地区主要房间供暖室内设计温度宜采用 16~22 ℃。

当室内空气质量不满足要求时,应具备加大新风量或空气净化的措施;新风取风口区域及新风输送过程中应避免污染;不得从建筑物楼道及吊顶内吸入新风。

2. 舒适性空调室内设计参数

考虑到人员对长期逗留区域和短期逗留区域二者舒适性要求不同,因此分别给出相应的室内设计参数。由于温湿度标准在前文章节中已述,因而在此不再重复。

1)长期逗留区域

对于风速,参照国际通用标准,并结合我国的实际国情和一般生活水平,根据计算可以得到空调供冷工况室内允许最大风速约为 0.3 m/s;供热工况室内空气紊流度一般较小,取为 20%,空气温度取 18 ℃,得到冬季室内允许最大风速约为 0.2 m/s。

另外,对于体育建筑,以及医院特护病房、广播电视等特殊建筑或区域的空调室内设计参数不在本条文规定之列,应根据相关建筑设计标准或业主要求确定。而对于温和地区,夏季室内外温差较小,通常不设空调。设置空调的人员长期逗留区域,夏季空调室内设计参数可在本规定基础上适当降低 1~2 ℃。

2)短期逗留区域

短期逗留区域指人员暂时逗留的区域,主要有商场、车站、机场、营业厅、展厅、门厅、书店等观览场所和商业设施。短期逗留区域供冷工况风速不宜大于 0.5 m/s,供热工况风速不宜大于 0.3 m/s。

3. 工艺性空调室内设计参数

不同于舒适空调,工艺性空调以满足工艺要求为主,舒适性为辅。对于人员活动区的风速,供热工况时,不宜大于 0.3 m/s;供冷工况时,宜采用 0.2~0.5 m/s。

4. 辐射系统室内设计温度

对于辐射供暖供冷的建筑,其供暖室内设计温度取值低于以对流为主的供暖系统 2 ℃,供冷室内设计温度取值高于采用对流方式的供冷系统 0.5~1.5 ℃时,可达到同样舒适度。

二、室外空气计算参数

室外空气计算参数是负荷计算的重要基础数据,本规定以全国地级单位划分为基础,结合中国气象局地面气象观测台站的观测数据经计算确定。

注:本章中的所谓"不保证",是针对室外温度状况而言的。"历年"即为每年,"历年平均",是指累年不保证总数的每年平均值。

1.供暖室外计算温度

供暖室外计算温度是将统计期内的历年日平均温度进行升序排列,按历年平均不保证5 d时间的原则对数据进行筛选计算得到。经过几十年的实践证明,在采取连续供暖时,这样的供暖室外计算温度一般不会影响民用建筑的供暖效果。

2.冬夏季计算温度及计算相对湿度

冬夏季计算温度及计算相对湿度见表9-4。

表9-4　冬夏季计算温度及计算相对湿度

季节		计算温度	计算相对湿度
冬季	通风室外	累年最冷月平均温度	—
	空调室外	历年平均不保证1 d的日平均温度	累年最冷月平均相对湿度
夏季	通风室外	干球温度:历年平均不保证50 h的干球温度 湿球温度:历年平均不保证50 h的湿球温度	历年最热月14时的月平均相对湿度的平均值
	空调室外	日平均温度:历年平均不保证5 d的日平均温度	—

而计算夏季空调室外计算逐时温度,主要是为适应关于按不稳定传热计算空调冷负荷的需要。其可按下式确定:

$$t_{sh} = t_{wp} + \beta \Delta t_r \tag{9-1}$$

$$\Delta t_r = \frac{t_{wg} - t_{wp}}{0.52} \tag{9-2}$$

式中　t_{sh}——室外计算逐时温度(℃);

t_{wp}——夏季空调室外计算日平均温度(℃);

β——室外温度逐时变化系数按表9-5确定;

Δt_r——夏季室外计算平均日较差(℃);

t_{wg}——夏季空调室外计算干球温度(℃)。

表9-5　室外温度逐时变化系数

时刻	01:00	02:00	03:00	04:00	05:00	06:00
β	-0.35	-0.38	-0.42	-0.45	-0.47	-0.41
时刻	07:00	08:00	09:00	10:00	11:00	12:00
β	-0.28	-0.12	0.03	0.16	0.29	0.40
时刻	13:00	14:00	15:00	16:00	17:00	18:00
β	0.48	0.52	0.51	0.43	0.39	0.28
时刻	19:00	20:00	21:00	22:00	23:00	24:00
β	0.14	0.00	-0.10	-0.17	-0.23	-0.26

累年最冷月指累年月平均气温最低的月份。累年值是历年气象观测要素的平均值或极值。

对于冬季室外计算温度,将其分为供暖和空调两种温度是我国与国际上相比,比较特殊的一种情况,我国的冬季空调室外计算温度是以日平均温度为基础进行统计计算的,而国际上不保证率方法计算的基础是逐时平均温度,仅从数值上看,两者在同一水平上。

夏季空调室外计算干球、湿球温度确定方法中的不保证 50 h,是以每天四次(2、8、14、20 时)的定时温度记录为基础的,以每次记录代表 6 h 的统计数据。对于夏季通风室外计算温度,由于我国气象台在观测时统一采用北京时间进行记录,但我国大部分地区会存在时差。因此,本规范提出时差订正简化方法:对北京以东地区以及北京以西时差为 1 h 地区,可以不考虑以北京时间 14 时所确定的夏季通风室外计算温度的时差订正;对北京以西时差为 2 h 的地区,可按以北京时间 14 时所确定的夏季通风室外计算温度加上 2 ℃来订正。

计算相对湿度也存在同样的时差影响问题,但相对湿度的偏差不大,比较安全,故未考虑订正问题。

关于夏季室外计算日平均温度的确定,取不保证 5 天的日平均温度,大致与原则上的室外计算干湿球温度不保证 50 h 的数值是相对应的。

需要注意的是,本规范的室外空气计算参数是在不同保证率下统计计算的结果,虽然保证率比较高,完全能够满足一般民用建筑的热环境舒适度需求,但是在特殊气象条件下,仍然会存在达不到室内温湿度要求的情况。因此,当建筑室内温湿度参数必须全年保持既定要求的时候,应另行确定适宜的室外计算参数。

3. 室外风速、风向及频率,室外大气压力等

对冬季室外平均风速、室外最多风向的平均风速,分别采用累年最冷 3 个月各月该参数的平均值,累年最冷也就是累年月平均气温最低。而冬季最多风向及其频率,应采用累年最冷 3 个月的最多风向及其平均频率。对夏季室外平均风速、室外最多风向的平均风速,分别采用累年最热 3 个月各月该参数的平均值,累年最热也就是累年月平均气温最高。若是确定年最多风向及其频率,则应采用累年最多风向及其平均频率。

对冬季室外大气压力,应采用累年最冷 3 个月各月平均大气压力的平均值;对夏季室外大气压力,则应采用累年最热 3 个月各月平均大气压力的平均值。对冬季日照百分率,应采用累年最冷 3 个月各月平均日照百分率的平均值。

4. 设计计算用供暖期天数及室外参数的统计年份

对设计计算用供暖期天数,应按累年日平均温度稳定低于或等于供暖室外临界温度的总日数确定。一般民用建筑供暖室外临界温度宜采用 5 ℃。设计计算用供暖期,是计算供暖建筑物的能量消耗,进行技术经济分析、比较等不可缺少的数据,是专供设计计算应用的,并不是指具体某一个地方的实际供暖期,各地的实际供暖期应由各地主管部门根据情况自行确定。

而室外计算参数的统计年份宜取 30 年。不足 30 年者,也可按实有年份采用,但不得少于 10 年。

山区的室外气象参数应根据就地的调查、实测并与地理和气候条件相似的邻近台站的气象资料进行比较确定;且由于山区的气温受海拔、地形等因素影响较大,在与邻近台站的气象资料进行比较时,应注意小气候的影响,注意气候条件的相似性。

三、夏季太阳辐射照度

夏季太阳辐射照度一般是根据地理纬度和 7 月大气透明度,并按 7 月 21 日的太阳赤纬,应用有关太阳辐射的研究成果,通过计算确定的。

而计算太阳辐射照度基础数据,包括垂直于太阳光线的表面上的直接辐射照度 S 和水平面上的总辐射照度 Q。基础数据是基于观测记录用逐时的 S 和 Q 值,采用近 10 年中每年 6 月至 9 月内舍去 15~20 个高峰值的较大值的历年平均值。本规范参照这一量值,根据我国有关太阳辐射的研究中给出的不同大气透明度和不同太阳高度角下的 S 和 Q 值,按照不同纬度、不同时刻(06:00—18:00)的太阳高度角用内插法确定。

而建筑物各朝向垂直面与水平面的太阳总辐射照度,是按下列公式计算确定的:

$$J_{zz} = J_z + \frac{D + D_f}{2} \tag{9-3}$$

$$J_{zp} = J_p + D \tag{9-4}$$

式中 　J_{zz}——各朝向垂直面上的太阳总辐射照度(W/m²);

　　　J_z——各朝向垂直面的直接辐射照度(W/m²);

　　　D——散射辐射照度(W/m²);

　　　D_i——地面反射辐射照度(W/m²);

　　　J_{zp}——水平面上的太阳总辐射照度(W/m²);

　　　J_p——水平面的直接辐射照度(W/m²)。

透过建筑物各朝向垂直面与水平面标准窗玻璃的太阳直接辐射照度和散射辐射照度,(根据有关资料,将 3 mm 厚的普通平板玻璃定义为标准玻璃)是由下列公式确定的:

$$J_{cz} = \mu_\theta J_z \tag{9-5}$$

$$J_{zp} = \mu_\theta J_p \tag{9-6}$$

$$D_{cx} = \mu_d \left(\frac{D + D_f}{2} \right) \tag{9-7}$$

$$D_{cp} = \mu_d D \tag{9-8}$$

式中 　J_{cz}——各朝向垂直面和水平面透过标准窗玻璃的直接辐射照度(W/m²);

　　　μ_θ——太阳直接辐射入射率;

D_{cx}——透过各朝向垂直面标准窗玻璃的散射辐射照度(W/m²);

D_{cp}——透过水平面标准窗玻璃的散射辐射照度(W/m²);

μ_d——太阳散射辐射入射率。

第二节　供暖系统

供暖是指用人工方法通过消耗一定能源向室内供给热量,使室内保持生活或工作所需温度的技术、装备、服务的总称。供暖系统由热媒制备(热源)、热媒输送和热媒利用(散热设备)三个主要部分组成。

目前,实施供暖的各地区的气象条件,能源结构、价格、政策,供热、供气、供电情况及经济实力等都存在较大差异,并且供暖方式还受到环保、卫生、安全等多方面的制约和生活习惯的影响,因此,应通过技术经济比较确定。对于严寒地区和寒冷地区的民用建筑,由于采暖期长,通常是采用热水集中供暖系统更合适,包括散热器供暖系统、辐射供暖系统等。同时随着人民生活水平的不断提高,夏热冬冷地区对冬季供暖的需求逐年上升,但该地区居民供暖所需设备及运行费用全部由居民自行支付,因此还应考虑用户对设备运行费用的承担能力。

一、一般规定

1. 集中供暖

集中供暖是指热源和散热设备分别设置,用热媒管道相连接,由热源向多个热用户供给热量的供暖系统,又称为集中供暖系统。

根据几十年的实践经验,累年日平均温度稳定低于或等于 5 ℃的日数大于或等于 90 d 的地区,在同样保障室内设计环境的情况下,采用集中供暖系统更为经济、合理。

近些年,随着我国经济发展和人民生活水平提高,累年日平均温度稳定低于或等于 5 ℃的日数小于 90 d 地区的建筑也开始逐渐设置供暖设施,例如满足累年日平均温度稳定低于或等于 5 ℃的日数为 60~89 d;或者是累年日平均温度稳定低于或等于 5 ℃的日数不足 60 d,但累年日平均温度稳定低于或等于 8 ℃的日数大于或等于 75 d,也宜设置供暖设施,其中幼儿园、养老院、中小学校、医疗机构等建筑宜采用集中供暖。

2. 值班供暖

值班供暖是指在非工作时间或中断使用的时间内,为使建筑物保持最低室温要求而设置的供暖。

设置值班供暖,主要是为了防止公共建筑在非使用的时间内,其水管及其他用水设备发生冻结现象。严寒或寒冷地区设置供暖的公共建筑,在非使用时间内,室内温度应保持在

0℃以上;当利用房间蓄热量不能满足要求时,应按保证室内温度5℃设置值班供暖,还要考虑居住建筑的公共部分的防冻措施。当工艺有特殊要求时,则应按工艺要求确定值班供暖温度。

3. 居住建筑集中供暖系统

居住建筑的集中供暖系统应按连续供暖进行设计。连续供暖指当室外温度达到供暖室外计算温度时,为了使室内达到设计温度,要求锅炉房(或换热机房)按照设计的供、回水温度昼夜连续运行。当室外温度高于供暖室外计算温度时,可以采用质调节或量调节以及间歇调节等运行方式减少供热量。需要指出,间歇调节运行与间歇供暖的概念是不同的,间歇调节运行只是在供暖过程中减少系统供热量的一种方法,而间歇供暖是指建筑物在使用时间内供暖,使室内温度达到设计要求,而在非使用时间允许室温自然降低。居住建筑的使用时间依居住人行为习惯、年龄等的差异而不同,它可能是在每天的任何时间,因此需要连续供暖。

4. 围护结构传热系数

国家现行公共建筑和居住建筑节能设计标准对外墙、屋面、外窗、阳台门和天窗等围护结构的传热系数都有相关的具体要求和规定。围护结构的传热系数应按下式计算:

$$K = \frac{1}{\frac{1}{\alpha_n} + \sum \frac{\delta}{\alpha_\lambda \cdot \lambda} + R_k + \frac{1}{\alpha_w}} \tag{9-9}$$

式中　K——围护结构的传热系数 [W/(m²·K)];

　　　α_n——围护结构内表面换热系数[W/(m²·K)],按表9-6确定;

　　　α_w——围护结构外表面换热系数[W/(m²·K)],按表9-7确定;

　　　δ——围护结构各层材料厚度(m);

　　　α_λ——材料导热系数修正系数,按表9-8确定;

　　　λ——围护结构各层材料导热系数[W/(m·K)];

　　　R_k——封闭空气间层的热阻(m²·K/W),按表9-9确定。

表 9-6　围护结构内表面换热系数 α_n　　　单位:W/(m²·K)

围护结构内表面特征	α_n
墙、地面、表面平整或有肋状突出物的顶棚,当 $h/s \leq 0.3$ 时	8.7
有肋、井状突出物的顶棚,当 $0.2 < h/s \leq 0.3$ 时	8.1
有肋状突出物的顶棚,当 $h/s > 0.3$ 时	7.6
有井状突出物的顶棚,当 $h/s > 0.3$ 时	7.0

注:h 为肋高(m);s 为肋间净距(m)。

表 9-7　围护结构外表面换热系数 α_w　　　　单位：W/(m²·K)

围护结构外表面特征	α_w
外墙和屋顶	23
与室外空气相通的非供暖地下室上面的楼板	17
闷顶和外墙上有窗的非供暖地下室上面的楼板	12
外墙上无窗的非供暖地下室上面的楼板	6

表 9-8　材料导热系数修正系数 α_λ

材料、构造、施工、地区及说明	α_λ
作为夹心层浇筑在混凝土墙体及屋面构件中的块状多孔保温材料（如加气混凝土、泡沫混凝土及水泥膨胀珍珠岩），因干燥缓慢及灰缝影响	1.60
铺设在密闭屋面中的多孔保温材（如加气混凝土、泡沫混凝土、水泥膨胀珍珠岩、石灰炉渣等），因干燥缓慢	1.50
铺设在密闭屋面中及作为夹心层浇筑在混凝土构件中的半硬质矿棉、岩棉、玻璃棉板等，因压缩及吸湿	1.20
作为夹心层浇筑在混凝土构件中的泡沫塑料等，因压缩	1.20
开孔型保温材料（如水泥刨花板、木丝板、稻草板等），表面抹灰或与混凝土浇筑在一起，因灰浆渗入	1.30
加气混凝土、泡沫混凝土砌块墙体及加气混凝土条板墙体、屋面，因灰缝影响	1.25
填充在空心墙体及屋面构件中的松散保温材料（如稻壳、木、矿棉、岩棉等），因下沉	1.20
矿渣混凝土、炉渣混凝土、浮石混凝土、粉煤灰陶粒混凝土、加气混凝土等实心墙体及屋面构件，在严寒地区，且在室内平均相对湿度超过 65%的供暖房间内使用，因干燥缓慢	1.15

表 9-9　封闭空气间层热阻值 R_k　　　　单位：m²·K/W

位置、热流状态及材料特性		间层厚度						
		5 mm	10 mm	20 mm	30 mm	40 mm	50 mm	60 mm
一般空气间层	热流向下（水平、倾斜）	0.10	0.14	0.17	0.18	0.19	0.20	0.20
	热流向上（水平、倾斜）	0.10	0.14	0.15	0.16	0.17	0.17	0.17
	垂直空间层	0.10	0.14	0.16	0.17	0.18	0.18	0.18
单层铝箔空气间层	热流向下（水平、倾斜）	0.16	0.28	0.43	0.51	0.57	0.60	0.64
	热流向上（水平、倾斜）	0.16	0.26	0.35	0.40	0.42	0.42	0.43
	垂直空间层	0.16	0.26	0.39	0.44	0.47	0.49	0.50
双面铝箔空气间层	热流向下（水平、倾斜）	0.18	0.34	0.56	0.71	0.84	0.94	1.01
	热流向上（水平、倾斜）	0.17	0.29	0.45	0.52	0.55	0.56	0.57
	垂直空间层	0.18	0.31	0.49	0.59	0.65	0.69	0.71

注：本表为冬季状况值。

对于有顶棚的坡屋面,当用顶棚面积计算其传热量时,屋面和顶棚的综合传热系数,可按下式计算:

$$K = \frac{K_1 \times K_2}{K_1 \times \cos \alpha + K_2}$$
（9-10）

式中 K——屋面和顶棚的综合传热系数 [W/(m² · K)];

K_1——顶棚的传热系数[W/(m² · K)];

K_2——屋面的传热系数[W/(m² · K)];

α——屋面和顶棚的夹角。

5. 竖向分区设置规定

由于热水供暖设备、管道及部件所承受压力的能力有限,建议按设备、管道及部件所能承受的安全且经济的工作压力以及水力平衡要求进行竖向分区设置,以此保证系统安全运行,避免立管出现垂直失调等现象。通常,考虑散热器的承压能力,高层建筑内的散热器供暖系统宜按照 50 m 进行分区设置。

6. 系统分环设置规定

条件许可时,建筑物的集中供暖系统宜分南北向设置环路。我国幅员辽阔,各地实际情况比较复杂,影响因素很多,常常处于室外非设计工况下,南、北的房间受室外客观环境的影响是不同的,在设计供暖系统时,如果能将在室外非设计工况下逐时变化规律相同或相近的房间设计为一个环路,更便于系统调节。

二、热负荷

集中供暖系统的施工图设计,必须对每个房间进行热负荷计算。由于相同建筑面积的供暖房间的外围护面积以及朝向是不同的,实际热负荷的差距很大。而对集中供暖的建筑,供暖热负荷的正确计算对供暖设备选择、管道计算以及节能运行都起到关键作用,所以特此强调应对每一个房间进行热负荷计算。

1. 供暖热负荷确定

冬季供暖系统的热负荷一般根据围护结构的耗热量,加热由外门、窗缝隙渗入室内的冷空气的耗热量,加热由外门开启时经外门进入室内的冷空气的耗热量,通风耗热量以及通过其他途径散失或获得的热量来确定。

在各类建筑物的耗热量中,冷风渗透耗热量的占比是相当大的,有时高达 30%左右,因此计算门窗缝隙渗透冷空气耗热量是很有必要的。加热由门窗缝隙渗入室内的冷空气的耗热量,应根据建筑物的内部隔断、门窗构造、门窗朝向、室内外温度和室外风速等因素确定,在标准中也给出了具体的缝隙法计算民用建筑的冷风渗透耗热量,以及全国主要城市的冷风渗透量的朝向修正系数 n 值。

围护结构的耗热量,应包括基本耗热量和附加耗热量。

围护结构的基本耗热量应按下式计算：

$$Q = \alpha FK(t_n - t_{wn}) \tag{9-11}$$

式中　Q——围护结构的基本耗热量（W）；

　　　α——围护结构温差修正系数，由表9-10确定；

　　　F——围护结构的面积（m^2）；

　　　K——围护结构的传热系数[W/（$m \cdot K$）]；

　　　t_n——供暖室内设计温度（℃）；

　　　t_{wn}——供暖室外计算温度（℃）。

注：当已知或可求出冷侧温度时，t_{wn}一项可直接用冷侧温度值代入，不再用α值进行修正。

表9-10　温差修正系数 α

围护结构特征	α
外墙、屋顶、地面以及与室外相通的楼板等	1.00
闷顶和与室外空气相通的非供暖地下室上面的楼板等	0.90
与有外门窗的不供暖楼梯间相邻的隔墙（1~6层建筑）	0.60
与有外门窗的不供暖楼梯间相邻的隔墙（7~30层建筑）	0.50
非供暖地下室上面的楼板，外墙上有窗时	0.75
非供暖地下室上面的楼板，外墙上无窗且位于室外地坪以上时	0.60
非供暖地下室上面的楼板，外墙上无窗且位于室外地坪以下时	0.40
与有外门窗的非供暖房间相邻的隔墙	0.70
与无外门窗的非供暖房间相邻的隔墙	0.40
伸缩缝墙、沉降缝墙	0.30
防震缝墙	0.70

式（9-11）是按稳定传热计算围护结构耗热量，不管围护结构的热惰性指标大小如何，室外计算温度均采用供暖室外计算温度，即历年平均不保证5 d的日平均温度。

近些年北方地区的居住建筑大都采用封闭阳台，封闭阳台形式大致有两种：凸阳台和凹阳台。凸阳台是包含正面和左右侧面三个接触室外空气的外立面，而凹阳台是只有正面一个接触室外空气的外立面。在计算围护结构基本耗热量时，应考虑该围护结构的温差修正系数。

围护结构的附加耗热量应按其占基本耗热量的百分率确定。各项附加百分率宜按下文的数值选用。

朝向修正率，是基于太阳辐射的有利作用和南北向房间的温度平衡要求，而在耗热量计算中采取的修正系数。综合各方面的论述、意见和要求，规定了附加（减）的范围值，具体规定如下：

（1）北、东北、西北向按 0~10%；

（2）东、西向按-5%；

（3）东南、西南向按-15%~-10%；

（4）南向按-30%~-15%。

注：①应根据当地冬季日照率、辐射照度、建筑物使用和被遮挡等情况选用修正率；②冬季日照率小于35%的地区，东南、西南和南向的修正率宜采用-10%~0，东、西向可不修正。

风力附加率，是指在供暖耗热量计算中，基于较大的室外风速会引起围护结构外表面换热系数增大，即大于 23 W/(m²·K)而设的附加系数。由于我国大部分地区冬季平均风速不大，一般为 2~3 m/s，仅个别地区大于 5 m/s，影响不大。为简化计算起见，一般建筑物不必考虑风力附加，仅对建筑在不避风的高地、河边、海岸、旷野上的建筑物，以及城镇内明显高出的建筑物的风力附加做了规定，其垂直外围护结构宜附加 5%~10%。

外门附加率，是基于建筑物外门开启的频繁程度以及冲入建筑物中的冷空气导致耗热量增大而附加的系数。外门附加率，只适用于短时间开启的、无热空气幕的外门。阳台门不应计入外门附加。当建筑物的楼层数为 n 时，一道门按 65%×n；两道门（有门斗）按 80%×n；三道门（有两个门斗）按 60%×n；公共建筑的主要出入口按 500%。此处所指的外门是建筑物底层入口的门，而不是各层每户的外门。

此外，严寒地区设计人员也可根据经验对两面外墙和窗墙面积比过大进行修正。当房间有两面以上外墙时，可将外墙、窗、门的基本耗热量附加 5%。当窗墙（不含窗）面积比超过 1:1 时，可将窗的基本耗热量附加 10%。

高度附加率，是基于房间高度大于 4 m 时，由于竖向温度梯度的影响导致上部空间及围护结构的耗热量增大的附加系数，应附加于围护结构的基本耗热量和其他附加耗热量之和的基础上。由于围护结构耗热作用等影响，房间竖向温度的分布并不总是逐步升高的，因此对高度附加率的上限值做了限制。

散热器供暖房间高度大于 4 m 时，每高出 1 m 应附加 2%，但总附加率不应大于 15%；地面辐射供暖的房间高度大于 4 m 时，每高出 1 m 宜附加 1%，但总附加率不宜大于 8%。

注：①当相邻房间的温差小于 5 ℃时，为简化计算起见，通常可不计入通过隔墙和楼板等的传热量，但当隔墙或楼板的传热热阻太小，传热面积很大，或其传热量大于该房间热负荷的10%时，也应将其传热量计入该房间的热负荷内；②依据模拟分析和运行经验，户间传热对供暖负荷的附加量不宜超过计算负荷的50%，且不应统计在供暖系统的总热负荷内。

2. 间歇供暖系统的热负荷附加率

对于夜间基本不使用的办公楼和教学楼等建筑，在夜间时允许室内温度自然降低一些，这时可按间歇供暖系统设计，本规范规定这类建筑物的供暖热负荷应对围护结构耗热量进行间歇附加，间歇附加率可取 20%；对于不经常使用的体育馆和展览馆等建筑，围护结构耗热量的间歇附加率可取 30%。如建筑物预热时间长,如 2 h,其间歇附加率可以适当减少。

由于采用间歇供暖时,建筑物经历的是一个十分复杂的动态的热工变化过程,其影响因素很多,在我国对于间歇供暖热负荷的计算方法,也没有明确的规定。

3. 辐射供暖负荷计算

根据国内外资料和国内一些工程的实测,辐射供暖用于全面供暖时,在相同热舒适条件下的室内温度可比对流供暖时的室内温度低 2~3 ℃。故规定辐射供暖的耗热量计算可按本规范的有关规定进行,但室内设计温度取值可降低 2 ℃。当辐射供暖用于局部供暖时,热负荷计算还要乘以表 9-11 所规定的计算系数(局部供暖的面积与房间总面积的面积比大于 75%时,按全面供暖耗热量计算)。

表 9-11　局部辐射供暖热负荷计算系数

供暖区面积与房间总面积的比值	≥0.75	0.55	0.40	0.25	≤0.20
计算系数	1	0.72	0.54	0.38	0.30

三、散热器供暖

1. 散热器供暖系统基本要求

1)热媒及其温度

散热器供暖系统应采用热水作为热媒,不仅对供暖质量有明显的提高,而且便于进行调节。散热器集中供暖系统宜按 75 ℃ /50 ℃连续供暖进行设计,且供水温度不宜大于 85 ℃,供回水温差不宜小于 20 ℃。近年来,国内也开始出现降低热媒温度的趋势。

2)制式的选择及相关规定

由于双管制系统可实现变流量调节,有利于节能,因此居住建筑室内供暖系统的制式宜采用垂直双管系统或共用立管的分户独立循环双管系统,也可采用垂直单管跨越式系统;公共建筑选择供暖系统制式的原则,是在保持散热器有较高散热效率的前提下,保证系统中除楼梯间以外的各个房间(供暖区),能独立进行温度调节,宜采用双管系统,也可采用单管跨越式系统。

若要对既有建筑的室内垂直单管顺流式系统进行改造,为尽可能减小扰民和投入,则应改成垂直双管系统或垂直单管跨越式系统,不宜改造为分户独立循环系统。

此外,对于单管跨越式系统,由于散热器串联组数过多,每组散热温差过小,不仅散热器面积增加较大,恒温阀调节性能也很难满足要求,因此垂直单管跨越式系统的楼层层数不宜超过 6 层,水平单管跨越式系统的散热器组数不宜超过 6 组。

管道有冻结危险的场所,不应将其散热器同邻室连接,立管或支管应独立设置,以防散热器冻裂后影响邻室的供暖效果。

2. 散热器相关规定

1）散热器的选择

选择散热器时，应根据供暖系统的压力要求，确定散热器的工作压力，并符合国家现行有关产品标准的规定；相对湿度较大的房间应采用耐腐蚀的散热器；采用钢制散热器时，应满足产品对水质的要求，非供暖季节供暖系统应充水保养，这也是热水供暖系统的基本运行条件；采用铝制散热器时，应选用内防腐型，并满足产品对水质的要求；安装热量表和恒温阀的热水供暖系统不宜采用水流通道内含有粘砂的铸铁散热器；高大空间供暖不宜单独采用对流型散热器，否则室内沿高度方向会形成很大的温度梯度，不但建筑热损耗增大，而且人员活动区的温度往往偏低，很难保持设计温度。

2）散热器的布置

布置散热器时，由于散热器布置在外墙的窗台下，从散热器上升的对流热气流能阻止从玻璃窗下降的冷气流，使流经生活区和工作区的空气比较暖和，给人以舒适的感觉，因此推荐把散热器布置在外墙的窗台下；为了便于户内管道的布置，散热器也可靠内墙安装。同时为了防止把散热器冻裂，在两道外门之间的门斗内不应设置散热器。而楼梯间的散热器，应分配在底层或按一定比例分配在下部各层，从而可以利用热压作用，使加热了的空气自行上升到楼梯间的上部补偿其耗热量。

关于铸铁散热器的组装片数，粗柱型（包括柱翼型）不宜超过 20 片，细柱型不宜超过 25 片。

3）散热器的安装

关于散热器的安装，除特殊功能要求的建筑外，散热器应明装；而幼儿园、老年人和特殊功能要求的建筑的散热器必须暗装或加防护罩。必须暗装时，装饰罩应有合理的气流通道、足够的诵道面积，并方便维修。散热器的外表面应刷非金属性涂料。

4）散热器数量的确定

确定散热器数量时，应根据其连接方式、安装形式、组装片数、热水流量以及表面涂料等对散热量的影响，对散热器数量进行修正。供暖系统非保温管道明设时，非保温管道的散热量有提高室温的作用，可补偿一部分耗热量，因此应计算管道的散热量对散热器数量的折减；非保温管道暗设时，管道散入室内的热量较难准确计算，宜适当考虑管道的散热量对散热器数量的影响。

5）同一房间的两组散热器的连接方式

垂直单管和垂直双管供暖系统，同一房间的两组散热器，可采用异侧连接的水平单管串联的连接方式，也可采用上下接口同侧连接方式。当采用上下接口同侧连接方式时，散热器之间的上下连接管应与散热器接口同径。

四、热水辐射供暖

1. 辐射供暖系统的温度相关要求

热水地面辐射供暖系统供水温度宜采用 35~45 ℃,不应大于 60 ℃;供回水温差不宜大于 10 ℃,且不宜小于 5 ℃;毛细管网辐射系统供水温度宜满足表 9-12 的规定,供回水温差宜采用 3~6 ℃。辐射体的表面平均温度宜符合表 9-13 的规定。

表 9-12　毛细管网辐射系统供水温度　　　　　　　　　　　　单位:℃

设置位置	宜采用温度
顶棚	25~35
墙面	25~35
地面	30~40

表 9-13　辐射体表面平均温度　　　　　　　　　　　　单位:℃

设置位置	宜采用温度	温度上限值
人员经常停留的地面	25~27	29
人员短期停留的地面	28~30	32
无人停留的地面	35~40	42
房间高度 2.5~3.0 m 的顶棚	28~30	—
房间高度 3.1~4.0 m 的顶棚	33~36	—
距地面 1 m 以下的墙面	35	—
距地面 1 m 以上、3.5 m 以下的墙面	45	—

确定地面散热量时,应校核地面表面平均温度,确保其不高于表 9-11 规定的温度上限值;否则应改善建筑热工性能或设置其他辅助供暖设备,减少地面辐射供暖系统负担的热负荷。

2. 毛细管网辐射系统方式

毛细管网辐射系统单独供暖时,宜首先考虑地面埋置方式,地面面积不足时再考虑墙面埋置方式;毛细管网同时用于冬季供暖和夏季供冷时,宜首先考虑顶棚安装方式,顶棚面积不足时再考虑墙面或地面埋置方式。

3. 热水地面辐射供暖系统相关规定

1)绝热层、防潮层、隔离层

为减少供暖地面的热损失,直接与室外空气接触的楼板、与不供暖房间相邻的地板为供暖地面时,必须设置绝热层。与土壤接触的底层,应设置绝热层;设置绝热层时,为保证绝热效果,绝热层与土壤之间应设置防潮层。对于潮湿房间,混凝土填充式供暖地面的填充层上,预制沟槽保温板或预制轻薄供暖板供暖地面的地面面层下应设置隔离层,以防止水渗入。

2)工作压力要求

系统工作压力的高低,直接影响塑料加热管的管壁厚度、使用寿命、耐热性能、价格等一系列因素,因此热水地面辐射供暖系统的工作压力不宜大于 0.8 MPa,毛细管网辐射系统的工作压力不应大于 0.6 MPa。当超过上述压力时,应采取相应的措施。

3)热水地面辐射供暖所用的塑料加热管

热水地面辐射供暖塑料加热管的材质和壁厚的选择,应根据工程的耐久年限、管材的性能以及系统的运行水温、工作压力等条件确定。

4.热水辐射供暖系统的系统配置

在居住建筑中,热水辐射供暖系统应按户划分系统,可以方便地实现按户热计量,并配置分水器、集水器。户内的各主要房间,宜分环路布置加热管,便于实现分室控制温度。

1)加热管

加热管的敷设间距,应根据地面散热量、室内设计温度、平均水温及地面传热热阻等通过计算确定。为了使地面温度分布不会有过大的差异,人员长期停留区域的最大间距不宜超过 300 mm。最小间距要满足弯管施工条件,防止弯管挤扁。

2)分水器、集水器

每个环路加热管的进、出水口,应分别与分水器、集水器相连接。分水器、集水器总进、出水管内径一般不小于 25 mm,当所带加热管为 8 个环路时,管内热媒流速可以保持不超过最大允许流速 0.8 m/s。每个分水器、集水器分支环路不宜多于 8 路。每个分支环路供回水管上均应设置可关断阀门。分水器、集水器上均应设置手动或自动排气阀。

3)旁通管

在分水器的总进水管与集水器的总出水管之间,宜设置旁通管,旁通管上应设置阀门。旁通管的连接位置,应在总进水管的始端(阀门之前)和总出水管的末端(阀门之后)之间,保证对供暖管路系统冲洗时水不流进加热管。

5.热水吊顶辐射板供暖相关规定

热水吊顶辐射板为金属辐射板的一种,可用于层高 3~30 m 的建筑物的全面供暖和局部区域或局部工作地点供暖,当采用热水吊顶辐射板供暖,屋顶耗热量大于房间总耗热量的30%时,应加强屋顶保温措施。热水吊顶辐射板的供水温度宜采用 40~95 ℃,所用水的水质应满足产品要求。在非供暖季节供暖系统应充水保养。

1)热水吊顶辐射板的有效散热量

当热水吊顶辐射板倾斜安装时,辐射板的有效散热量会随着安装角度的改变而变化,应进行修正。辐射板安装角度的修正系数,应按表9-14确定。

辐射板的管中流体应为紊流。为保证辐射板达到设计散热量,管内流量不得低于保证紊流状态的最小流量。当达不到系统所需最小流量时,辐射板的散热量应乘以 1.18 的安全系数。

表 9-14 辐射板安装角度修正系数

辐射板与水平面的夹角(°)	0	10	20	30	40
修正系数	1	1.022	1.043	1.066	1.088

2)热水吊顶辐射板的安装

热水吊顶辐射板的安装高度,应根据人体的舒适度确定。辐射板的最高平均水温应根据辐射板安装高度和其面积占顶棚面积的比例,按表 9-15 确定。

表 9-15 热水吊顶辐射板最高平均水温   单位：℃

最低安装高度	热水吊顶辐射板面积占顶棚面积的百分比					
	10%	15%	20%	25%	30%	35%
3 m	73	71	68	64	58	56
4 m	—	—	91	78	67	60
5 m	—	—	—	83	71	64
6 m	—	—	—	87	75	69
7 m	—	—	—	91	80	74
8 m	—	—	—	—	86	80
9 m	—	—	—	—	92	87
10 m	—	—	—	—	—	94

注:表中安装高度系指地面到板中心的垂直距离(m)。

热水吊顶辐射板与供暖系统供、回水管的连接方式,可采用并联或串联、同侧或异侧连接,并应采取使辐射板表面温度均匀、流体阻力平衡的措施。

热水吊顶辐射板的布置对于优化供暖系统设计,保证室内人员活动区辐射照度的均匀分布是很关键的。布置全面供暖的热水吊顶辐射板装置时,应使室内人员活动区辐射照度均匀。安装吊顶辐射板时,宜沿最长的外墙平行布置。由于供暖系统热负荷主要是由围护结构传热耗热量以及通过外门、外窗侵入或渗入的冷空气耗热量来决定的,因此设置在墙边的辐射板规格应大于在室内设置的辐射板规格,来补偿外墙处的热损失。房间建筑结构尺寸同样也影响着吊顶辐射板的布置方式。房间高度较低时,宜采用较窄的辐射板,以避免过大的辐射照度;沿外墙布置辐射板且板排较长时,应注意预留长度方向热膨胀的余地。此外,还要注意辐射板装置不应布置在对热敏感的设备附近。

五、电加热供暖

由于直接将燃煤发电生产出的高品位电能转换为低品位的热能进行供暖,能源利用效率低,因此只有是供电政策支持或者无集中供暖和燃气源且煤或油等燃料的使用受到环保或消防严格限制的建筑,或是以供冷为主,供暖负荷较小且无法利用热泵提供热源的建筑,或者是采用蓄热式电散热器、发热电缆在夜间低谷电进行蓄热且不在用电高峰和平段时间启用的建筑,或由可再生能源发电设备供电且其发电量能够满足自身电加热量需求的建筑,才能采用电加热供暖。

1. 电供暖系统的元件

1)电供暖散热器

电供暖散热器是一种固定安装在建筑物内,以电为能源,将电能直接转化成热能,并通过温度控制器实现对散热器供热控制的供暖散热设备。电供暖散热器的形式、电气安全性能和热工性能应满足使用要求及有关规定。

2)电热辐射供暖加热元件

发热电缆辐射供暖和低温电热膜辐射供暖的加热元件及其表面工作温度,应符合国家现行有关产品标准的安全要求。

根据不同的使用条件,电供暖系统应设置不同类型的温控装置。

2. 电热膜辐射供暖的安装

发热电缆辐射供暖是由可加热电缆和传感器、温控器等构成,通常采用地板式,将电缆敷设于混凝土中。低温电热膜辐射供暖以电热膜为发热体,大部分热量以辐射方式传入供暖区域,电热膜通常没有接地体,且须在施工现场进行电气接地连接,电热膜通常布置在顶棚上。辐射体表面平均温度也应符合有关规定。

采用发热电缆地面辐射供暖方式时,为确保安全,发热电缆的线功率不宜大于 17 W/m,且布置时应考虑家具位置的影响,以免因占压区域的热损失而影响供暖效果或因占压区域的局部温度过高而影响发热电缆的使用寿命。当面层采用带龙骨的架空木地板时,发热电缆裸敷在架空地板的龙骨之间,必须采取散热措施,且发热电缆的线功率不应大于 10 W/m。

电热膜辐射供暖的安装功率应满足房间所需热负荷要求。在顶棚上布置电热膜时,应考虑为灯具、烟感器、喷头、风口、音响等预留安装位置,避免安装位置产生冲突而影响其使用效果和安全性。

同时安装于距地面高度 180 cm 以下的电供暖元器件,存在误操作(如装修破坏、水浸等)导致的漏、触电事故的可能性,必须采取接地及剩余电流保护措施。

六、户式燃气炉和户式空气源热泵供暖

户式供暖如户式燃气炉、户式空气源热泵供暖系统,在日本、韩国、美国普遍应用,在我国寒冷地区也有应用。户式与集中燃气供暖相比,具有灵活、高效的特点,也可免去集中供暖管网损失及输送能耗。居住建筑利用燃气供暖时,宜采用户式燃气炉供暖。户式空气源热泵能效受室外温湿度影响较大,同时还需要考虑系统的除霜要求。

1. 户式供暖系统相关规定

1)热负荷计算

进行户式供暖系统热负荷计算时,宜考虑生活习惯、建筑特点、间歇运行等因素进行附加。

2)户式空气源热泵系统供电及化霜水排放

在供暖期间,为了保证热泵供暖系统的设备能够正常启动以及保证系统的水泵不定期进行防冻保护运转,户式空气源热泵供暖系统需要持续供电,因此应设置独立供电回路。

热泵系统在供暖运行时会因除霜运转,产生化霜水,为了避免化霜水的无组织排放,对周边环境及邻里关系造成影响,应将化霜水集中排放。

户式供暖系统应具有防冻保护、室温调控功能,并应设置排气、泄水装置。

2. 户式燃气炉相关规定

以户式燃气炉作热源时,末端设备可采用不同的供暖方式,但必须适应燃气炉的供回水温度及循环泵的扬程要求。

为确保安全,户式燃气炉应采用全封闭式燃烧、平衡式强制排烟型。

用户式燃气炉供暖时,供回水温度不宜过低,应满足热源要求。为了使燃气炉的出水温度不过低,末端供水温度宜采用混水的方式调节。

此外,户式燃气炉运行会产生有害气体,因此,系统的排烟口应保持空气畅通加以稀释,并将排烟口远离人群和新风口,避免污染和影响室内空气质量。

七、热空气幕

1. 适用范围

对严寒地区公共建筑经常开启的外门,应采取热空气幕等减少冷风渗透的措施。对寒冷地区公共建筑经常开启的外门,当不设门斗和前室时,宜设置热空气幕。

2. 送风方式、温度及风速

由于公共建筑的外门开启频繁,而且往往向内外两个方向开启,不便采用侧面送风,因此送风方式宜采用由上向下送风。

热空气幕的送风温度应根据计算确定。对于公共建筑的外门,不宜高于 50 ℃;对高大

外门,即可通过汽车的大门,不宜高于 70 ℃。

热空气幕的出口风速应通过计算确定。根据人体的感受、噪声对环境的影响、阻隔冷空气效果的实践经验,并参考国内外有关资料,对于公共建筑的外门,不宜大于 6 m/s;对于高大外门,不宜大于 25 m/s。

八、供暖管道设计及水力计算

1. 供暖管道相关规定

1)供暖管道的材质

供暖管道的材质应根据其工作温度、工作压力、使用寿命、施工与环保性能等因素,经综合考虑和技术经济比较后确定,其质量应符合国家现行有关产品标准的规定。通常,室内外供暖干管宜选用焊接钢管、镀锌钢管或热镀锌钢管,室内明装支、立管宜选用镀锌钢管、热镀锌钢管、外敷铝保护层的铝合金衬 PB 管等。

2)不同系统管道分开设置

由于不同供暖系统,在热媒参数、阻力特性、使用条件、使用时间等方面,不是完全一致的,因此散热器供暖系统的供水和回水管道,应在热力入口处与通风与空调系统、热风供暖与热空气幕系统、生活热水供应系统、地面辐射供暖系统以及其他需要单独热计量的系统分开设置,通常宜在建筑物的热力入口处分开。

3)热水供暖系统热力入口装置的设置

集中供暖系统的建筑物热力入口,为检修系统、调节温度及压力方便,供水、回水管道上应分别设置关断阀、温度计、压力表。同时,应设置过滤器来保证管道配件及热量表等不堵塞、不磨损,及考虑系统运行维护设置旁通阀。

还应根据水力平衡要求和建筑物内供暖系统的调节方式,选择水力平衡装置。同时,为满足供热计量和收费的要求,促进供暖系统的节能和科学管理,除多个热力入口设置一块共用热量表的情况外,每个热力入口处均应设置热量表,且由于回水管水温相对较低,热量表宜设在回水管上。

4)供暖干管和立管等管道上阀门的设置

为给系统的调节和检修创造必要的条件,供暖系统的各并联环路,应设置关闭和调节装置。供水立管的始端和回水立管的末端均应设置阀门,回水立管上还应设置排污、泄水装置。共用立管分户独立循环供暖系统,应在连接共用立管的进户供、回水支管上设置关闭阀。注意,当有冻结危险时,立管或支管上的阀门至干管的距离不应大于 120 mm。

5)供暖管道布置相关规定

供暖系统水平管道的敷设应有一定的坡度,坡向应有利于排气和泄水。供回水支、干管的坡度宜采用 0.003,不得小于 0.002;立管与散热器连接的支管,坡度不得小于 0.01。当受条件限制,供回水干管(包括水平单管串联系统的散热器连接管)无法保持必要的坡度时,局部可无坡敷设,但由于当水流速度达到 0.25 m/s 时,方能把管中空气裹挟走,使之不能浮升,因此该管道内的水流速度不得小于 0.25 m/s;对于汽水逆向流动的蒸汽管,坡度不得小于 0.005。

在布置供暖系统时,若必须穿过建筑物变形缝,应采取预防由于建筑物下沉而损坏管道的措施,如在管道穿过基础或墙体处埋设大口径套管内填以弹性材料等。

当供暖管道必须穿越防火墙时,应预埋钢套管,并在穿墙处一侧设置固定支架,管道与套管之间的空隙应采用耐火材料封堵。以防发生火灾时,烟气或火焰等通过管道穿墙处波及其他房间,同时还有防止房间之间串音的作用。

基于安全考虑,供暖管道不得与输送蒸汽燃点低于或等于 120 ℃ 的可燃液体或可燃、腐蚀性气体的管道在同一条管沟内平行或交叉敷设。

6)室内供暖管道保温条件

当管道内输送的热媒必须保持一定参数,或是管道敷设在管沟、管井、技术夹层、阁楼及顶棚内等导致无益热损失较大的空间内或易被冻结的地方,以及当管道通过的房间或地点要求保温时,室内供暖管道应保温。

2. 室内供暖系统的水力计算相关规定

室内热水供暖系统的设计应进行水力平衡计算,同时为保证供暖系统的运行效果,应采取措施使设计工况时各并联环路之间(不包括共用段)的压力损失相对差额不大于 15%。一般可通过使环路布置应力均匀对称、调整管径使并联环路之间压力损失相对差额的计算值最小、增大末端设备的阻力特性,设置适用的水力平衡装置等措施,来达到各并联环路之间的水力平衡。

1)室内供暖系统总压力要求

室内供暖系统总压力不应大于室外热力网给定的资用压力降,同时应满足室内供暖系统水力平衡的要求。基于计算误差、施工误差及管道结垢等因素综合考虑,供暖系统总压力损失的附加值宜取 10%。

2)供暖管道中热媒流速规定

室内供暖系统管道中的热媒流速,应根据系统的水力平衡要求及防噪声要求等因素确定,最大流速不宜超过表的限值。最大流速与推荐流速不同,它只在极少数公用管段中为消除剩余压力或为了计算平衡压力损失时使用,见表 9-16。

表 9-16　室内供暖系统管道中热媒的最大流速　　　　单位:m/s

室内热水管道公称管径	15	20	25	32	40	≥50
有特殊安静要求的热水管道	0.50	0.65	0.80	1.00	1.00	1.00
一般室内热水管道	0.80	1.00	1.20	1.40	1.80	2.00

蒸汽供暖系统形式	低压蒸汽供暖系统	高压蒸汽供暖系统
汽水同向流动	30	80
汽水逆向流动	20	60

3)供暖系统其他规定

为防止热水供暖系统竖向水力失调,热水垂直双管供暖系统和垂直分层布置的水平单管串联跨越式供暖系统,应对热水在散热器和管道中冷却而产生自然作用压力的影响采取相应的技术措施。

供暖系统供水(汽)干管末端和回水干管始端的管径,应在水力平衡计算的基础上确定。但其公称管径不应小于DN20,低压蒸汽的供汽干管可适当放大。

静态水力平衡阀或自力式控制阀的规格应按热媒设计流量、工作压力及阀门允许压降等参数经计算确定。其安装位置应保证阀门前后有足够的直管段,没有特别说明的情况下,阀门前直管段长度不应小于5倍管径,阀门后直管段长度不应小于2倍管径。

对于热水和蒸汽供暖系统,应根据不同情况,设置排气、泄水、排污和疏水装置。

九、集中供暖系统热计量与室温调控

1. 集中供暖系统热计量

集中供暖的新建建筑和既有建筑节能改造必须设置热量计量装置,并具备室温调控功能。计量的目的是促进用户自主节能,室温调控是节能的必要手段。供热企业和终端用户间的热量结算,应以热量表数据作为结算依据。

1)热量计量装置设置及热计量改造

热源和换热机房应设热量计量装置,其流量、传感器应安装在一次管网的回水管上。居住建筑应以楼栋为对象设置热量表,对建筑类型相同、建设年代相近、围护结构做法相同、用户热分摊方式一致的若干栋建筑,也可设置一个共用的热量表。

当热量结算点为楼栋或者换热机房设置的热量表时,分户热计量应采取用户热分摊的方法确定。用户热量分摊计量方式是在楼栋热力入口处(或换热机房)安装热量表计量总热量,再通过设置在住宅户内的测量记录装置,确定每个独立核算用户的用热量占总热量的比例,进而计算出用户的分摊热量。方法也有很多,包括散热器热分配计法、流量温度法、通断时间面积法和户用热量表法等。但是注意,在同一个热量结算点内,用户热分摊方式应统一,仪表的种类和型号应一致。

当热量结算点为每户安装户用热量表时,则可直接进行分户热计量。

供暖系统进行热计量改造时,应对系统的水力工况进行校核。当热力入口资用压差不能满足既有供暖系统要求时,应采取提高管网循环泵扬程或增设局部加压泵等补偿措施,以满足室内系统资用压差的需要。

2）用于热量结算的热量表的选型和设置

对用于热量结算的热源、换热机房及楼栋热量表，以及用于户间热量分摊的户用热量表的选型，不能简单地按照管道直径直接选用，而应根据系统的设计流量的一定比例对应热量表的公称流量确定。公称流量可按设计流量的 80% 确定。

热量表的流量传感器的安装位置应符合仪表安装要求，且由于供暖回水管的水温较供水管的低，流量传感器安装在回水管上所处环境温度也较低，有利于延长电池寿命和改善仪表使用工况，宜安装在回水管上。

2. 室温调控

新建和改扩建散热器室内供暖系统，应设置散热器恒温控制阀或其他自动温度控制阀进行室温调控。

1）散热器恒温控制阀的选用和设置

当室内供暖系统为垂直或水平双管系统时，应在每组散热器的供水支管上安装高阻恒温控制阀。同时，当采用没有设置预设阻力功能的恒温控制阀时，双管系统如果超过 5 层将会有较大的垂直失调。因此，对于超过 5 层的垂直双管系统，宜采用带有预设阻力功能的恒温控制阀。而单管跨越式系统应采用低阻力两通恒温控制阀或三通恒温控制阀。

当散热器有罩时，应采用温包外置式恒温控制阀。

注意，恒温控制阀应具有产品合格证、使用说明书和质量检测部门出具的性能测试报告，其调节性能等指标应符合现行行业标准《散热器恒温控制阀》（GB/T 29414—2012）的有关要求。

2）低温热水地面辐射供暖系统室内温度控制方法

室温可控是分户热计量，实现节能，保证室内热舒适要求的必要条件，因此低温热水地面辐射供暖系统应具有室温控制功能。而室温控制器宜设在被控温的房间或区域内，以房间温度作为控制依据，控制相对准确。

自动控制阀宜采用热电式控制阀或自力式恒温控制阀。其中热电式控制阀的流通能力更适合于小流量的地面供暖系统使用，且具有噪声小、体积小、耗电量小、使用寿命长、设置较方便等优点，因此在供暖目标以住宅为主的地面供暖系统中推荐使用。

自动控制阀的设置可采用分环路控制和总体控制两种方式，采用分环路控制时，应在分水器或集水器处，分路设置自动控制阀，控制房间或区域保持各自的设定温度值。自动控制阀也可内置于集水器中；采用总体控制时，应在分水器总供水管或集水器回水管上设置一个自动控制阀，控制整个用户或区域的室内温度。

3）热计量供暖系统相关要求

热计量供暖系统应适应室温调控的要求，当室内供暖系统为变流量系统时，由于对变流量系统的所有末端按照设计分配流量且比例保持不变的要求以及自力式流量控制阀定流量的特性与改变工况的用户作用相抵触,因此不应设自力式流量控制阀。

力平衡调节、压差控制和流量控制的目的都是为了控制室温不过高,而且还可以调低。只要保证了恒温阀(或其他温控装置)不会产生噪声,压差波动一些也没有关系,因此应通过计算压差变化幅度选择自力式压差控制阀,计算的依据就是保证恒温阀的阀权以及在关闭过程中的压差不会产生噪声。

第三节 通风

一、一般规定

1. 通风措施的适用范围及注意事项

当建筑物存在大量余热、余湿及有害物质时,应以预防为主,宜优先采用通风措施加以消除。对不可避免放散的有害或污染环境的物质,在排放前必须采取通风净化措施,并达到国家有关大气环境质量标准和各种污染物排放标准的要求。

建筑通风应从总体规划、建筑设计和工艺等方面采取有效的综合预防和治理措施,且建筑物的通风系统设计应符合国家现行防火规范的要求。

对建筑物内放散热、蒸汽或有害物质的设备,在散发处设置自然或机械的局部排风,予以就地排除,是经济有效的措施。但当由于受工艺布置及操作等条件限制,不能采用局部排风或局部排风达不到卫生要求时,应辅以自然的或机械的全面通风,或者采用自然的或机械的全面通风。

对于卫生条件较好的人员活动区,室内送风、排风设计时,应根据污染物的特性及污染源的变化,优化气流组织设计,且不应使含有大量热、蒸汽或有害物质的空气流入没有或仅有少量热、蒸汽或有害物质的人员活动区,且不应破坏局部排风系统的正常工作。

2. 排风系统使用要求

凡属下列情况之一时,应单独设置排风系统:①两种或两种以上的有害物质混合后能引起燃烧或爆炸时;②混合后能形成毒害更大或腐蚀性的混合物、化合物时;③混合后易使蒸汽凝结并聚积粉尘时;④散发剧毒物质的房间和设备;⑤建筑物内设有储存易燃易爆物质的单独房间或有防火防爆要求的单独房间;⑥有防疫的卫生要求时。

3. 自然通风与机械通风

自然通风主要通过合理适度地改变建筑形式,利用热压和风压作用形成有组织气流,满足室内环境要求、减少通风能耗。因此,应首先考虑采用自然通风消除建筑物余热、余湿和进行室内污染物浓度控制。对于室外空气污染和噪声污染严重的地区,不宜采用自然通风。当自然通风不能满足要求时,应采用机械通风,或自然通风和机械通风结合的复合通风。

采用机械通风时,重要房间或重要场所的通风系统应具备防止以空气传播为途径的疾病通过通风系统交叉传染的功能。在设有机械通风的房间，人员所需的新风量也应满足前文的要求。

4. 全面通风量的确定

同时放散余热、余湿和有害物质时，一般建筑通风的目的是将三者都消除，因此全面通风量应按其中所需最大的空气量确定。多种有害物质同时放散于建筑物内时，其全面通风量的确定应符合现行国家有关工业企业设计卫生标准的有关规定。

进入室内或室内产生的有害物质数量不能确定时，全面通风量可按类似房间的实测资料或经验数据，按换气次数确定，亦可按国家现行的各相关行业标准确定。

二、自然通风

1. 建筑设计要求

在确定该地区大空间高温建筑的朝向时，应考虑利用夏季最多风向来增加自然通风的风压作用或对建筑形成穿堂风。因此要求建筑的迎风面与最多风向成 60°~90° 角，且不应小于 45°。同时，因春秋季往往时间较长，应考虑可利用的春秋季风向以充分利用自然通风；建筑群平面布置应重视有利自然通风因素，如错列式、斜列式平面布置形式相比行列式、周边式平面布置形式等更有利于自然通风，应优先考虑错列式、斜列式等布置形式。

2. 通风开口相关规定

关于进排风口或窗扇的选择，为了提高自然通风的效果，应采用流量系数较大的进排风口或窗扇，如在工程设计中常采用的性能较好的门、洞、平开窗、上悬窗、中悬窗及隔板或垂直转动窗、板等。严寒、寒冷地区的进排风口还应考虑保温措施。

对于进风口的位置，夏季由于室内外形成的热压小，为保证有足够的进风量，消除余热和提高通风效率，应使室外新鲜空气直接进入人员活动区，因此其自然通风用的进风口的下缘距室内地面的高度不宜大于 1.2 m。冬季为防止冷空气吹向人员活动区，自然通风用的进风口的下缘距室内地面的高度小于 4 m 时，宜采取防止冷风吹向人员活动区的措施。同时，自然通风进风口应远离污染源，如烟囱、排风口、排风罩等 3 m 以上。

此外，采用自然通风的生活、工作的房间的通风开口有效面积不应小于该房间地板面积的 5%。厨房的通风开口有效面积不应小于该房间地板面积的 10%，并不得小于 0.6 m²。

3. 自然通风策略

在确定自然通风方案之前，必须收集目标地区的气象参数，进行气候潜力分析。自然通风潜力指仅依靠自然通风就可满足室内空气品质及热舒适要求的潜力。采用自然通风的建筑，自然通风量的计算应同时考虑热压以及风压的作用。

对于热压作用的通风量的确定，室内发热量较均匀、空间形式较简单的单层大空间建筑，可采用简化计算方法确定；住宅和办公建筑中，考虑多个房间之间或多个楼层之间的通风,可采用多区域网络法进行计算;建筑体形复杂或室内发热量明显不均的建筑,可按计算流体动力学(Computational Fluid Dynamics,CFD)数值模拟方法确定。

而对风压作用的通风量,则应该分别计算过渡季及夏季的自然通风量,并按其最小值确定。建筑物周围的风压分布与该建筑的几何形状和室外风向有关。风向一定时,建筑物外围结构上某一点的风压值 p_f 可根据下式计算:

$$p_f = k \frac{v_w^2}{2} \rho_w \qquad (9\text{-}12)$$

式中 p_f——风压(Pa);

        k——空气动力系数;

        v_w——室外空气流速(m/s);

        ρ_w——室外空气密度(kg/m³)。

其中室外风向按计算季节中的当地室外最多风向确定;室外风速按基准高度室外最多风向的平均风速确定。同时由于大气边界层及梯度风作用对室外空气流场的影响非常显著,因而当采用计算流体动力学数值模拟方法时,应考虑当地地形条件及其梯度风、遮挡物的影响。而仅当建筑迎风面与计算季节的最多风向成 45°~90° 角时,该面上的外窗或有效开口利用面积可作为进风口进行计算。

4. 自然通风强化措施

结合建筑设计,可以合理利用被动式通风技术来强化自然通风。当常规自然通风系统不能提供足够风量时,可采用捕风装置加强自然通风;当采用常规自然通风难以排除建筑内的余热、余湿或污染物时,可采用屋顶无动力风帽装置,无动力风帽的接口直径宜与其连接的风管管径相同;当建筑物利用风压有局限或热压不足时,可采用太阳能诱导等通风方式。

二、机械通风

1. 风口相关规定

关于机械送风系统进风口的位置,进风口应设在室外空气较清洁的地点且应避免进风、排风短路。同时为了防止送风系统把进风口附近的灰尘、碎屑等扬起并吸入,进风口的下缘距室外地坪不宜小于 2 m,当设在绿化地带时,不宜小于 1 m。

关于建筑物全面排风系统吸风口的布置,在不同情况下应有不同的设计要求,目的是保证有效地排除室内余热、余湿及各种有害物质。

当吸风口位于房间上部区域,除用于排除氢气与空气混合物时,吸风口上缘至顶棚平面或屋顶的距离不大于 0.4 m,在用于排除氢气与空气混合物时,吸风口上缘至顶棚平面或屋顶的距离不大于 0.1 m;而用于排除密度大于空气的有害气体时,位于房间下部区域的排风口,其下缘至地板距离不大于 0.3 m。

同时在因建筑结构造成有爆炸危险气体排出的死角处,在结构允许的情况下,在结构梁上设置连通管进行导流排气,以避免事故发生。

2. 不同场景的通风系统的相关规定

1)住宅通风

自然通风不能满足室内卫生要求的住宅,应设置机械通风系统或自然通风与机械通风结合的复合通风系统。室外新风应先进入人员的主要活动区。厨房、无外窗卫生间,应采用机械排风系统或预留机械排风系统开口;应留有必要的进风面积;全面通风换气次数不宜小于 3 次/h;且宜设竖向排风道,竖向排风道应具有防火、防倒灌及均匀排气的功能,并应采取防止支管回流和竖井泄漏的措施,顶部应设置防止室外风倒灌装置。

2)公共厨房通风

为有效地将热量、油烟、蒸汽等控制在炉灶等局部区域并直接排出室外,使其不对室内环境造成污染,发热量大且散发大量油烟和蒸汽的厨房设备应设排气罩等局部机械排风设施。当其他区域的自然通风达不到要求时,应设置机械通风。排风罩、排油烟风道及排风机设置安装应便于油、水的收集和油污清理,且应采取防止油烟气味外溢的措施。

采用机械排风的区域,当自然补风满足不了要求时,应采用机械补风。厨房相对于其他区域应保持负压,补风量应与排风量相匹配,且宜为排风量的 80%~90%。同时为避免过低的送风温度导致室内温度过低,严寒和寒冷地区宜对机械补风采取加热措施。

为保证安全,厨房排油烟风道不应与防火排烟风道共用。

3)公共卫生间和浴室通风

公共卫生间和浴室通风关系到公众健康和安全,因此应保证其具有良好的通风。公共浴室宜设气窗,浴室气窗是指室内直接与室外相连的能够进行自然通风的外窗。无条件设气窗时,应设独立的机械排风系统。应采取措施保证浴室、卫生间对更衣室以及其他公共区域的负压,以防止气味或热湿空气溢出。公共卫生间应设置机械排风系统。当公共卫生间、浴室及附属房间采用机械通风时,其通风量宜按换气次数确定。

4)设备机房通风

设备机房应保持良好的通风,无自然通风条件时,应设置机械通风系统。设备有特殊要求时,其通风应满足设备工艺要求。

制冷机房设备间排风系统宜独立设置且应直接排向室外。冬季室内温度不宜低于 10 ℃,夏季不宜高于 35 ℃,冬季值班温度不应低于 5 ℃。机械排风宜按制冷剂的种类确定事故排风口的高度。当设于地下制冷机房,且泄漏气体密度大于空气时,排风口应上、下分别设置。

氟制冷机房应分别计算通风量和事故通风量。当机房内设备放热量的数据不全时,通风次数可取 4~6 次/h。事故通风次数不应小于 12 次/h。事故排风口上沿距室内地坪的距离不应大于 1.2 m。

氨冷冻站应设置机械排风和事故通风排风系统。通风次数不应小于 3 次/h,事故通风量宜按 183 m³/(m²·h)进行计算,且最小排风量不应小于 34 000 m³/h。事故排风机应选用防爆型,排风口应位于侧墙高处或屋顶。

直燃溴化锂制冷机房宜设置独立的送、排风系统。燃气直燃溴化锂制冷机房的通风次数不应小于 6 次/h,事故通风次数不应小于 12 次/h。燃油直燃溴化锂制冷机房的通风次数不应小于 3 次/h,事故通风次数不应小于 6 次/h。机房的送风量应为排风量与燃烧所需的空气量之和。

柴油发电机房宜设置独立的送、排风系统。其送风量应为排风量与发电机组燃烧所需的空气量之和。变配电室宜设置独立的送、排风系统。设在地下的变配电室送风气流宜从高低压配电区流向变压器区,从变压器区排至室外。排风温度不宜高于 40 ℃。当通风无法保障变配电室设备工作要求时,宜设置空调降温系统。

泵房、热力机房、中水处理机房、电梯机房等采用机械通风时,换气次数可按表 9-17 选用。

表 9-17　部分设备机房机械通风换气次数

机房名称	清水泵房	软化水间	污水泵房	中水处理机房	蓄电池室	电梯机房	热力机房
换气次数(次/h)	4	4	8~12	8~12	10~12	10	6~12

5)汽车库通风

地下汽车库由于位置原因,容易造成自然通风不畅,宜设置独立的送风、排风系统。具备自然进风条件时,可采用自然进风、机械排风的方式。当自然通风,车库内 CO 最高允许浓度大于 30 mg/m³ 时,应设机械通风系统。其送排风量宜采用稀释浓度法计算,对于单层停放的汽车库可采用换气次数法计算,并应取两者较大值。送风量宜为排风量的 80%~90%。

室外排风口应设于建筑下风向,且远离人员活动区并宜做消声处理。可采用风管通风或诱导通风方式,以保证室内不产生气流死角。其中风管通风是指利用风管将新鲜气流送到工作区以稀释污染物,并通过风管将稀释后的污染气流收集排出室外的传统通风方式;诱导通风是指利用空气射流的引射作用进行通风的方式。

对于车流量随时间变化较大的车库,风机宜采用多台并联方式或设置风机调速装置。对于严寒和寒冷地区,地下汽车库宜在坡道出入口处设热空气幕。车库内排风与排烟可共用一套系统,但应满足消防规范要求。

6)事故通风

事故通风是保证安全生产和保障人民生命安全的一项必要的措施。对在生活中可能突然放散有害气体的建筑,在设计中均应设置事故排风系统。事故通风量宜根据放散物的种类、安全及卫生浓度要求,按全面排风计算确定,且换气次数不应小于 12 次/h。

事故通风应根据放散物的种类,设置相应的检测报警及控制系统。事故通风的手动控制装置应在室内外便于操作的地点分别设置。在放散有爆炸危险气体的场所应设置防爆通风设备。

事故通风宜由经常使用的通风系统和事故通风系统共同保证,当事故通风量大于经常使用的通风系统所要求的风量时,宜设置双风机或变频调速风机;但在发生事故时,必须保证事故通风要求。

室内吸风口和传感器位置应根据放散物的位置及密度合理设计;室外排风口不应布置在人员经常停留或经常通行的地点以及邻近窗户、天窗、室门等设施的位置,不应朝向室外空气动力阴影区,且不宜朝向空气正压区。排风口与机械送风系统的进风口的水平距离不应小于 20 m;当水平距离不足 20 m 时,排风口应高出进风口,并不宜小于 6 m。当排气中含有可燃气体时,事故通风系统排风口应远离火源 30 m 以上,距可能火花溅落地点应大于20 m。

四、复合通风

复合通风系统是指自然通风和机械通风在一天的不同时刻或一年的不同季节里,在满足热舒适和室内空气质量的前提下交替或联合运行的通风系统。大空间建筑及住宅、办公室、教室等易于在外墙上开窗并通过室内人员自行调节实现自然通风的房间,宜采用复合通风。为充分利用可再生能源,复合通风中的自然通风量不宜低于联合运行风量的 30%,其系统设计参数及运行控制方案应经技术经济及节能综合分析后确定。在高度大于 15 m 的大空间采用复合通风系统时,宜考虑温度分层等问题。

复合通风系统应具备工况转换功能,应首先利用自然通风,当控制参数不能满足要求时,再启用机械通风。而对设置空调系统的房间,当室外参数进一步恶化,复合通风系统不能满足要求时,应关闭复合通风系统,启动空调系统。

五、设备选择与布置

1.设备的选择

通风机应根据管路特性曲线和风机性能曲线进行选择,且通风机风量应附加风管和设备的漏风量。送、排风系统可附加 5%~10%,排烟兼排风系统宜附加 10%~20%。选择空气加热器、空气冷却器和空气热回收装置等设备时,应附加风管和设备等的漏风量。系统允许漏风量不应超过上述附加风量。当通风机采用定速时,通风机的压力在计算系统压力损失上宜附加 10%~15%;而通风机采用变速时,通风机的压力应以计算系统总压力损失作为额定压力。在设计工况下,通风机效率不应低于其最高效率的 90%。

通风机输送非标准状态空气时,应对其电动机的轴功率进行验算,核对所配用的电动机能否满足非标准状态下的功率要求。多台风机并联或串联运行时,宜选择相同特性曲线的通风机。当通风系统使用时间较长且运行工况（风量、风压）有较大变化时，通风机宜采用双速或变速风机。

2. 设备的布置

由于风管漏风是难以避免的，排风系统的风机应尽可能靠近室外布置，尽可能减少排风正压段风管的长度，以有效降低对室内环境的影响。

当所输送空气的温度相对环境温度较高或较低，且不允许所输送空气的温度有较显著升高或降低时，或是需防止空气热回收装置结露（冻结）和热量损失时，或排出的气体在进入大气前，可能被冷却而形成凝结物堵塞或腐蚀风管时，通风设备和风管应采取保温或防冻等措施。

为降低噪声，通风机房不宜与要求安静的房间贴邻布置，当必须贴邻布置时，应采取可靠的消声隔振措施。排除、输送有燃烧或爆炸危险混合物的通风设备和风管，为防止产生静电火花并引起燃烧或爆炸，均应采取防静电接地措施（包括法兰跨接），不应由容易积聚静电的绝缘材料制作。同样出于安全考虑，空气中含有易燃易爆危险物质的房间中的送风、排风系统应采用防爆型通风设备，当送风机设置在单独的通风机房内且在送风干管上设置止回阀时，可采用非防爆型通风设备。

六、风管设计

1. 风管规格要求

通风、空调系统的风管，宜采用圆形、扁圆形或长、短边之比不宜大于 4 的矩形截面。其截面尺寸宜按现行国家标准《通风与空调工程施工质量验收规范》（GB 50243—2016）有关规定执行。风管材料、配件及柔性接头等应符合现行国家标准《建筑设计防火规范》（GB 50016—2014）的有关规定。当输送腐蚀性或潮湿气体时，应采用防腐材料或采取相应的防腐措施。

为降低风管系统的局部阻力，矩形风管采取内外同心弧形弯管时，曲率半径宜大于 1.5 倍的平面边长；当平面边长大于 500 mm，且曲率半径小于 1.5 倍的平面边长时，应设置弯管导流叶片。

风管系统的主干支管应设置风管测定孔、风管检查孔和清洗孔。风管测定孔主要用于系统的调试，风管检查孔用于通风与空调系统中需要经常检修的地方，清洗孔用于满足清洗和修复的需要。

2. 风管设计规定

1）管内风速

通风与空调系统风管内的空气流速宜按表 9-18 采用。

表 9-18　风管内的空气流速（低速风管）

风管分类	住宅（m/s）	公共建筑（m/s）
干管	$\dfrac{3.5 \sim 4.5}{6.0}$	$\dfrac{5.0 \sim 6.5}{8.0}$
支管	$\dfrac{3.0}{5.0}$	$\dfrac{3.0 \sim 4.5}{6.5}$
从支管上接出的风管	$\dfrac{2.5}{4.0}$	$\dfrac{3.0 \sim 3.5}{6.0}$
通风机入口	$\dfrac{3.5}{4.5}$	$\dfrac{4.0}{6.0}$
通风机出口	$\dfrac{5.0 \sim 8.0}{8.5}$	$\dfrac{6.5 \sim 10}{11.0}$

注：（1）表列值的分子为推荐流速，分母为最大流速；
　　（2）对消声有要求的系统，风管内的流速宜符合本章的相关规定。

自然通风的进排风口风速宜按表 9-19 采用。自然通风的风道内风速宜按表 9-20 采用。

表 9-19　自然通风系统的进排风口风速　　　　　　　　　　　单位：m/s

部位	进风百叶窗	排风口	地面出风口	顶棚出风口
风速	0.5~1.0	0.5~1.0	0.2~0.5	0.5~1.0

表 9-20　自然进排风系统的风道风速　　　　　　　　　　　　单位：m/s

部位	进风竖井	水平干管	通风竖井	排风道
风速	1.0~1.2	0.5~1.0	0.5~1.0	1.0~1.5

机械通风的进排风口风速宜按表 9-21 采用。

表 9-21　机械通风系统的进排风口风速　　　　　　　　　　　单位：m/s

部位		新风入口	风机出口
风速	住宅和公共建筑	3.5~4.5	5.0~10.5
	机房、库房	4.5~5.0	8.0~14.0

2）系统中并联管路的阻力平衡

把通风和空调系统各并联管段间的压力损失差额控制在一定范围内，是保障系统运行效果的重要条件之一。通风与空调系统各环路的压力损失应进行水力平衡计算。各并联环路压力损失的相对差额，不宜超过 15%。当通过调整管径仍无法达到上述要求时，应设置调节装置。

3）相关装置与安全措施

风管与通风机及空气处理机组等振动设备的连接处,应装设柔性接头,其长度宜为150~300 mm,进风或出风口处宜设调节阀,调节阀宜选用多叶式或花瓣式。为了防止多台通风机并联设置的系统在部分通风机运行时,输送气体产生短路回流,多台通风机并联运行的系统应在各自的管路上设置止回或自动关断装置。

输送空气温度超过80 ℃的通风管道,应采取一定的保温隔热措施,其厚度按隔热层外表面温度不超过80 ℃确定。为减少产生火灾的因素,当风管内设有电加热器时,电加热器前后各800 mm范围内的风管和穿过设有火源等容易起火房间的风管及其保温材料均应采用不燃材料。可燃气体管道、可燃液体管道和电线等,不得穿过风管的内腔,也不得沿风管的外壁敷设。可燃气体管道和可燃液体管道,不应穿过通风、空调机房。

4）凝结水、有害气体等的排出

当风管内可能产生沉积物、凝结水或其他液体时,为了防止在系统内积水腐蚀设备及风管,影响通风机的正常运行,风管应设置不小于0.005的坡度,并在风管的最低点和通风机的底部设排液装置。当排除有氢气或其他比空气密度小的可燃气体混合物时,排风系统的风管应沿气体流动方向具有上倾的坡度,其值不小于0.005。

对于排除有害气体的通风系统,其风管的排风口宜设置在建筑物顶端,且宜采用防雨风帽。屋面送、排(烟)风机的吸、排风(烟)口应考虑冬季不被积雪掩埋的措施。

第四节　空气调节

一、一般规定

当采用供暖通风达不到人体舒适、设备等对室内环境的要求,或条件不允许、不经济时,或是采用供暖通风达不到工艺对室内温度、湿度、洁净度等要求时,或者如果应用空调系统对提高工作效率和经济效益有显著作用,对身体健康有利,或对促进康复有效果时,应设置空气调节。

当对空调系统设计方案进行对比分析和优化时及对空调系统节能措施进行评估时,宜对空调系统进行全年能耗模拟计算。

1. 空调区的布置及设计

为了减少空调区的外墙、与非空调区相邻的内墙和楼板的保温隔热处理,空调区宜集中布置。功能、温湿度基数、使用要求等相近的空调区宜相邻布置。在采用局部性空调能满足空调区环境要求时,不应采用全室性空调。高大空间仅要求下部区域保持一定的温湿度时,宜采用分层空调。

关于空调区内的空气压力,对于舒适性空调,空调区与室外或空调区之间有压差要求时,其压差值宜取 5~10 Pa,最大不应超过 30 Pa;而对于工艺性空调,应按空调区环境要求确定。

2. 工艺性空调相关规定

工艺性空调在满足空调区环境要求的条件下,宜减少空调区的面积和散热、散湿设备,以达到节约投资及运行费用的目的。

工艺性空调区围护结构传热系数,应符合国家现行节能设计标准的有关规定,并不应大于表 9-22 中的规定值。

表 9-22　工艺性空调区围护结构最大传热系数 K　　　　　　单位:W/(m²·K)

围护结构名称	室温波动范围(℃)		
	±(0.1~0.2)℃	±0.5 ℃	≥±1.0 ℃
屋顶	—	—	0.8
顶棚	0.5	0.8	0.9
外墙	—	0.8	1.0
内墙和楼板	0.7	0.9	1.2

注:表中内墙和楼板的有关数值,仅适用于相邻空调区的温差大于 3 ℃时。

工艺性空调区,当室温波动范围小于或等于 ±0.5 ℃时,其围护结构的热惰性指标,不应小于表 9-23 的规定。热惰性指标 D 直接影响室内温度波动范围,其值大则室温波动范围小,其值小则相反。

表 9-23　工艺性空调区围护结构最小热惰性指标 D

围护结构名称	室温波动范围	
	±(0.1~0.2)℃	±0.5 ℃
屋顶	—	3
顶棚	4	3
外墙	—	4

工艺性空调区的外墙、外墙朝向及其所在层次,应符合表 9-24 的要求。

表 9-24　工艺性空调区外墙、外墙朝向及其所在层次

室温允许波动范围	外墙	外墙朝向	层次
±(0.1~0.2)℃	不应有外墙	—	宜底层
±0.5 ℃	不宜有外墙	如有外墙,宜北向	宜底层
≥±1.0 ℃	宜减少外墙	宜北向	宜避免在顶层

注:(1)室温允许波动范围小于或等于 ±0.5 ℃的空调区,宜布置在室温允许波动范围较大的空调区之中,当布置在单层建筑物内时,宜设通风屋顶;

(2)本条规定的"北向",适用于北纬 23.5° 以北的地区,北纬 23.5° 及其以南的地区,可相应地采用南向。

对于工艺性空调区的外窗,当室温波动范围大于等于 ±1.0 ℃时,外窗宜设置在北向;当室温波动范围小于 ±1.0 ℃时,不应有东西向外窗;当室温波动范围小于 ±0.5 ℃时,不宜有外窗,如有外窗应设置在北向。工艺性空调区的门和门斗,应符合表 9-25 的要求。舒适性空调区开启频繁的外门,宜设门斗、旋转门或弹簧门等,必要时宜设置空气幕。

表 9-25　工艺性空调区的门和门斗

室温波动范围	外门和门斗	内门和门斗
±(0.1~0.2)℃	不应设外门	内门不宜通向室温基数不同或室温允许波动范围大于 ±1.0 ℃的邻室
±0.5 ℃	不应设外门,必须设外门时,必须设门斗	门两侧温差大于 3 ℃时,宜设门斗
≥±1.0 ℃	不宜设外门,如有经常开启的外门,应设门斗	门两侧温差大于 7 ℃时,宜设门斗

注:外门门缝应严密,当门两侧温差大于 7 ℃时,应采用保温门。

二、空气负荷计算

在工程设计过程中,为防止滥用热、冷负荷指标进行设计的现象发生,除在方案设计或初步设计阶段可使用热、冷负荷指标进行必要的估算外,施工图设计阶段应对空调区的冬季热负荷和夏季逐时冷负荷进行计算。

1. 空调区的夏季得热量

在计算得热量时,只计算空调区的自身产热量和由空调区外部传入的热量。空调区的夏季计算得热量,应根据通过围护结构传入的热量,通过透明围护结构进入的太阳辐射热量,人体散热量,照明散热量,设备、器具、管道及其他内部热源的散热量,食品或物料的散热量,渗透空气带入的热量,伴随各种散湿过程产生的潜热量来确定。

空调区的夏季冷负荷,应根据各项得热量的种类、性质以及空调区的蓄热特性,分别进行计算。空调区的夏季冷负荷,应按空调区各项逐时冷负荷的综合最大值确定。计算空调区的冬季热负荷时,室外计算温度应采用冬季空调室外计算温度,并扣除室内设备等形成的稳定散热量。

空调区的下列各项得热量,通过围护结构传入的非稳态传热量,通过透明围护结构进入的太阳辐射热量,人体散热量,非全天使用的设备、照明灯具散热量等,应按非稳态方法计算其形成的夏季冷负荷,不应将其逐时值直接作为各对应时刻的逐时冷负荷值。

而对于室温允许波动范围大于或等于 ±1 ℃的空调区,通过非轻型外墙传入的传热量,空调区与邻室的夏季温差大于 3 ℃时,通过隔墙、楼板等内围护结构传入的传热量,人员密集空调区的人体散热量,全天使用的设备、照明灯具散热量等,可按稳态方法计算其形成的夏季冷负荷。

空调区的夏季计算散湿量,应考虑散湿源的种类、人员群集系数、同时使用系数以及通风系数等,并根据人体散湿量、渗透空气带入的湿量、化学反应过程的散湿量、非围护结构各种潮湿表面、液面或液流的散湿量、食品或气体物料的散湿量、设备散湿量、围护结构散湿量来进行计算。

2. 空调区及空调系统夏季冷负荷的确定

空调区的夏季冷负荷,应根据各项得热量的种类、性质以及空调区的蓄热特性,分别进行计算,应按空调区各项逐时冷负荷的综合最大值确定。在进行计算时,舒适性空调可不计算地面传热形成的冷负荷;工艺性空调有外墙时,宜计算距外墙 2 m 范围内的地面传热形成的冷负荷。在计算人体、照明和设备等散热形成的冷负荷时,应考虑人员群集系数、同时使用系数、设备功率系数和通风保温系数等。当屋顶处于空调区之外时,只计算屋顶进入空调区的辐射部分形成的冷负荷;高大空间采用分层空调时,空调区的逐时冷负荷可按全室性空调计算的逐时冷负荷乘以小于 1 的系数确定。

1)非稳态计算方法

空调区的夏季冷负荷宜采用计算软件进行计算,采用简化计算方法时,按非稳态方法计算的各项逐时冷负荷,宜按下列方法计算。目前,在空调冷负荷计算中,主要有谐波法和传递函数法两种方法。

通过围护结构传入的非稳态传热形成的逐时冷负荷,按下列公式计算:

$$CL_{Wq} = KF(t_{wlq} - t_n) \tag{9-13}$$

$$CL_{Wm} = KF(t_{wlm} - t_n) \tag{9-14}$$

$$CL_{Wc} = KF(t_{wlc} - t_n) \tag{9-15}$$

式中　CL_{Wq}——外墙传热形成的逐时冷负荷(W);

　　　　K——外墙、屋面或外窗传热系数[W/(m²·K)];

　　　　F——外墙、屋面或外窗传热面积(m²);

　　　　t_{wlq}——外墙的逐时冷负荷计算温度(℃);

　　　　t_n——夏季空调区设计温度(℃);

　　　　CL_{Wm}——屋面传热形成的逐时冷负荷(W);

　　　　CL_{Wc}——外窗传热形成的逐时冷负荷(W);

　　　　t_{wlm}——屋面的逐时冷负荷计算温度(℃);

　　　　t_{wlc}——外窗的逐时冷负荷计算温度(℃)。

透过玻璃窗进入的太阳辐射得热形成的逐时冷负荷,按下式计算:

$$CL_c = C_{clC}C_zD_{Jmax}F_C \tag{9-16}$$

$$C_z = C_wC_nC_s \tag{9-17}$$

式中　CL_c——透过玻璃窗进入的太阳辐射得热形成的逐时冷负荷(W);

C_{clC}——透过无遮阳标准玻璃太阳辐射冷负荷系数；

C_z——外窗综合遮挡系数；

C_w——外遮阳修正系数；

C_n——内遮阳修正系数；

C_s——玻璃修正系数；

D_{Jmax}——夏季日射得热因数最大值；

F_C——窗玻璃净面积（m²）。

人体、照明和设备等散热形成的逐时冷负荷，分别按下列公式计算：

$$CL_{rt} = C_{CL_{rt}} \phi Q_{rt} \qquad (9\text{-}18)$$

$$CL_{zm} = C_{CL_{zm}} C_{zm} Q_{zm} \qquad (9\text{-}19)$$

$$CL_{sb} = C_{CL_{sb}} C_{sb} Q_{sb} \qquad (9\text{-}20)$$

式中　CL_{rt}——人体散热形成的逐时冷负荷（W）；

$C_{CL_{rt}}$——人体冷负荷系数；

ϕ——群集系数；

Q_{rt}——人体散热量（W）；

CL_{zm}——照明散热形成的逐时冷负荷（W）；

$C_{CL_{zm}}$——照明冷负荷系数；

C_{zm}——照明修正系数；

Q_{zm}——照明散热量（W）；

CL_{sb}——设备散热形成的逐时冷负荷（W）；

$C_{CL_{sb}}$——设备冷负荷系数；

C_{sb}——设备修正系数；

Q_{sb}——设备散热量（W）。

2）稳态计算方法

室温允许波动范围大于或等于 ±1.0 ℃的空调区，其非轻型外墙传热形成的冷负荷，可近似按下式计算：

$$CL_{Wq} = KF(t_{zp} - t_n) \qquad (9\text{-}21)$$

$$t_{zp} = t_{wp} + \frac{\rho J_p}{\alpha_w} \qquad (9\text{-}22)$$

式中　t_{zp}——夏季空调室外计算日平均综合温度（℃）；

t_{wp}——夏季空调室外计算日平均温度（℃）；

ρ——围护结构外表面对于太阳辐射热的吸收系数；

J_p——围护结构所在朝向太阳总辐射照度的日平均值（W/m²）；

α_w——围护结构外表面换热系数[W/(m²·K)]。

空调区与邻室的夏季温差大于 3 ℃时,其通过隔墙、楼板等内围护结构传热形成的冷负荷可按下式计算:

$$CL_{Wn} = KF(t_{wp} + \Delta t_{ls} - t_n) \qquad (9\text{-}23)$$

式中　CL_{Wn}——内围护结构传热形成的冷负荷(W);

　　　Δt_{ls}——邻室计算平均温度与夏季空调室外计算日平均温度的差值(℃)。

对于空调系统的夏季冷负荷,当末端设备设有温度自动控制装置时,空调系统的夏季冷负荷按所服务各空调区逐时冷负荷的综合最大值确定;而末端设备无温度自动控制装置时,空调系统的夏季冷负荷按所服务各空调区冷负荷的累计值确定。且在计算时应计入新风冷负荷、再热负荷以及各项有关的附加冷负荷并考虑所服务各空调区的同时使用系数。

同时,还应考虑空调系统的夏季附加冷负荷,通过空气通过风机、风管温升引起的附加冷负荷,及冷水通过水泵、管道、水箱温升引起的附加冷负荷来确定。

3. 空调区及空调系统的冬季热负荷

空调区的冬季热负荷和供暖房间热负荷的计算方法是相同的,只是当空调区与室外空气的正压差值较大时,不必计算经由门窗缝隙渗入室内的冷空气耗热量,因此宜按前文相关规定计算。计算时,室外计算温度应采用冬季空调室外计算温度,并扣除室内设备等形成的稳定散热量。空调系统的冬季热负荷,应按所服务各空调区热负荷的累计值确定,除空调风管局部布置在室外环境的情况外,可不计入各项附加热负荷。冬季附加热负荷是指空调风管、热水管道等热损失所引起的附加热负荷。

三、空调系统

1. 空调系统的选择与空调风系统的划分

选择空调系统时,应根据建筑物的用途、规模、使用特点、负荷变化情况、参数要求、所在地区气象条件和能源状况,以及设备价格、能源预期价格等,经技术经济比较确定。对于功能复杂、规模较大的公共建筑,宜进行方案对比并优化确定。在干热气候区还应考虑其气候特征的影响。

符合使用时间不同、温湿度基数和允许波动范围不同、空气洁净度标准要求不同、噪声标准要求不同,以及有消声要求和产生噪声、需要同时供热和供冷中任何一项的空调区,宜分别设置空调风系统。需要合用时,应对标准要求高的空调区做处理。且对于空气中含有易燃易爆或有毒有害物质的空调区,应独立设置空调风系统。

2. 全空气空调系统

全空气空调系统存在风管占用空间较大的缺点,但对于空间较大、人员较多的空调区,多占用空间不明显,反而更加节能,易于管理;同时其还对空调区的温湿度控制、噪声处理、空气过滤和净化处理以及气流稳定等有利。因此温湿度允许波动范围小或者噪声或洁净度标准高的空调区宜采用全空气定风量空调系统。

关于全空气空调系统设计，系统设计宜采用单风管系统，在允许采用较大送风温差时，应采用一次回风式系统。当送风温差较小、相对湿度要求不严格时，可采用二次回风式系统。同时，除对温湿度波动范围要求严格的空调区外，同一个空气处理系统中，不应有同时加热和冷却过程。

在符合某些情况时，全空气空调系统可设回风机，包括不同季节的新风量变化较大、其他排风措施不能适应风量的变化要求。回风系统阻力较大，设置回风机经济合理。设置回风机时，新回风混合室的空气压力应为负压。

空调区允许温湿度波动范围或噪声标准要求严格时，不宜采用全空气变风量空调系统。但在技术经济条件允许下，当是服务于单个空调区，且部分负荷运行时间较长，采用区域变风量空调系统和服务于多个空调区，且各区负荷变化相差大或是部分负荷运行时间较长并要求温度独立控制，采用带末端装置的变风量空调系统时，可采用全空气变风量空调系统。

对于全空气变风量空调系统设计，空调区的划分应根据建筑模数、负荷变化情况等确定；且应根据所服务空调区的划分、使用时间、负荷变化情况等，经技术经济比较确定其系统形式；其变风量末端装置，也宜选用压力无关型。空调区和系统的最大送风量，应根据空调区和系统的夏季冷负荷确定；空调区的最小送风量，应根据负荷变化情况、气流组织等确定。全空气变风量空调的风机应采用变速调节。

3. 各空调系统的选择与设计

1）风机盘管加新风空调系统

风机盘管系统具有各空调区温度单独调节、使用灵活等特点，与全空气空调系统相比可节省建筑空间，与变风量空调系统相比造价较低等。因此，当空调区较多、建筑层高较低且各区温度要求独立控制时，宜采用风机盘管加新风空调系统。空调区对空气质量、温湿度波动范围要求严格或空气中含有较多油烟时，不宜采用风机盘管加新风空调系统。"加新风"是指新风经过处理达到一定的参数要求后，有组织地送入室内。

风机盘管加新风空调系统设计，应符合新风宜直接送入人员活动区；对空气质量标准要求较高时，新风宜负担空调区的全部散湿量；宜选用出口余压低的风机盘管机组。

2）多联机空调系统

由于多联机空调系统的制冷剂直接进入空调区，当用于有振动、油污蒸气、产生电磁波或高频波设备的场所时，易引起制冷剂泄漏、设备损坏、控制器失灵等事故，故这些场所不宜采用该系统。对于多联机空调系统设计，当空调区负荷特性相差较大时，宜分别设置多联机空调系统；需要同时供冷和供热时，宜设置热回收型多联机空调系统。其室内、外机之间以及室内机之间的最大管长和最大高差，应符合产品技术要求。系统冷媒管等效长度应满足对应制冷工况下满负荷的性能系数不低于2.8，当产品技术资料无法满足核算要求时，系统冷媒管等效长度不宜超过 70 m。同时,室外机变频设备,应与其他变频设备保持合理距离。

3)低温送风空调系统

低温送风空调系统具有成本相对较低、节约占地面积等优点,在有低温冷媒可利用时,宜采用低温送风空调系统,但在空气相对湿度或送风量较大的空调区,不宜采用低温送风空调系统。

对于低温送风空调系统设计,空气冷却器的出风温度与冷媒的进口温度之间的温差不宜小于 3 ℃,出风温度宜采用 4~10 ℃,直接膨胀式蒸发器的出风温度不应低于 7 ℃;确定空调区送风温度时,应计算送风机、风管以及送风末端装置的温升;空气处理机组的选型,应经技术经济比较确定。空气冷却器的迎风面风速宜采用 1.5~2.3 m/s,冷媒通过空气冷却器的温升宜采用 9~13 ℃;且空气处理机组、风管及附件、送风末端装置等应严密保冷,保冷层厚度应经计算确定。

4)温湿度独立控制空调系统

空调区散湿量较小且技术经济合理时,宜采用温湿度独立控制空调系统。对于温度湿度独立控制空调系统设计,其温度控制系统,末端设备应负担空调区的全部显热负荷,并根据空调区的显热热源分布状况等,经技术经济比较确定;其湿度控制系统,新风应负担空调区的全部散湿量,其处理方式应根据夏季空调室外计算湿球温度和露点温度、新风送风状态点要求等,经技术经济比较确定。当采用冷却除湿处理新风时,新风再热不应采用热水、电加热等;采用转轮或溶液除湿处理新风时,转轮或溶液再生不应采用电加热。同时,应对室内空气的露点温度进行监测,并采取确保末端设备表面不结露的自动控制措施。

5)蒸发冷却空调系统

在夏季空调室外设计露点温度较低的地区,经技术经济比较合理时,宜采用蒸发冷却空调系统。对于蒸发冷却空调系统设计,其空调系统形式应根据夏季空调室外计算湿球温度和露点温度以及空调区显热负荷、散湿量等确定。对于全空气蒸发冷却空调系统,应根据夏季空调室外计算湿球温度、空调区散湿量和送风状态点要求等,经技术经济比较确定。

4. 新风有关规定

直流式(全新风)空调系统主要在以下情况下采用,夏季空调系统的室内空气比焓大于室外空气比焓,或是系统所服务的各空调区排风量大于按负荷计算出的送风量,或者室内散发有毒有害物质,以及防火防爆等要求不允许空气循环使用。

对于空调区、空调系统的新风量计算,应根据人员的活动和工作性质,以及在室内的停留时间等确定人员所需新风量,并符合前文要求,且空调区的新风量,应按不小于人员所需新风量、补偿排风和保持空调区空气压力所需新风量之和以及新风除湿所需新风量中的最大值确定。对于全空气空调系统的新风量,当系统服务于多个不同新风比的空调区时,系统新风比应小于空调区新风比中的最大值。对于新风系统的新风量,宜按所服务空调区或系统的新风量累计值确定。

为节约能源,舒适性空调和条件允许的工艺性空调,可用新风作冷源时,应最大限度地使用新风。新风进风口的面积应适应最大新风量的需要且进风口处应装设能严密关闭的阀门。人员集中且密闭性较好,或过渡季节使用大量新风的空调区,应设置机械排风设施,排风量应适应新风量的变化。

设有集中排风的空调系统,且技术经济合理时,宜设置空气-空气能量回收装置。对于空气能量回收系统设计,能量回收装置的类型,应根据处理风量、新排风中显热量和潜热量的构成以及排风中污染物种类等选择;对于能量回收装置的计算,应考虑积尘的影响,并对是否结霜或结露进行核算。

四、气流组织

空调区的气流组织设计,应根据空调区的温湿度参数、允许风速、噪声标准、空气质量、温度梯度以及空气分布特性指标(Air Diffusion Performance Index,ADPI)等要求,结合内部装修、工艺或家具布置等确定。其中复杂空间空调区的气流组织设计,宜采用计算流体动力学数值模拟计算。

1. 送风方式及其相关要求

关于空调区的送风方式及送风口选型,侧送是已有几种送风方式中比较简单经济的一种。在一般空调区中,大多可以采用侧送,宜采用百叶、条缝型等风口贴附侧送。但当侧送气流有阻碍或单位面积送风量较大,且人员活动区对风速的要求严格时,不应采用侧送。当设有吊顶时,应根据空调区的高度及对气流的要求,采用散流器或孔板送风。当单位面积送风量较大,且人员活动区内的风速或区域温差要求较小时,应采用孔板送风。高大空间宜采用喷口送风、旋流风口送风或下部送风。送风口的出口风速,应根据送风方式、送风口类型、安装高度、空调区允许风速和噪声标准等确定。

全空气变风量空调系统的送风参数是保持不变的,因此变风量末端装置应保证在风量改变时,气流组织满足空调区环境的基本要求。为防止风口表面结露,送风口表面温度应高于室内露点温度;低于室内露点温度时,应采用低温风口。

采用贴附侧送风时,当送风口上缘与顶棚的距离较大时,送风口应设置向上倾斜10°~20°的导流片,且在送风口内宜设置防止射流偏斜的导流片,射流流程中应无阻挡物。

采用孔板送风时,孔板上部稳压层的高度应按计算确定,且净高不应小于 0.2 m。向稳压层内送风的速度宜采用 3~5 m/s,除送风射流较长的以外,稳压层内可不设送风分布支管。在稳压层的送风口处,宜设防止送风气流直接吹向孔板的导流片或挡板,且孔板布置应与局部热源分布相适应。

采用喷口送风时,为满足卫生要求,人员活动区宜位于回流区。喷口安装高度,应根据空调区的高度和回流区分布等确定。当其兼作热风供暖时,宜具有改变射流出口角度的功能。

采用散流器送风时,风口布置应有利于送风气流对周围空气的诱导,风口中心与侧墙的距离不宜小于 1.0 m。当采用平送方式时,贴附射流区无阻挡物;当兼作热风供暖,且风口安装高度较高时,也宜具有改变射流出口角度的功能。

采用置换通风时,房间净高宜大于 2.7 m,送风温度不宜低于 18 ℃,空调区的单位面积冷负荷不宜大于 120 W/m²。针对的污染源宜为热源,且污染气体密度较小。室内人员活动区内 0.1 m 至 1.1 m 高度的空气垂直温差不宜大于 3 ℃且空调区内不宜有其他气流组织。

采用地板送风时,送风温度不宜低于 16 ℃且热分层高度应在人员活动区上方。静压箱应保持密闭,与非空调区之间有保温隔热处理,同时空调区内不宜有其他气流组织。

2. 其他规定

分层空调,是指利用合理的气流组织,仅对下部空调区进行调节,而对上部较大非空调区进行通风排热。对于分层空调的气流组织设计,空调区宜采用双侧送风,当空调区跨度较小时,可采用单侧送风,且回风口宜布置在送风口的同侧下方。侧送多股平行射流应互相搭接,在采用双侧对送射流时,其射程可按相对喷口中点距离的 90% 计算,宜减少非空调区向空调区的热转移,在必要时,宜在非空调区设置送、排风装置。

上送风方式的夏季送风温差,应根据送风口类型、安装高度、气流射程长度以及是否贴附等确定,并在满足舒适、工艺要求的条件下,宜加大送风温差。

舒适性空调的送风温差,宜按表 9-26 采用。

表 9-26　舒适性空调的送风温差

送风口高度(m)	送风温差(℃)
≤5.0	5~10
>5.0	10~5

对于工艺性空调,其送风温差宜按表 9-27 采用。

表 9-27　工艺性空调的送风温差

室温允许波动范围(℃)	送风温差(℃)
>±1.0	≤15
±1.0	6~9
±0.5	3~6
±(0.1~0.2)	2~3

关于回风口的布置,回风口不应设在送风射流区内和人员长期停留的地点;采用侧送时,宜设在送风口的同侧下方。当其兼作热风供暖、房间净高较高时,宜设在房间的下部。

采用置换通风、地板送风时,应设在人员活动区的上方。在条件允许时,宜采用集中回风或走廊回风,但走廊的断面风速不宜过大。

对于回风口的吸风速度,宜按表9-28选用。

表9-28　回风口的吸风速度

回风口的位置		最大吸风速度(m/s)
房间上部		≤4.0
房间下部	不靠近人经常停留的地点时	≤3.0
	靠近人经常停留的地点时	≤1.5

五、空气处理

1. 空气冷却

空气的冷却应根据不同条件和要求,分别采用循环水蒸发冷却,江水、湖水、地下水等天然冷源冷却。但当采用蒸发冷却和天然冷源等冷却方式达不到要求时,应采用人工冷源冷却。

空气冷却采用天然冷源时,水的温度、硬度等应符合使用要求。地表水使用过后的回水予以再利用,且使用过后的地下水应全部回灌到同一含水层,并不得造成污染。

对于空气冷却装置的选择,在采用循环水蒸发冷却或天然冷源时,宜采用直接蒸发式冷却装置、间接蒸发式冷却装置和空气冷却器。其中,直接蒸发冷却是绝热加湿过程,实现这一过程是其特有的功能。采用人工冷源时,宜采用空气冷却器。当要求利用循环水进行绝热加湿或利用喷水增加空气处理后的饱和度时,可选用带喷水装置的空气冷却器。

关于空气冷却器的选择,其中空气与冷媒应逆向流动;为保证空气冷却器有一定热质交换能力,冷媒的进口温度,应比空气的出口干球温度至少低3.5 ℃;为减小流量、降低系统能耗,冷媒的温升宜采用5~10 ℃,其流速宜采用0.6~1.5 m/s;迎风面的空气质量流速宜采用2.5~3.5 kg/(m²·s),当迎风面的空气质量流速大于3.0 kg/(m²·s)时,应在冷却器后设置挡水板。注意,空调系统不得采用氨作制冷剂的直接膨胀式空气冷却器。

制冷剂直接膨胀式空气冷却器的蒸发温度,应比空气的出口干球温度至少低3.5 ℃。常温空调系统满负荷运行时,蒸发温度不宜低于0 ℃,在低负荷运行时,应防止空气冷却器表面结霜。

2. 空气加热、净化、加湿等相关规定

关于空气加热器的选择,加热空气的热媒宜采用热水。对于工艺性空调,当室温允许波动范围小于±1.0 ℃时,送风末端的加热器宜采用电加热器,热水的供水温度及供回水温差,也应符合相关规定。

在许多两管制的空调水系统中,空气的加热和冷却处理均由一组盘管来实现。设计时,通常以供冷量来计算盘管的换热面积,但当冬夏季空调负荷相差较大时,应分别计算冷、热盘管的换热面积;当二者换热面积相差很大时,宜分别设置冷、热盘管。

空调系统的新风和回风应经过滤处理。对于舒适性空调,当采用粗效过滤器不能满足要求时,应设置中效过滤器;而工艺性空调,应按空调区的洁净度要求设置过滤器。为防止系统阻力的增加而造成风量的减少,空气过滤器的阻力应按终阻力计算,并且宜设置过滤器阻力监测、报警装置,并应具备更换条件。

对于人员密集空调区或空气质量要求较高的场所,其全空气空调系统宜设置空气净化装置。空气净化装置类型的选择应根据空调区污染物性质选择且指标应符合现行相关标准。同时空气净化装置在空气净化处理过程中不应产生新的污染,且空气净化装置宜设置在空气热湿处理设备的进风口处,对净化要求高时可在出风口处设置二级净化装置。由于空气净化装置的净化工作过程受环境影响较大,因此宜具备净化失效报警功能,且应设置检查口,而高压静电空气净化装置应设置与风机有效联动的措施。

冬季空调区对湿度有要求时,宜设置加湿装置。有蒸汽源时,宜采用干蒸汽加湿器;无蒸汽源,且空调区对湿度控制精度要求严格时,宜采用电加湿器。当湿度要求不高时,可采用高压喷雾或湿膜等绝热加湿器。

空气处理机组宜安装在空调机房内。空调机房应邻近所服务的空调区,其机房面积和净高应根据机组尺寸确定,并保证风管的安装空间以及适当的机组操作、检修空间。在机房内还应考虑排水和地面防水设施。

第五节　空气调节冷热源系统

一、一般规定

1. 供暖空调冷源与热源选择基本原则

供暖空调冷源与热源应根据建筑物规模、用途、建设地点的能源条件、结构、价格以及国家节能减排和环保政策的相关规定等,通过综合论证确定。冷源与热源包括冷热水机组、建筑物内的锅炉和换热设备、直接蒸发冷却机组、多联机、蓄能设备等。

在有可供利用的废热或工业余热的区域,热源宜采用废热或工业余热。当废热或工业余热的温度较高,经技术经济论证合理时,冷源宜采用吸收式冷水机组。在技术经济合理的情况下,冷、热源宜利用浅层地能、太阳能、风能等可再生能源。当采用可再生能源受到气候等原因的限制无法保证时,应设置辅助冷、热源。不具备上述两个条件,但有城市或区域热网的地区,集中式空调系统的供热热源宜优先采用城市或区域热网;而在城市电网夏季供电充足的地区,空调系统的冷源宜采用电动压缩式机组。若前述条件皆不满足,但城市燃气供应充足的地区,宜采用燃气锅炉、燃气热水机供热或燃气吸收式冷(温)水机组供冷、供热。仍不满足上述条件的地区,可采用燃煤锅炉、燃油锅炉供热,蒸汽吸收式冷水机组或燃油吸收式冷(温)水机组供冷、供热。

对于夏季室外空气设计露点温度较低的地区,宜采用间接蒸发冷却冷水机组作为空调系统的冷源;对于天然气供应充足的地区,当建筑的电力负荷、热负荷和冷负荷能较好匹配,能充分发挥冷、热、电联产系统的能源综合利用效率且经技术经济比较合理时,宜采用分布式燃气冷热电三联供系统;当全年进行空气调节,且各房间或区域负荷特性相差较大,需要长时间向建筑物同时供热和供冷,经技术经济比较合理时,宜采用水环热泵空调系统供冷、供热。

在执行分时电价、峰谷电价差较大的地区,经技术经济比较,采用低谷电价能够明显起到对电网"削峰填谷"和节省运行费用时,宜采用蓄能系统供冷、供热。夏热冬冷地区以及干旱缺水地区的中、小型建筑宜采用空气源热泵或土壤源地源热泵系统供冷、供热。在有天然地表水等资源可供利用,或者有可利用的浅层地下水且能保证100%回灌时,可采用地表水或地下水地源热泵系统供冷、供热。同时,具有多种能源的地区,可采用复合式能源供冷、供热,降低投资和运行费用。

注意,除符合下列条件之一外,不得采用电直接加热设备作为空调系统的供暖热源和空气加湿热源:①以供冷为主、供暖负荷非常小、无法利用热泵或其他方式提供供暖热源的建筑,当冬季电力供应充足、夜间可利用低谷电进行蓄热,且电锅炉不在用电高峰和平段时间启用时;②无城市或区域集中供热,且采用燃气、煤、油等燃料受到环保或消防严格限制的建筑;③利用可再生能源发电,且其发电量能够满足直接电热用量需求的建筑;④冬季无加湿用蒸汽源,且冬季室内相对湿度要求较高的建筑。

2 其他规定

当需要设置集中空调系统的建筑的容积率较高,且整个区域建筑的设计综合冷负荷密度较大,用户负荷及其特性明确,建筑全年供冷时间长,且需求一致并且还具备规划建设区域供冷站及管网的条件时,公共建筑群可采用区域供冷系统。

分散设置的空调系统,其使用灵活多变,可适应多种用途、小范围的用户需求。对于全年需要供冷、供暖运行时间较少,采用集中供冷、供暖系统不经济的建筑;需设空气调节的房间布置过于分散的建筑;或是设有集中供冷、供暖系统的建筑中的使用时间和要求不同的少数房间、居住建筑等,宜采用分散设置的空调装置或系统。

集中空调系统的冷水(热泵)机组台数及单机制冷量(制热量)选择,应能适应空调负荷全年变化规律,满足季节及部分负荷要求。机组不宜少于两台;当小型工程仅设一台时,应选调节性能优良的机型,并能满足建筑最低负荷的要求。选择冷水机组时,还应考虑机组水侧污垢等因素对机组性能的影响,采用合理的污垢系数对供冷(热)量进行修正。

二、电动压缩式冷水机组

选择水冷电动压缩式冷水机组类型时,宜按表9-29中的制冷量范围,经性能价格综合比较后确定。

表9-29　水冷式冷水机组选型范围

单机名义工况制冷量(kW)	冷水机组类型
≤116	涡旋式
116~1 054	螺杆式
1 054~1 758	螺杆式
	离心式
≥1 758	离心式

电动压缩式冷水机组的总装机容量,应根据计算的空调系统冷负荷值直接选定,不另作附加。同时,在设计条件下,当机组的规格不能符合计算冷负荷的要求时,所选择机组的总装机容量与计算冷负荷的比值不得超过1.1。但注意,1.1是一个限制值而不是选择设备的安全系数。

对于电动压缩式冷水机组电动机的供电方式,当单台电动机的额定输入功率大于1 200 kW 时,应采用高压供电方式;当单台电动机的额定输入功率大于900 kW 而小于或等于1 200 kW 时,宜采用高压供电方式;当单台电动机的额定输入功率大于650 kW 而小于或等于900 kW 时,可采用高压供电方式。

采用氨作制冷剂时,由于氨本身为易燃易爆品,应采用安全性、密封性能良好的整体式氨冷水机组。

三、热泵

1. 空气源热泵

空气源热泵的单位制冷量的耗电量较水冷冷水机组大,价格也高,为降低投资成本和运行费用,应选用机组性能系数较高的产品。先进科学的融霜技术是机组冬季运行的可靠保证,空气源热泵机组应具有先进可靠的融霜控制,融霜时间总和不应超过运行周期时间的20%。考虑到机组的经济性和可靠性,对于冬季设计工况时机组性能系数,冷热风机组不应小于1.80,冷热水机组不应小于2.00。对于冬季寒冷、潮湿的地区,当室外设计温度低于当地平衡点温度时,或对室内温度稳定性有较高要求的空调系统,应设置辅助热源;而对于同时供冷、供暖的建筑,宜选用热回收式热泵机组。

注:冬季设计工况下的机组性能系数是指冬季室外空调计算温度条件下,达到设计需求

参数时的机组供热量与机组输入功率的比值。

空气源热泵机组的有效制热量会受到室外空气温度、湿度和机组本身的融霜性能的影响,应根据室外空调计算温度,分别采用温度修正系数和融霜修正系数进行修正。

空气源热泵或风冷制冷机组室外机的设置,应确保进风与排风通畅,在排出空气与吸入空气之间不发生明显的气流短路,还应避免受污浊气流影响并且便于对室外机的换热器进行清扫。

2. 地埋管地源热泵系统

地埋管地源热泵系统设计时,应通过工程场地状况调查和对浅层地能资源的勘察,确定地埋管换热系统实施的可行性与经济性。当应用建筑面积在 5 000 m² 以上时,应进行岩土热响应试验,并应利用岩土热响应试验结果进行地埋管换热器的设计。地埋管的埋管方式、规格与长度,应根据冷(热)负荷、占地面积、岩土层结构、岩土体热物性和机组性能等因素确定。地埋管换热系统设计应进行全年供暖空调动态负荷计算,最小计算周期宜为 1 年。在计算周期内,地源热泵系统总释热量和总吸热量宜基本平衡。

地埋管系统全年总释热量和总吸热量的平衡,是确保土壤全年热平衡的关键要求,因此应分别按供冷与供热工况进行地埋管换热器的长度计算。当地埋管系统最大释热量和最大吸热量相差不大时,宜取其计算长度的较大者作为地埋管换热器的长度;当地埋管系统最大释热量和最大吸热量相差较大时,宜取其计算长度的较小者作为地埋管换热器的长度,采用增设辅助冷(热)源,或与其他冷热源系统联合运行的方式,满足设计要求。

3. 地下水地源热泵系统

在地下水地源热泵系统设计时,地下水的持续出水量应满足地源热泵系统最大吸热量或释热量的要求;地下水的水温应满足机组运行要求,并根据不同的水质采取相应的水处理措施。地下水系统宜采用变流量设计,并根据空调负荷动态变化调节地下水用量。当热泵机组集中设置时,应根据水源水质条件确定水源直接进入机组换热器或另设板式换热器间接换热。注意,应对地下水采取可靠的回灌措施,确保全部回灌到同一含水层,且不得对地下水资源造成污染。

4. 江河湖水源地源热泵系统

进行江河湖水源地源热泵系统设计时,应对地表水体资源和水体环境进行评价,并取得当地水务主管部门的批准同意。当江河湖为航运通道时,取水口和排水口的设置位置应取得航运主管部门的批准,还应考虑江河的丰水、枯水季节的水位差。热泵机组与地表水水体的换热方式应根据机组的设置,水体水温、水质、水深、换热量等条件确定。为了避免取水与排水短路,开式地表水换热系统的取水口,应设在水位适宜、水质较好的位置,并应位于排水口的上游,远离排水口。为了保证热泵机组和系统的高效运行,地表水进入热泵机组前,应设置过滤、清洗、灭藻等水处理措施,并不得造成环境污染。在采用地表水盘管换热器时,盘管的形式、规格与长度,应根据冷(热)负荷、水体面积、水体深度、水体温度的变化规律和机组性能等因素确定。

5. 海水源地源热泵系统

对于海水源地源热泵系统设计,海水换热系统应根据海水水文状况、温度变化规律等进行设计,且海水设计温度宜根据近 30 年取水点区域的海水温度确定;开式系统中的取水口深度应根据海水水深温度特性进行优化后确定,距离海底高度宜大于 2.5 m。海水由于潮汐的影响,会对系统产生一定的水流应力,取水口应能对其有抵抗能力,同时在取水口处还应设置过滤器、杀菌及防生物附着装置,排水口应与取水口保持一定的距离。与海水接触的设备及管道,应具有耐海水腐蚀的能力,并采取防止海洋生物附着的措施。中间换热器还应具备可拆卸功能。

6. 污水源地源热泵系统

在污水源地源热泵系统设计时,应考虑污水水温、水质及流量的变化规律和对后续污水处理工艺的影响等因素。在采用开式原生污水源地源热泵系统时,原生污水取水口处设置的过滤装置应具有连续反冲洗功能,取水口处污水量应稳定,排水口应位于取水口下游并与取水口保持一定的距离。开式原生污水源地源热泵系统设置中间换热器时,中间换热器应具备可拆卸功能。原生污水直接进入热泵机组时,应采用冷媒侧转换的热泵机组,且与原生污水接触的换热器应特殊设计。采用再生水污水源热泵系统时,宜采用再生水直接进入热泵机组的开式系统。

7. 水环热泵空调系统

对于水环热泵空调系统的设计,循环水水温宜控制在 15~35 ℃。水环热泵的循环水系统是构成整个系统的基础。循环水宜采用闭式系统。采用开式冷却塔时,宜设置中间换热器。其辅助热源的供热量应根据冬季白天高峰和夜间低谷负荷时的建筑物的供暖负荷、系统内区可回收的余热等,经热平衡计算确定。

从保护热泵机组的角度来说,机组的循环水流量不应实时改变。水环热泵空调系统的循环水系统较小时,可采用定流量运行方式;系统较大时,宜采用变流量运行方式。当采用变流量运行方式时,机组的循环水管道上应设置与机组启停连锁控制的开关式电动阀,电动阀应先于机组打开,后于机组关闭。

水环热泵机组目前有两种方式:整体式和分体式。在整体式机组中,由于压缩机随机组设置在室内,因此需要关注室内或使用地点的噪声问题。

四、溴化锂吸收式机组

采用溴化锂吸收式冷(温)水机组时,其使用的能源种类应根据当地的资源情况合理确定。在具有多种可使用能源时,宜按照以下优先顺序确定:①废热或工业余热;②利用可再生能源产生的热源;③矿物质能源优先顺序为天然气、人工煤气、液化石油气、燃油等。溴化锂吸收式机组的机型应根据热源参数确定,通常当热源温度比较高时,宜采用双效机组。

当选用直燃式机组时,机组应考虑冷、热负荷与机组供冷、供热量的匹配,宜按满足夏季冷负荷和冬季热负荷的需求中的机型较小者选择。当机组供热能力不足时,可加大高压发生器和燃烧器以增加供热量,但其高压发生器和燃烧器的最大供热能力不宜大于所选直燃式机组型号额定热量的50%。同时,当机组供冷能力不足时,还宜采用辅助电制冷等措施。

采用供冷(温)及生活热水三用型直燃机时,应完全满足冷(温)水及生活热水日负荷变化和季节负荷变化的要求,能按冷(温)水及生活热水的负荷需求进行调节。当生活热水负荷大、波动大或使用要求高时,应设置储水装置,如容积式换热器、水箱等。若仍不能满足要求,则应另设专用热水机组供应生活热水。

四管制和分区两管制空调系统主要适用于有同时供冷、供热需求的建筑物。当建筑在整个冬季的实时冷、热负荷比值变化大时,四管制和分区两管制空调系统不宜采用直燃式机组作为单独冷热源。对于小型集中空调系统,当利用废热热源或太阳能提供的热源,且热源供水温度在60~85 ℃时,可采用吸附式冷水机组制冷。

五、空调冷热水及冷凝水系统

1. 空调冷热水参数确定原则

空调冷水、空调热水参数应考虑对冷热源装置、末端设备、循环水泵功率的影响等因素,并按下列原则确定。采用冷水机组直接供冷时,空调冷水供水温度不宜低于5 ℃,空调冷水供回水温差不应小于5 ℃;有条件时,宜适当增大供回水温差。采用蓄冷空调系统时,空调冷水供水温度和供回水温差应根据蓄冷介质和蓄冷、取冷方式分别确定,并应符合后文的规定。采用温湿度独立控制空调系统时,负担显热的冷水机组的空调供水温度不宜低于16 ℃;当采用强制对流末端设备时,空调冷水供回水温差不宜小于5 ℃。采用蒸发冷却或天然冷源制取空调冷水时,空调冷水的供水温度,应根据当地气象条件和末端设备的工作能力合理确定;采用强制对流末端设备时,供回水温差不宜小于4 ℃。采用辐射供冷末端设备时,供水温度应以末端设备表面不结露为原则确定,供回水温差不应小于2 ℃。

采用市政热力或锅炉供应的一次热源通过换热器加热的二次空调热水时,其供水温度宜根据系统需求和末端能力确定。对于非预热盘管,供水温度宜采用50~60 ℃,用于严寒地区预热时,供水温度不宜低于70 ℃。对于空调热水的供回水温差,严寒和寒冷地区不宜小于15 ℃,夏热冬冷地区不宜小于10 ℃。采用直燃式冷(温)水机组、空气源热泵、地源热泵等作为热源时,空调热水供回水温度和温差应按设备要求和具体情况确定,并应使设备具有较高的供热性能系数。采用区域供冷系统时,供回水温差应符合本规范的相关要求。

2. 空调水系统及制式的选择

当建筑物所有区域只要求按季节同时进行供冷和供热转换时,应采用两管制的空调水系统。当建筑物内一些区域的空调系统需全年供应空调冷水,其他区域仅要求按季节进行供冷和供热转换时,可采用分区两管制空调水系统。当空调水系统的供冷和供热工况转换频繁或需同时使用时,宜采用四管制水系统。除采用直接蒸发冷却器的系统外,空调水系统应采用闭式循环系统。

集中空调冷水系统的选择,应符合以下规定。除设置一台冷水机组的小型工程外,不应采用定流量一级泵系统;冷水水温和供回水温差要求一致且各区域管路压力损失相差不大的中小型工程,宜采用变流量一级泵系统;单台水泵功率较大时,经技术和经济比较,在确保设备的适应性、控制方案和运行管理可靠的前提下,可采用冷水机组变流量方式;系统作用半径较大、设计水流阻力较高的大型工程,宜采用变流量二级泵系统。当各环路的设计水温一致且设计水流阻力接近时,二级泵宜集中设置;当各环路的设计水流阻力相差较大或各系统水温或温差要求不同时,宜按区域或系统分别设置二级泵;冷源设备集中设置且用户分散的区域供冷等大规模空调冷水系统,当二级泵的输送距离较远且各用户管路阻力相差较大,或者水温(温差)要求不同时,可采用多级泵系统。

采用换热器加热或冷却的二次空调水系统的循环水泵,宜采用变速调节。对供冷(热)负荷和规模较大工程,当各区域管路阻力相差较大或需要对二次水系统分别管理时,可按区域分别设置换热器和二次循环泵。

空调水系统自控阀门的设置应符合下列规定,多台冷水机组和冷水泵之间通过共用集管连接时,每台冷水机组进水或出水管道上应设置与对应的冷水机组和水泵连锁开关的电动两通阀;除定流量一级泵系统外,空调末端装置应设置水路电动两通阀。

3. 定变流量系统及泵的有关规定

定流量一级泵系统应设置室内空气温度调控或自动控制措施。

变流量一级泵系统采用冷水机组定流量方式时,应在系统的供回水管之间设置电动旁通调节阀,旁通调节阀的设计流量宜取容量最大的单台冷水机组的额定流量。变流量一级泵系统采用冷水机组变流量方式时,空调水系统设计应符合下列规定。一级泵应采用调速泵;在总供、回水管之间应设旁通管和电动旁通调节阀,旁通调节阀的设计流量应取各台冷水机组允许的最小流量中的最大值;应考虑蒸发器最大许可的水压降和水流对蒸发器管束的侵蚀因素,确定冷水机组的最大流量;冷水机组的最小流量不应影响蒸发器换热效果和运行安全性;应选择允许水流量变化范围大、适应冷水流量快速变化(允许流量变化率大)、具有减少出水温度波动的控制功能的冷水机组;采用多台冷水机组时,应选择在设计流量下蒸发器水压降相同或接近的冷水机组。

二级泵和多级泵系统的设计应符合下列规定。应在供回水总管之间冷源侧和负荷侧分界处设平衡管;平衡管宜设置在冷源机房内,管径不宜小于总供回水管管径;采用二级泵系统且按区域分别设置二级泵时,应考虑服务区域的平面布置、系统的压力分布等因素,合理确定二级泵的设置位置;二级泵等负荷侧各级泵应采用变速泵。

除空调热水和空调冷水系统的流量和管网阻力特性及水泵工作特性相吻合的情况外,两管制空调水系统应分别设置冷水和热水循环泵。

在选配空调冷热水系统的循环水泵时,应计算循环水泵的耗电输冷(热)比 $EC(H)R$,并应标注在施工图的设计说明中。耗电输冷(热)比应符合下式要求:

$$EC(H)R = 0.003\,096\sum(G \cdot H/\eta_b)/\sum Q \leqslant A(B + \alpha\sum L)/\Delta T \qquad (9\text{-}24)$$

式中　$EC(H)R$——循环水泵的耗电输冷(热)比;

　　　G——每台运行水泵的设计流量(m³/h);

　　　H——每台运行水泵对应的设计扬程(m);

　　　η_b——每台运行水泵对应设计工作点的效率;

　　　Q——设计冷(热)负荷(kW);

　　　ΔT——规定的计算供回水温差(℃),根据表9-30确定;

　　　A——与水泵流量有关的计算系数(℃),根据表9-31确定;

　　　B——与机房及用户的水阻力有关的计算系数(℃),根据表9-32确定;

　　　α——与$\sum L$有关的计算系数,根据表9-33和表9-34确定;

　　　$\sum L$——从冷热机房至系统最远用户的供回管道的总输送长度(m)。

表 9-30　ΔT 值　　　　　　　　　　　　　　　　　　单位:℃

冷水系统	热水系统			
	严寒	寒冷	夏热冬冷	夏热冬暖
5	15	15	10	5

注:(1)对空气源热泵、溴化锂机组、水源热泵等机组的热水供回水温差按机组实际参数确定;

　　(2)对直接提供高温冷水的机组,冷水供回水温差按机组实际参数确定。

表 9-31　A 值

设计水泵流量 G	$G \leqslant 60$ m³/h	200 m³/h $\geqslant G > 60$ m³/h	$G > 200$ m³/h
A 值	0.004 225	0.003 858	0.003 749

注:多台水泵并联运行时,流量按较大流量选取。

表 9-32　B 值

系统组成		四管制单冷、单热管道	二管制热水管道
一级泵	冷水系统	28	—
	热水系统	22	21
二级泵	冷水系统[①]	33	—
	热水系统[②]	27	25

注:(1)多级泵冷水系统,每增加一级泵,B值可增加5;

　　(2)多级泵热水系统,每增加一级泵,B值可增加4。

表 9-33　四管制冷、热水管道系统的 α 值

系统	管道长度 $\sum L$ 范围		
	≤400 m	400 m< $\sum L$ <1 000 m	$\sum L$ ≥1 000 m
冷水	$\alpha = 0.02$	$\alpha = 0.016 + 1.6 / \sum L$	$\alpha = 0.013 + 4.6 / \sum L$
热水	$\alpha = 0.014$	$\alpha = 0.012\ 5 + 0.6 / \sum L$	$\alpha = 0.009 + 4.1 / \sum L$

表 9-34　两管制热水管道系统的 α 值

系统	地区	管道长度 $\sum L$ 范围		
		≤400 m	400 m< $\sum L$ <1 000 m	$\sum L$ ≥1 000 m
热水	严寒	$\alpha = 0.009$	$\alpha = 0.007\ 2 + 0.72 / \sum L$	$\alpha = 0.005\ 9 + 2.02 / \sum L$
	寒冷	$\alpha = 0.002\ 4$	$\alpha = 0.002 + 0.16 / \sum L$	$\alpha = 0.001\ 6 + 0.56 / \sum L$
	夏热冬冷			
	夏热冬暖	$\alpha = 0.003\ 2$	$\alpha = 0.002\ 6 + 0.24 / \sum L$	$\alpha = 0.002\ 1 + 0.74 / \sum L$

注:两管制冷水系统 α 计算式与表 9-33 四管制冷水系统相同。

空调水循环泵台数应符合下列规定。水泵定流量运行的一级泵,其设置台数和流量应与冷水机组的台数和流量相对应,并宜与冷水机组的管道一对一连接;变流量运行的每个分区的各级水泵不宜少于 2 台。当所有的同级水泵均采用变速调节方式时,台数不宜过多;空调热水泵台数不宜少于 2 台;严寒及寒冷地区,当热水泵不超过 3 台时,其中一台宜设置为备用泵。

4. 其他规定

空调水系统布置和选择管径时,应减少并联环路之间压力损失的相对差额。当设计工况时并联环路之间压力损失的相对差额超过 15% 时,应采取水力平衡措施。空调冷水系统的设计补水量(小时流量)可按系统水容量的 1% 计算。空调水系统的补水点,宜设置在循环水泵的吸入口处。当采用高位膨胀水箱定压时,应通过膨胀水箱直接向系统补水;采用其他定压方式时,如果补水压力低于补水点压力,应设置补水泵。

空调补水泵的选择及设置应符合下列规定。补水泵的扬程,应保证补水压力比补水点的工作压力高 30~50 kPa;补水泵宜设置 2 台;补水泵的总小时流量宜为系统水容量的 5%~10%;当仅设置 1 台补水泵时,严寒及寒冷地区空调热水用及冷热水合用的补水泵,宜设置备用泵。当设置补水泵时,空调水系统应设补水调节水箱;水箱的调节容积应根据水源的供水能力、软化设备的间断运行时间及补水泵运行情况等因素确定。闭式空调水系统的定压点宜设在循环水泵的吸入口处,定压点最低压力宜使管道系统任何一点的表压均高于 5 kPa 以上,且宜优先采用高位膨胀水箱定压。

有关空调热水管道设计,其坡度应符合本章中对热水供暖管道的要求。空调水系统应设置排气和泄水装置。空调冷热水的水质应符合国家现行相关标准规定。当给水硬度较高

时,空调热水系统的补水宜进行水质软化处理。在冷水机组或换热器、循环水泵、补水泵等设备的入口管道上,应根据需要设置过滤器或除污器。

冷凝水管道的设置应满足下列要求:当空调设备冷凝水积水盘位于机组的正压段时,凝水盘的出水口宜设置水封;位于负压段时,应设置水封,且水封高度应大于凝水盘处正压或负压值;凝水盘的泄水支管沿水流方向坡度不宜小于 0.010;冷凝水干管坡度不宜小于0.005,不应小于 0.003,且不允许有积水部位;冷凝水水平干管始端应设置扫除口;冷凝水管道宜采用塑料管或热镀锌钢管;当凝结水管表面可能产生二次冷凝水且对使用房间有可能造成影响时,凝结水管道应采取防结露措施;冷凝水排入污水系统时,应有空气隔断措施;冷凝水管不得与室内雨水系统直接连接;冷凝水管管径应按冷凝水的流量和管道坡度确定。

六、冷却水系统

除使用地表水之外,空调系统的冷却水应循环使用。技术经济比较合理且条件具备时,冷却塔可作为冷源设备使用。以供冷为主、兼有供热需求的建筑物,在技术经济合理的前提下,可采取措施对制冷机组的冷凝热进行回收利用。

空调系统的冷却水水温应符合下列规定:冷水机组的冷却水进口温度宜按照机组额定工况下的要求确定,且不宜高于 33 ℃;冷却水进口最低温度应按制冷机组的要求确定,电动压缩式冷水机组不宜小于 15.5 ℃,溴化锂吸收式冷水机组不宜小于 24 ℃;全年运行的冷却水系统,宜对冷却水的供水温度采取调节措施;冷却水进出口温差应根据冷水机组设定参数和冷却塔性能确定,电动压缩式冷水机组不宜小于 5 ℃,溴化锂吸收式冷水机组宜为5~7 ℃。

冷却水系统设计时应符合下列规定:应设置保证冷却水系统水质的水处理装置;水泵或冷水机组的入口管道上应设置过滤器或除污器,采用水冷管壳式冷凝器的冷水机组,宜设置自动在线清洗装置;当开式冷却水系统不能满足制冷设备的水质要求时,应采用闭式循环系统;集中设置的冷水机组与冷却水泵,台数和流量均应对应;分散设置的水冷整体式空调器或小型户式冷水机组,可以合用冷却水系统;冷却水泵的扬程应满足冷却塔的进水压力要求。

冷却塔的选用和设置应符合下列规定:在夏季空调室外计算湿球温度条件下,冷却塔的出口水温、进出口水温降和循环水量应满足冷水机组的要求;对进口水压有要求的冷却塔的台数,应与冷却水泵台数相对应;供暖室外计算温度在 0 ℃ 以下的地区,冬季运行的冷却塔应采取防冻措施,冬季不运行的冷却塔及其室外管道应能泄空;冷却塔设置位置应保证通风良好、远离高温或有害气体,并避免飘水对周围环境的影响;冷却塔的噪声控制应符合本章中的有关要求;应采用阻燃型材料制作的冷却塔,并符合防火要求;对于双工况制冷机组,若机组在两种工况下对于冷却水温的参数要求有所不同时,应分别进行两种工况下冷却塔热工性能的复核计算。

间歇运行的开式冷却塔的集水盘或下部设置的集水箱,其有效存水容积,应大于湿润冷却塔填料等部件所需水量,以及停泵时靠重力流入的管道内的水容量。当设置冷却水集水箱且必须设置在室内时,集水箱宜设置在冷却塔的下一层,且冷却塔布水器与集水箱设计水位之间的高差不应超过 8 m。

冷水机组、冷却水泵、冷却塔或集水箱之间的位置和连接应符合下列规定:冷却水泵应自灌吸水,冷却塔集水盘或集水箱最低水位与冷却水泵吸水口的高差应大于管道、管件、设备的阻力;多台冷水机组和冷却水泵之间通过共用集管连接时,每台冷水机组进水或出水管道上应设置与对应的冷水机组和水泵连锁开关的电动两通阀;多台冷却水泵或冷水机组与冷却塔之间通过共用集管连接时,在每台冷却塔进水管上宜设置与对应水泵连锁开闭的电动阀;对进口水压有要求的冷却塔,应设置与对应水泵连锁开闭的电动阀;当每台冷却塔进水管上设置电动阀时,除设置集水箱或冷却塔底部为共用集水盘的情况外,每台冷却塔的出水管上也应设置与冷却水泵连锁开闭的电动阀。

当多台冷却塔与冷却水泵或冷水机组之间通过共用集管连接时,应使各台冷却塔并联环路的压力损失大致相同。当采用开式冷却塔时,底盘之间宜设平衡管,或在各台冷却塔底部设置共用集水盘。开式冷却塔补水量应按系统的蒸发损失、飘逸损失、排污泄漏损失之和计算。不设集水箱的系统,应在冷却塔底盘处补水;设置集水箱的系统,应在集水箱处补水。

七、蓄冷与蓄热

符合以下条件之一,且经综合技术经济比较合理时,宜采用蓄冷(热)系统供冷(热):执行分时电价、峰谷电价差较大的地区,或有其他用电鼓励政策时;空调冷、热负荷峰值的发生时刻与电力峰值的发生时刻接近,且电网低谷时段的冷、热负荷较小时;建筑物的冷、热负荷具有显著的不均匀性,或逐时空调冷、热负荷的峰谷差悬殊,按照峰值负荷设计装机容量的设备经常处于部分负荷下运行,利用闲置设备进行制冷或供热能够取得较好的经济效益时;电能的峰值供应量受到限制,以至于不采用蓄冷系统能源供应不能满足建筑空气调节的正常使用要求时;改造工程,既有冷(热)源设备不能满足新的冷(热)负荷的峰值需要,且在空调负荷的非高峰时段总制冷(热)量存在富余量时;建筑空调系统采用低温送风方式或需要较低的冷水供水温度时;在区域供冷系统中,采用较大的冷水温差供冷时,必须设置部分应急冷源的场所。

蓄冷空调系统设计应符合下列规定:应计算一个蓄冷—释冷周期的逐时空调冷负荷,且应考虑间歇运行的冷负荷附加;应根据蓄冷—释冷周期内冷负荷曲线、电网峰谷时段以及电价、建筑物能够提供的设置蓄冷设备的空间等因素,经综合比较后确定采用全负荷蓄冷或部分负荷蓄冷。

冰蓄冷装置和制冷机组的容量,应保证在设计蓄冷时段内完成全部预定的冷量蓄存。冰蓄冷装置的蓄冷和释冷特性应满足蓄冷空调系统的需求。

对于冰蓄冷系统,当设计蓄冷时段仍需供冷,且符合下列情况之一时,宜配置基载机组:基载冷负荷超过制冷主机单台空调工况制冷量的20%时;基载冷负荷超过350 kW时;基载负荷下的空调总冷量(kW·h)超过设计蓄冰冷量(kW·h)的10%时。冰蓄冷系统载冷剂选择及管路设计应符合现行行业标准《蓄能空调工程技术标准》(JGJ 158—2018)的有关规定。

采用冰蓄冷系统时,应适当加大空调冷水的供回水温差,并应符合下列规定:当空调冷水直接进入建筑内各空调末端时,若采用冰盘管内融冰方式,空调系统的冷水供回水温差不应小于6℃,供水温度不宜高于6℃;若采用冰盘管外融冰方式,空调系统的冷水供回水温差不应小于8℃,供水温度不宜高于5℃;建筑空调水系统由于分区而存在二次冷水的需求时,若采用冰盘管内融冰方式,空调系统的一次冷水供回水温差不应小于5℃,供水温度不宜高于6℃;若采用冰盘管外融冰方式,空调系统的一次冷水供回水温差不应小于6℃,供水温度不宜高于5℃;当空调系统采用低温送风方式时,其冷水供回水温度,应经经济技术比较后确定,供水温度不宜高于5℃;采用区域供冷时,温差要求应符合本节的要求。

水蓄冷(热)系统设计应符合下列规定:蓄冷水温不宜低于4℃,蓄冷水池的蓄水深度不宜低于2 m;当空调水系统最高点高于蓄冷(或蓄热)水池设计水面时,宜采用板式换热器间接供冷(热);当高差大于10 m时,应采用板式换热器间接供冷(热)。如果采用直接供冷(热)方式,水路设计应采用防止水倒灌的措施;蓄冷水池与消防水池合用时,其技术方案应经过当地消防部门的审批,并应采取切实可靠的措施保证消防供水的要求。

八、区域供冷

区域供冷时,应优先考虑利用分布式能源站、热电厂等余热作为制冷能源。采用区域供冷方式时,宜采用冰蓄冷系统。空调冷水供回水温差应符合下列规定:采用电动压缩式冷水机组供冷时,不宜小于7℃;采用冰蓄冷系统时,不应小于9℃。

区域供冷站的设计应符合下列规定:应根据建设的不同阶段及用户的使用特点进行冷负荷分析,并确定同时使用系数和系统的总装机容量;应考虑分期投入和建设的可能性;区域供冷站宜位于冷负荷中心,且可根据需要独立设置;供冷半径应经技术经济比较确定;应设计自动控制系统及能源管理优化系统。

区域供冷管网的设计应符合下列规定:负荷侧的共用输配管网和用户管道应按变流量系统设计;各段管道的设计流量应按其所负担的建筑或区域的最大逐时冷负荷,并考虑同时使用系数后确定;区域供冷系统管网与建筑单体的空调水系统规模较大时,宜采用用户设置换热器间接供冷的方式;规模较小时,可根据水温、系统压力和管理等因素,采用用户设置换热器间接供冷或采用直接串联的多级泵系统;应进行管网的水力工况分析及水力平衡计算,并通过经济技术比较确定管网的计算比摩阻。管网设计的最大水流速不宜超过 2.9 m/s。当各环路的水力不平衡率超过 15%时,应采取相应的水力平衡措施;供冷管道宜采用带有保温及防水保护层的成品管材。设计沿程冷损失应小于设计输送总冷量的 5%;用户入口应设有冷量计量装置和控制调节装置,并宜分段设置用于检修的阀门井。

九、燃气冷热电三联供

采用燃气冷热电三联供系统时,应优化系统配置,满足能源梯级利用的要求。设备配置及系统设计应符合下列原则:以冷、热负荷定发电量;优先满足本建筑的机电系统用电。对于余热利用设备及容量选择,宜采用余热直接回收利用的方式;余热利用设备最低制冷容量,不应低于发电机满负荷运行时产生的余热制冷量。

十、制冷机房

制冷机房设计时,应符合下列规定:制冷机房宜设在空调负荷的中心;宜设置值班室或控制室,根据使用需求也可设置维修及工具间;机房内应有良好的通风设施;地下机房应设置机械通风,必要时设置事故通风;值班室或控制室的室内设计参数应满足工作要求;机房应预留安装孔、洞及运输通道;机组制冷剂安全阀泄压管应接至室外安全处;机房应设电话及事故照明装置,照度不宜小于 100 lx,测量仪表集中处应设局部照明;机房内的地面和设备机座应采用易于清洗的面层;机房内应设置给水与排水设施,满足水系统冲洗、排污要求;当冬季机房内设备和管道中存水或不能保证完全放空时,机房内应采取供热措施,保证房间温度达到 5 ℃以上。

机房内设备布置应符合下列规定:机组与墙之间的净距不小于 1 m,与配电柜的距离不小于 1.5 m;机组与机组或其他设备之间的净距不小于 1.2 m;宜留有不小于蒸发器、冷凝器或低温发生器长度的维修距离;机组与其上方管道、烟道或电缆桥架的净距不小于 1 m;机房主要通道的宽度不小于 1.5 m。

氨制冷机房的制冷剂室外泄压口应高于周围 50 m 范围内最高建筑屋脊 5 m,并采取防止雷击、防止雨水或杂物进入泄压管的装置;且氨制冷机房应设置紧急泄氨装置,在紧急情况下,能将机组氨液溶于水中,并排至经有关部门批准的储罐或水池。

直燃吸收式机组机房的设计应符合下列规定:其应符合国家现行有关防火及燃气设计规范的相关规定;宜单独设置机房,不能单独设置机房时,机房应靠建筑物的外墙,并采用耐火极限大于 2 h 防爆墙和耐火极限大于 1.5 h 现浇楼板与相邻部位隔开;当与相邻部位必须设门时,应设甲级防火门;不应与人员密集场所和主要疏散口贴邻设置;燃气直燃型制冷机组机房单层面积大于 200 m² 时,机房应设直接对外的安全出口;应设置泄压口,泄压口面积不应小于机房占地面积的 10%(当通风管道或通风井直通室外时,其面积可计入机房的泄压面积);泄压口应避开人员密集场所和主要安全出口;不应设置吊顶;烟道布置不应影响机组的燃烧效率及制冷效率。

十一、锅炉房及换热机房

采用城市热网或区域锅炉房(蒸汽、热水)供热的空调系统,宜设换热机房,通过换热器进行间接供热。锅炉房、换热机房应设置计量表具。对于换热器的选择,应选择高效、紧凑、便于维护管理、使用寿命长的换热器,其类型、构造、材质与换热介质理化特性及换热系统使用要求相适应。对热泵空调系统,从低温热源取热时,应采用能以紧凑形式实现小温差换热的板式换热器;水-水换热器宜采用板式换热器。

换热器的配置应符合下列规定:换热器总台数不应多于四台;全年使用的换热系统中,换热器的台数不应少于两台;非全年使用的换热系统中,换热器的台数不宜少于两台;换热器的总换热量应在换热系统设计热负荷的基础上乘以附加系数,附加系数宜按表 9-35 取值。供暖系统的换热器还应同时满足下列要求:供暖系统的换热器,一台停止工作时,剩余换热器的设计换热量应保障供热量的要求;寒冷地区不应低于设计供热量的 65%,严寒地区不应低于设计供热量的 70%。

表 9-35　换热器附加系数取值

系统类型	供暖及空调供热	空调供冷	水源热泵
附加系数	1.1~1.15	1.05~1.1	1.15~1.25

当换热器表面产生污垢且不易被清洁时,宜设置免拆卸清洗或在线清洗系统。当换热介质为非清水介质时,换热器宜设在独立房间内,且应设置清洗设施及通风系统。汽水换热器的蒸汽凝结水,宜回收利用。锅炉房的设置与设计除应符合本规范规定外,尚应符合现行国家标准《锅炉房设计标准》(GB 50041—2020)、《建筑设计防火规范》(GB 50016—2014)的有关规定以及工程所在地主管部门的管理要求。

锅炉房及单台锅炉的设计容量与锅炉台数应符合:锅炉房的设计容量应根据供热系统综合最大热负荷确定;单台锅炉的设计容量应以保证其具有长时间较高运行效率的原则确定,实际运行负荷率不宜低于 50%;在保证锅炉具有长时间较高运行效率的前提下,各台锅炉的容量宜相等;锅炉房锅炉总台数不宜过多,全年使用时不应少于两台,非全年使用时不宜少于两台;其中一台因故停止工作时,剩余锅炉的设计换热量应符合业主保障供热量的要求,并且对于寒冷地区和严寒地区供热(包括供暖和空调供热),剩余锅炉的总供热量分别不应低于设计供热量的 65% 和 70%。

除厨房、洗衣、高温消毒以及冬季空调加湿等必须采用蒸汽的热负荷外,其余热负荷应以热水锅炉为热源。当蒸汽热负荷在总热负荷中的比例大于 70% 且总热负荷≤1.4 MW 时,可采用蒸汽锅炉。锅炉额定热效率不应低于现行国家标准《公共建筑节能设计标准》(GB 50189—2015)的有关规定。当供热系统的设计回水温度小于或等于 50 ℃时,宜采用冷凝式锅炉。当采用真空热水锅炉时,最高用热温度宜小于或等于 85 ℃。

集中供暖系统采用变流量水系统时,循环水泵宜采用变速调节控制。在选配集中供暖系统的循环水泵时,应计算循环水泵的耗电输热比 EHR,并应标注在施工图的设计说明中。循环泵耗电输热比应符合下式要求:

$$EHR = 0.003\ 096 \sum (G \cdot H / \eta_b)/Q \leqslant A(B + \alpha \sum L)/\Delta T \qquad (9\text{-}25)$$

式中　EHR——循环水泵的耗电输热(冷)比;

G——每台运行水泵的设计流量(m³/h);

H——每台运行水泵对应的设计扬程(m);

η_b——每台运行水泵对应设计工作点的效率;

Q——设计热负荷(kW);

A——与水泵流量有关的计算系数;

B——与机房及用户的水阻力有关的计算系数,一级泵系统时 $B = 20.4$,二级泵系统 $B = 24.4$;

α——与 $\sum L$ 有关的计算系数。

$\sum L$——室外主干线(包括供回水管)总长度(m);

ΔT——设计供回水温差(℃)。

$\sum L$ 按如下选取或计算:当 $\sum L \leqslant 400$ m 时, $\alpha = 0.001\ 5$;当 400 m$< \sum L <$1000 m 时, $\alpha = 0.003\ 833 + 3.067/ \sum L$;当 $\sum L \geqslant 1\ 000$ m 时, $\alpha = 0.0069$。

锅炉房、换热机房的设计补水量(小时流量)可按系统水容量的 1%计算,补水泵设置应符合本节相关规定。闭式循环水系统的定压和膨胀方式,应符合本节相关规定。当采用对系统含氧量要求严格的散热器设备时,宜采用能容纳膨胀水量的闭式定压方式或进行除氧处理。

第六节　检测与监控

一、一般规定

供暖、通风与空调系统应设置检测与监控设备或系统,并应符合下列规定。检测与监控内容可包括参数检测、参数与设备状态显示、自动调节与控制、工况自动转换、设备连锁与自动保护、能量计量以及中央监控与管理等。具体内容和方式应根据建筑物的功能与要求、系统类型、设备运行时间以及工艺对管理的要求等因素,通过技术经济比较确定。系统规模大,制冷空调设备台数多且相关联各部分相距较远时,应采用集中监控系统;不具备采用集中监控系统的供暖、通风与空调系统,宜采用就地控制设备或系统。

对于用于设备和系统主要性能计算和经济分析的供暖、通风与空调系统参数,宜进行检测;检测仪表的选择和设置应与报警、自动控制和计算机监视等内容综合考虑,不宜重复设置;就地检测仪表应设在便于观察的地点。

供暖、通风与空调设备设置联动、连锁等保护措施时,应符合下列规定:当采用集中监控系统时,联动、连锁等保护措施应由集中监控系统实现;当采用就地自动控制系统时,联动、连锁等保护措施,应为自控系统的一部分或独立设置;当无集中监控或就地自动控制系统时,应设置专门联动、连锁等保护措施。

对于锅炉房、换热机房和制冷机房的能量计量,应计量集中空调系统冷源的供冷量;循环水泵耗电量宜单独计量。中央级监控管理系统应能以与现场测量仪表相同的时间间隔与测量精度连续记录,显示各系统运行参数和设备状态;其存储介质和数据库应能保证记录连续一年以上的运行参数;应能计算和定期统计系统的能量消耗、各台设备连续和累计运行时间;应能改变各控制器的设定值,并能对设置为"远程"状态的设备直接进行启停和调节;应根据预定的时间表,或依据节能控制程序自动进行系统或设备的启停;应具有操作者权限控制等安全机制、系统或设备故障诊断功能以及能与其他弱电系统数据共享的集成接口。

防排烟系统的检测与监控,应执行国家现行有关防火规范的规定;与防排烟系统合用的通风空调系统应按消防设置的要求供电,并在火灾时转入火灾控制状态;通风空调风道上的防火阀宜具有位置反馈功能。有特殊要求的冷热源机房、通风和空调系统的检测与监控应符合相关规范的规定。

二、传感器与执行器

对于传感器的选择,当以安全保护和设备状态监视为目的时,宜选择温度开关、压力开关、风流开关、水流开关、压差开关、水位开关等以开关量形式输出的传感器,不宜使用连续量输出的传感器。传感器测量范围和精度应与二次仪表匹配,并高于工艺要求的控制和测量精度;易燃易爆环境应采用防燃防爆型传感器。

温度、湿度传感器的设置,应符合下列规定:温度、湿度传感器测量范围宜为测点温度范围的 1.2~1.5 倍,传感器测量范围和精度应与二次仪表匹配,并高于工艺要求的控制和测量精度;供、回水管温差的两个温度传感器应成对选用,且温度偏差系数应同为正或负;壁挂式空气温度、湿度传感器应安装在空气流通,能反映被测房间空气状态的位置;风道内温度、湿度传感器应保证插入深度,不应在探测头与风道外侧形成热桥;插入式水管温度传感器应保证测头插入深度在水流的主流区范围内,安装位置附近不应有热源及水滴;机器露点温度传感器应安装在挡水板后有代表性的位置,应避免辐射热、振动、水滴及二次回风的影响。

压力(压差)传感器的设置,应符合下列规定。压力(压差)传感器的工作压力(压差)应大于该点可能出现的最大压力(压差)的1.5倍,量程宜为该点压力(压差)正常变化范围的1.2~1.3倍;在同一建筑层的同一水系统上安装的压力(压差)传感器宜处于同一标高;测压点和取压点的设置应根据系统需要和介质类型确定,设在管内流动稳定的地方并满足产品需要的安装条件。

流量传感器的设置,应符合下列规定:流量传感器量程宜为系统最大工作流量的1.2~1.3倍;流量传感器安装位置前后应有保证产品所要求的直管段长度或其他安装条件;应选用具有瞬态值输出的流量传感器;宜选用水流阻力低的产品。

自动调节阀的选择,应符合下列规定。阀权度的确定应综合考虑调节性能和输送能耗的影响,宜取0.3~0.7。阀权度应按下式计算:

$$S = \Delta p_{min} / \Delta p \tag{9-26}$$

式中　S——阀权度;

　　　Δp_{min}——调节阀全开时的压力损失(Pa);

　　　Δp——调节阀所在串联支路的总压力损失(Pa)。

对于调节阀的流量特性应根据调节对象特性和阀权度选择,水路两通阀宜采用等百分比特性的阀门;水路三通阀宜采用抛物线特性或线性特性的阀门。对于蒸汽两通阀,当阀权度大于或等于0.6时,宜采用线性特性的;当阀权度小于0.6时,宜采用等百分比特性的。调节阀的口径应根据使用对象要求的流通能力,通过计算选择确定。

蒸汽两通阀应采用单座阀。三通分流阀不应作三通混合阀使用;三通混合阀不宜作三通分流阀使用。当仅以开关形式用于设备或系统水路切换时,应采用通断阀,不得采用调节阀。

三、供暖通风系统的检测与监控

供暖系统应对下列参数进行检测:供暖系统的供水、供汽和回水干管中的热媒温度和压力;过滤器的进出口静压差;水泵等设备的启停状态;热空气幕的启停状态。通风系统应对下列参数进行检测:通风机的启停状态;可燃或危险物泄漏等事故状态;空气过滤器进出口静压差的越限报警。事故通风系统的通风机应与可燃气体泄漏、事故等探测器连锁开启,并宜在工作地点设有声、光等报警状态的警示。

通风系统的控制,应满足房间风量平衡、温度、压力、污染物浓度等要求;宜根据房间内设备使用状况进行通风量的调节。通风系统的监控应符合相关现行消防规范。

四、空调系统的检测与监控

空调系统应对下列参数进行检测:室内、外空气的温度;空气冷却器出口的冷水温度;空气加热器出口的热水温度;空气过滤器进出口静压差的越限报警;风机、水泵、转轮热交换器、加湿器等设备的启停状态。全年运行的空调系统,宜采用多工况运行的监控设计。

室温允许波动范围小于或等于 ±1 ℃和相对湿度允许波动范围小于或等于 ±5%的空调系统,当水冷式空气冷却器采用变水量控制时,宜由室内温度、湿度调节器通过高值或低值选择器进行优先控制,并对加热器或加湿器进行分程控制。全空气空调系统的控制应符合下列规定:室温的控制由送风温度或/和送风量的调节实现,应根据空调系统的类型和工况进行选择;送风温度的控制应通过调节冷却器或加热器水路控制阀和/或新、回风道调节风阀实现;水路控制阀的设置应符合本章的相关规定,且宜采用模拟量调节阀;需要控制混风温度时,风阀宜采用模拟量调节阀;采用变风量系统时,风机应采用变速控制方式;当采用加湿处理时,加湿量应按室内湿度要求和热湿负荷情况进行控制;当室内散湿量较大时,宜采用机器露点温度不恒定或不达到机器露点温度的方式,直接控制室内相对湿度;过渡期宜采用加大新风比的方式运行。

新风机组的控制应符合下列规定:新风机组水路电动阀的设置应符合本章的要求,且宜采用模拟量调节阀;水路电动阀的控制和调节应保证需要的送风温度设定值,送风温度设定值应根据新风承担室内负荷情况进行确定;当新风系统进行加湿处理时,加湿量的控制和调节可根据加湿精度要求,采用送风湿度恒定或室内湿度恒定的控制方式。

风机盘管水路电动阀的设置应符合本章要求,并宜设置常闭式电动通断阀。冬季有冻结可能性的地区,新风机组或空调机组应设置防冻保护控制。空调系统空气处理装置的送风温度设定值,应按冷却和加热工况分别确定。当冷却和加热工况互换时,应设冷热转换装置。冬季和夏季需要改变送风方向和风量的风口应设置冬夏转换装置,转换装置的控制可独立设置或作为集中监控系统的一部分。

五、空调冷热源及其水系统的检测与监控

空调冷热源及其水系统,应对下列参数进行检测:冷水机组蒸发器进、出口水温、压力;冷水机组冷凝器进、出口水温、压力;热交换器一二次侧进、出口温度、压力;分、集水器温度、压力(或压差);水泵进出口压力;水过滤器前后压差;冷水机组、水泵、冷却塔风机等设备的启停状态。

蓄冷(热)系统应对下列参数进行检测:蓄冷(热)装置的进、出口介质温度;电锅炉的进、出口水温;蓄冷(热)装置的液位;调节阀的阀位;蓄冷(热)量、供冷(热)量的瞬时值和累计值;故障报警。

冷水机组宜采用由冷量优化控制运行台数的方式。采用自动方式运行时,冷水系统中各相关设备及附件与冷水机组应进行电气连锁,顺序启停。冰蓄冷系统的二次冷媒侧换热器应设防冻保护控制。

变流量一级泵系统冷水机组定流量运行时,空调水系统总供、回水管之间的旁通调节阀应采用压差控制。压差测点相关要求应符合本节中的相关规定。在二级泵和多级泵空调水系统中,二级泵等负荷侧各级水泵运行台数宜采用流量控制方式;水泵变速宜根据系统压差变化控制。变流量一级泵系统冷水机组变流量运行时,空调水系统的控制应符合下列规定:总供、回水管之间的旁通调节阀应采用流量、温差或压差控制;水泵的台数和变速控制应符合本节中的相关要求;应采用精确控制流量和降低水流量变化速率的控制措施。

空调冷却水系统的控制调节应符合下列规定:冷却塔风机开启台数或转速宜根据冷却塔出水温度控制;当冷却塔供回水总管间设置旁通调节阀时,应根据冷水机组最低冷却水温度调节旁通水量;可根据水质检测情况进行排污控制。集中监控系统与冷水机组控制器之间宜建立通信连接,实现集中监控系统中央主机对冷水机组运行参数的检测与监控。

第七节　消声与隔振

一、一般规定

供暖、通风与空调系统的消声与隔振设计计算应根据工艺和使用的要求、噪声和振动的大小、频率特性、传播方式及噪声振动允许标准等确定。其噪声传播至使用房间和周围环境的噪声级应符合现行国家有关标准的规定。其振动传播至使用房间和周围环境的振动级应符合现行国家标准的规定。

设置风系统管道时,消声处理后的风管不宜穿过高噪声的房间;噪声高的风管,不宜穿过噪声要求低的房间,当必须穿过时,应采取隔声处理措施。有消声要求的通风与空调系统,其风管内的风速宜按表9-36选用。

表9-36　风管内的风速　　　　　　　　　　　　　　　　单位:m/s

室内允许噪声级	主管风速	支管风速
25~35 dB(A)	3~4	≤2
35~50 dB(A)	4~7	2~3

注:通风机与消声装置之间的风管,其风速可采用8~10 m/s。

通风、空调与制冷机房等的位置,不宜靠近声环境要求较高的房间;当必须靠近时,应采取隔声、吸声和隔振措施。暴露在室外的设备,当其噪声达不到环境噪声标准要求时,应采取降噪措施。进排风口噪声应符合环保要求,否则应采取消声措施。

二、消声与隔声

供暖、通风和空调设备噪声源的声功率级应依据产品的实测数值。气流通过直管、弯头、三通、变径管、阀门和送回风口等部件产生的再生噪声声功率级与噪声自然衰减量,应分别按各倍频带中心频率计算确定。

对于直风管,当风速小于 5 m/s 时,可不计算气流再生噪声;风速大于 8 m/s 时,可不计算噪声自然衰减量。

通风与空调系统产生的噪声,当自然衰减不能达到允许噪声标准时,应设置消声设备或采取其他消声措施。系统所需的消声量,应通过计算确定。选择消声设备时,应根据系统所需消声量、噪声源频率特性和消声设备的声学性能及空气动力特性等因素,经技术经济比较确定。消声设备的布置应考虑风管内气流对消声能力的影响。消声设备与机房隔墙间的风管应采取隔声措施。管道穿过机房围护结构时,管道与围护结构之间的缝隙应使用具备防火隔声能力的弹性材料填充密实。

三、隔振

当通风、空调、制冷装置以及水泵等设备的振动靠自然衰减不能达标时,应设置隔振器或采取其他隔振措施。对不带有隔振装置的设备,当其转速小于或等于 1 500 r/min 时,宜选用弹簧隔振器;转速大于 1 500 r/min 时,根据环境需求和设备振动的大小,亦可选用橡胶等弹性材料的隔振垫块或橡胶隔振器。

选择弹簧隔振器时,应符合下列要求:设备的运转频率与弹簧隔振器垂直方向的固有频率之比,应大于或等于 2.5,宜为 4~5;弹簧隔振器承受的载荷,不应超过允许工作载荷;当共振振幅较大时,宜与阻尼大的材料联合使用;弹簧隔振器与基础之间宜设置一定厚度的弹性隔振垫。

在选择橡胶隔振器时,应符合下列要求:应计入环境温度对隔振器压缩变形量的影响;计算压缩变形量,宜按生产厂家提供的极限压缩量的 1/3~1/2 采用;设备的运转频率与橡胶隔振器垂直方向的固有频率之比,应大于或等于 2.5,宜为 4~5;橡胶隔振器承受的荷载,不应超过允许工作荷载;橡胶隔振器与基础之间宜设置一定厚度的弹性隔振垫;同时,橡胶隔振器应避免太阳直接辐射或与油类接触。

符合下列要求之一时,宜加大隔振台座质量及尺寸:设备重心偏高;设备重心偏离中心较大,且不易调整;不符合严格隔振要求的。

冷(热)水机组、空调机组、通风机以及水泵等设备的进口、出口宜采用软管连接。水泵出口设止回阀时,宜选用消锤式止回阀。受设备振动影响的管道应采用弹性支吊架。在有严格噪声要求的房间的楼层设置集中的空调机组设备时,应采用浮筑双隔振台座。

第八节　绝热与防腐

一、绝热

具有下列情形之一的设备、管道(包括管件、阀门等)应进行保温:设备与管道的外表面温度高于 50 ℃时(不包括室内供暖管道);热介质必须保证一定状态或参数时;不保温时热损耗量大,且不经济时;安装或敷设在有冻结危险场所时;不保温时散发的热量会对房间温、湿度参数产生不利影响或不安全因素时。

具有下列情形之一的设备、管道(包括阀门、管附件等)应进行保冷:冷介质低于常温,需要减少设备与管道的冷损失时;冷介质低于常温,需要防止设备与管道表面凝露时;需要减少冷介质在生产和输送过程中的温升或汽化时;设备、管道不保冷且散发的冷量会对房间温、湿度参数产生不利影响或不安全因素时。

设备与管道绝热材料的选择应符合下列规定:绝热材料及其制品的主要性能应符合现行国家标准《设备及管道绝热设计导则》(GB/T 8175—2008)的有关规定;设备与管道的绝热材料燃烧性能应满足现行有关防火规范的要求;保温材料的允许使用温度应高于正常操作时的介质最高温度;保冷材料的最低安全使用温度应低于正常操作时介质的最低温度;保温材料应选择热导率小、密度小、造价低、易于施工的材料和制品;保冷材料应选择热导率小、吸湿率低、吸水率小、密度小、耐低温性能好、易于施工、造价低、综合经济效益高的材料;优先选用闭孔型材料和对异型部位保冷简便的材料;经综合经济比较合适时,可以选用复合绝热材料。

设备和管道的保温层厚度应按现行国家标准《设备及管道绝热设计导则》(GB/T 8175—2008)中经济厚度方法计算确定。必要时也可按允许表面热损失法或允许介质温降法计算确定。

设备与管道的保冷层厚度应按下列原则确定:供冷或冷热共用时,应按现行国家标准《设备及管道绝热设计导则》(GB/T 8175—2008)中经济厚度和防止表面结露的保冷层厚度方法计算,并取厚值;冷凝水管应按《设备及管道绝热设计导则》(GB/T 8175—2008)中防止表面结露保冷厚度方法计算确定。

设备与管道的绝热设计应符合下列要求:管道和支架之间,管道穿墙、穿楼板处应采取防止"热桥"或"冷桥"的措施;保冷层的外表面不得产生凝结水;采用非闭孔材料保温时,外表面应设保护层;采用非闭孔材料保冷时,外表面应设隔汽层和保护层。

二、防腐

设备、管道及其配套的部、配件的材料应根据接触介质的性质、浓度和使用环境等条件，结合材料的耐腐蚀特性、使用部位的重要性及经济性等因素确定。除不锈钢管、不锈钢板、镀锌钢管、镀锌钢板和铝板外，金属设备与管道的外表面防腐，宜采用涂漆，并符合下列要求：涂层类别应能耐受环境大气的腐蚀；涂层的底漆与面漆应配套使用；外有绝热层的管道应涂底漆。涂漆前管道外表面的处理应符合涂层产品的相应要求，当有特殊要求时，应在设计文件中规定。用于与奥氏体不锈钢表面接触的绝热材料应符合现行国家标准《工业设备及管道绝热工程施工规范》（GB 50126—2008）有关氯离子含量的规定。

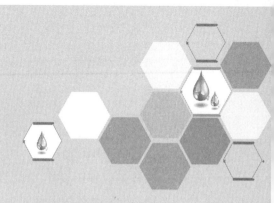

参考文献

[1] 中华人民共和国住房和城乡建设部. 建筑节能与可再生能源利用通用规范: GB 55015—2021[S]. 北京: 中国建筑工业出版社, 2022.

[2] 中华人民共和国住房和城乡建设部. 建筑环境通用规范: GB 55016—2021[S]. 北京: 中国建筑工业出版社, 2022.

[3] 中华人民共和国住房和城乡建设部. 绿色建筑评价标准: GB/T 50378—2019[S]. 北京: 中国建筑工业出版社, 2019.

[4] 中国建筑科学研究院, 中国城市科学研究会, 中国建筑设计院有限公司. 健康建筑评价标准: T/ASC 02—2016[S]. 北京: 中国建筑工业出版社, 2017.

[5] 中国建筑节能协会. 智慧建筑评价标准: T/CECS 1082—2022[S]. 北京: 中国建筑工业出版社, 2022.

[6] 中华人民共和国住房和城乡建设部. 近零能耗建筑技术标准: GB/T 51350—2019[S]. 北京: 中国建筑工业出版社, 2019.

[7] 中华人民共和国住房和城乡建设部. 公共建筑节能设计标准: GB 50189—2015[S]. 北京: 中国建筑工业出版社, 2015.

[8] 中华人民共和国住房和城乡建设部. 夏热冬冷地区居住建筑节能设计标准: JGJ 134—2010[S]. 北京: 中国建筑工业出版社, 2010.

[9] 中华人民共和国住房和城乡建设部. 夏热冬暖地区居住建筑节能设计标准: JGJ 75—2012[S]. 北京: 中国建筑工业出版社, 2013.

[10] 中华人民共和国住房和城乡建设部. 严寒和寒冷地区居住建筑节能设计标准: JGJ 26—2018[S]. 北京: 中国建筑工业出版社, 2018.

[11] 中华人民共和国住房和城乡建设部. 温和地区居住建筑节能设计标准: JGJ 475—2019[S]. 北京: 中国建筑工业出版社, 2019.

[12] 中华人民共和国住房和城乡建设部. 民用建筑供暖通风与空气调节设计规范: GB 50736—2012[S]. 北京: 中国建筑工业出版社, 2012.